英特尔 FPGA 中国创新中心系列丛书

FPGA 的人工智能之路

基于Intel FPGA开发的入门到实践

张　瑞◎编著

U0256384

电子工业出版社.

Publishing House of Electronics Industry

北京 · BEIJING

内 容 简 介

　　本书主要从技术基础、开发方法和人工智能应用三个方面介绍 FPGA 的开发工具与开发技巧，围绕 FPGA 的基础知识，Verilog 硬件描述语言，FPGA 在 Quartus 中的开发流程，FPGA 的 SOPC、HLS、OpenCL 设计方法，FPGA 在人工智能领域的应用等方面进行阐述，使开发人员能理解 FPGA 的核心知识，掌握 FPGA 的开发方法和开发工具。本书包含 FPGA 技术基础篇、FPGA 开发方法篇和人工智能应用篇三大板块，共计 11 章，以 FPGA 基础知识为切入点，通过对开发方法和设计思路的讲解，帮助读者快速掌握 FPGA 开发技术及 FPGA 在人工智能上的应用。本书可作为 FPGA 和其他开发人员进行 FPGA 设计和应用的参考用书。

未经许可，不得以任何方式复制或抄袭本书之部分或全部内容。

版权所有，侵权必究。

图书在版编目（CIP）数据

FPGA 的人工智能之路：基于 Intel FPGA 开发的入门到实践 / 张瑞编著. —北京：电子工业出版社，2020.12
（英特尔 FPGA 中国创新中心系列丛书）

ISBN 978-7-121-40240-1

Ⅰ.①F… Ⅱ.①张… Ⅲ.①可编程序逻辑器件—系统设计 Ⅳ.①TP332.1

中国版本图书馆 CIP 数据核字（2020）第 255817 号

责任编辑：刘志红（lzhmails@phei.com.cn）　　　　特约编辑：张思博
印　　　刷：北京捷迅佳彩印刷有限公司
装　　　订：北京捷迅佳彩印刷有限公司
出版发行：电子工业出版社
　　　　　北京市海淀区万寿路 173 信箱　邮编　100036
开　　本：787×980　1/16　印张：20.5　字数：387 千字
版　　次：2020 年 12 月第 1 版
印　　次：2024 年 8 月第 4 次印刷
定　　价：98.00 元

　　凡所购买电子工业出版社图书有缺损问题，请向购买书店调换。若书店售缺，请与本社发行部联系，联系及邮购电话：(010) 88254888，88258888。

　　质量投诉请发邮件至 zlts@phei.com.cn，盗版侵权举报请发邮件至 dbqq@phei.com.cn。

　　本书咨询联系方式：(010) 88254479，lzhmails@phei.com.cn。

当前，我们正面临着一场前所未有的科技革命，以大数据、人工智能、5G、云计算等为代表的新兴技术正在推动人类社会向数字化、智能化转变。随着新一代信息技术应用的不断发展和深化，数字基础设施建设的承载需求也与日俱增，数据量的激增导致数据的传输、计算和存储都面临着巨大的挑战。同时，在各领域中，不同的应用场景都面临着其独特的数据处理需求。例如，在边缘和嵌入式设备中，支持低功耗、小尺寸和低成本的设计至关重要；在网络应用中，需要应对最高数据流量和以太网速度；在数据中心，则需要提供高带宽、低延时计算加速。面对上述需求及挑战，FPGA 以其独特的性能和优势恰好可为企业提供极具竞争力的解决方案。

FPGA 具备出色的灵活性和低延时性，能够通过改变和重组逻辑电路的方式满足不同应用场景的数据处理和加速需求。高性能和高效率不仅能优化企业的产品和解决方案性能，还能加快从研发到上市的进程，以化解市场需求不确定性所带来的风险等。5G、人工智能、数据中心和工业互联网等是新基建的重要组成部分，而 FPGA 以其灵活性、可编程、低延时及低功耗的特性，恰恰是这些领域中需要的核心技术之一，在这样的热潮下，FPGA 也将迎来前所未有的发展机遇。

本书作为英特尔 FPGA 中国创新中心系列丛书之一，以提高开发人员的 FPGA 技术知识和应用能力为目标，围绕 FPGA 技术基础篇、FPGA 开发方法篇及 FPGA 人工智能应用篇三大板块进行阐述，以 FPGA 核心知识为基础、设计方法为重要内容，结合 FPGA 在人工智能领域的应用实践，用翔实的案例帮助读者理解和掌握 FPGA 技术及应用。本书分为三个部分，共计 11 章，具体内容如下。

第一部分内容贯穿了 FPGA 的基础知识及开发流程。首先，介绍了 FPGA 的基本概念和入门知识，从 FPGA 的抽象化解释，到 FPGA 如何从早期的逻辑门器件演变为当前的现场可编程逻辑门阵列的整个发展历程，使读者明白 FPGA 的概念及特点。其次，介绍了 FPGA 的内部结构，进一步解读 FPGA 的片上资源，包括查找表、可编程寄存器、自适应逻辑模块、内部存储模块和时钟网络等，使读者能够从 FPGA 的最基本逻辑单元和最底层结构的角度加深对 FPGA 的理解。然后，介绍了 FPGA 的 Verilog HDL 语言开发方法，包括基本语法，如 if-else 语句、case 语句等和高级开发技巧，如锁存器和寄存器的区别、阻塞与非阻塞的区别，并且根据编码器、译码器、双向寄存器和冒泡排序等实例具体介绍 Verilog HDL 语言的开发。最后，介绍了 FPGA 在 Quartus Prime 软件中的开发流程，结合 FPGA 基础知识、FPGA 的内部结构及 Verilog 硬件描述语言系列内容，形成了一个基本的 FPGA 开发知识体系。

第二部分内容主要介绍了 FPGA 开发方法和工具，在对第一部分内容进行深化的同时，进一步介绍了面向软件工程师的 FPGA 开发方法。首先，介绍了 FPGA 传统开发过程中使用到的分析与调试工具，如综合工具、约束工具、时序分析工具、调试工具等，介绍了编译报告和网表查看工具。其次，介绍了基于 FPGA 的可编程片上系统（SOPC）的构建方法及其软硬件的开发流程，介绍了 IP 核与 Nios 处理器。然后，介绍了使用高层次综合设计的 FPGA 设计工具 HLS 进行 FPGA 开发的方法，包括基于 HLS 的开发流程、代码优化、Modelsim 仿真及 HLS 多种接口的使用场景分析。最后，介绍了在异构计算场景下，如何使用 OpenCL 进行 FPGA 开发的方法，包括主机端和设备端的代码编写。

第三部分内容作为 FPGA 开发的一个扩展，主要介绍 FPGA 在人工智能领域的应用。首先，介绍了人工智能的发展历史和深度学习技术的基本知识，包括常用的深度学习网络模型和编程框架。其次，介绍了深度学习的概念、基本构成及深度学习的应用挑战，包括神经网络基本构成、常见的神经网络模型和数据集。最后，以计算机机器视觉为例，介绍了如何使用英特尔 OpenVINO 工具在英特尔 FPGA 上部署深度学习推理计算。

关于本书涉及的 FPGA 内容，读者可以直接访问 www.intel.com.cn 和 www.fpga-china.com 获取线上视频、远程 FPGA 加速资源等丰富的学习和开发资源。

鉴于笔者学识有限，本书内容可能有不足之处，恳请广大读者不吝赐教。

张 瑞
2020 年秋

目　录

第二部分　FPGA 开发方法篇

第三部分　人工智能应用篇

第一部分
FPGA 技术基础篇

第 1 章

FPGA 的特点及其历史

1.1 无处不在的 FPGA

随着技术发展和科技产业对计算任务需求的提高，作为具备高性能、低功耗特点的芯片，FPGA 在诸多领域的关键环节得到了广泛应用。在通信与视频图像处理领域，通常利用 FPGA 的低延时及流水线并行的特点来做实时编解码处理；在消费、汽车及医疗器械等领域，FPGA 可以提供灵活可编程的解决方案；在半导体芯片设计领域，使用 FPGA 对芯片功能进行原型验证也是不可或缺的一个环节。为满足来自不同行业不同背景开发人员的需求，英特尔提供了从硬件描述语言到高级综合设计等多种开发工具，包括 Quartus Prime、HLS 与 OpenCL 等。这些开发工具能够满足各种应用场景的各种需求，极大地降低了 FPGA 的开发难度，缩短了 FPGA 的开发周期。

近年来，随着半导体设计、制造和封测技术的发展，FPGA 器件得到快速发展。以英特尔最新的 FPGA 器件 Agilex 为例（如图 1-1 所示），芯片设计基于第二代英特尔® Hyperflex™ FPGA 架构，工艺制程采用业内领先的 10nm 制程技术；封装方法采用 3D 系统级封装（SiP）技术。与前一代的 Stratix 10 系列相比，Agilex 的性能提高 40%，功耗降低 40%，运算速度提升到了 40TFlops。此外，Agilex 支持 HBM 内存与 DDR5 内存，提供了带宽高达 112Gbit/s 的高速收发器。

作为半导体产业最重要的产品之一，FPGA 已经拥有 30 多年的历史，为各种行业应用提供优秀的解决方案。从高清电视到手机信号塔，再到银行自动柜员机，以可编程逻辑设备形式存在的数字逻辑为我们日常生活提供便利。从安防领域的视频监控到网络通信技术，FPGA 像工作在芯片上的交通管理员一样，控制并处理着各种数据流。可编程逻辑的使用范围参见图 1-2。

从系统工作方式的控制到数据信号的处理，它就像电脑处理器一样无处不在。但这究竟是什么样的技术呢？为什么这种可编程的集成电路能够运用如此广泛呢？它有什么神奇的地方？本书将通过严谨的理论和生动的语言帮助读者理解 FPGA 的强大之处，同时针对

FPGA 的各种开发方式进行深入剖析。

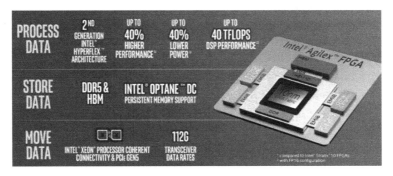

图 1-1　采用异构 3D 封装技术的 Agilex FPGA

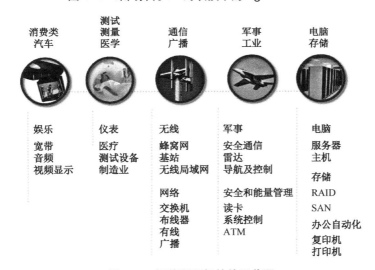

图 1-2　可编程逻辑的使用范围

1.2　创造性地解释 FPGA

　　在上一节初步介绍 FPGA 后，你可能还是不太清楚它到底有什么特别的地方，到底为何能应用在各种场景里。与其相关的一些专有名词听起来也比较抽象，似乎只有经验丰富的工程师才能真正理解。

　　其实，并不是这样的！在这一节，我们将使用通俗易懂的方式来讲述 FPGA 是怎样工作的。我们可以把 FPGA 比作工程中的珠串，甚至可以把 FPGA 比作乐高积木。

　　那么我们在工程中，设计数字电子系统时，使用"珠串"和"乐高积木"可以做什么呢？

⊙ 1.2.1　珠串法

利用珠串法，设计人员可以使用细绳把小珠串起来，得到一种最好的控制模式，一种漂亮的、复杂的模式。但是这种细珠控制模式成本较高，模式不易改变，除非取消所有工作，一切从头开始。当你将珠串映射到数字电子设计中时，这种设计就与 ASIC 或 ASSP 非常相似。

想象一下，使用不同颜色的珠子，按照不同的顺序用线将珠子串成一个珠饰品；使用这些简单的部件，可以串成任何类型珠饰品；根据珠子的数量、颜色和排列顺序由简单到复杂。图 1-3 所示为用简单的珠子串成的一个珠饰作品——熊猫。

图 1-3　珠饰作品——熊猫

假设珠子代表寄存器和逻辑门，细绳代表导线，如同珠子和细绳一样，使用上述 3 种元件可以制成一个系统——非常复杂的各类计算系统。可以假设不同颜色的珠子代表不同类型的逻辑门，如与门、或门、非门，当使用细线将不同颜色的普通珠子按照不同顺序串起来时，这些简单的算法运算就会变成复杂的计算。

按照不同的顺序排列珠子可以串成漂亮的饰品，但是当你想通过重新排列这些珠子或者改变珠子颜色将串好的饰品改成其他东西时，会发生什么呢？这时会变得有点复杂。在你想改变珠饰品时，必须解开所有细绳才能重新排列珠子。但是，很快你就会发现，这些细绳系得非常紧，根本无法取消部分设计，必须打破整个设计，才能稍微改变排列模式。

⊙ 1.2.2　乐高积木法

乐高积木法与珠串法稍微有所不同。乐高积木比较大、厚实，只能通过积木上的某些连接点才能垒起来。使用乐高积木法，可以很容易地改变一小部分设计，且不用全部拆散后再重新开始垒。虽然乐高积木设计得没有珠串饰品美观、复杂，但是可以不用推倒整个积木重新开始垒就能改变部分设计，由此为我们提供了一种数字电路设计方法：FPGA。

如图 1-4 所示为一位名叫 Marshal Banana 的星战迷，他花费一年时间用 7500 块乐高积木堆出了经典宇宙飞船——Millennium Falcon。

图 1-4　宇宙飞船——Millennium Falcon

同理，我们也可以使用乐高积木建造一个桌子，构建一个漂亮的数字系统，假设一些积木块代表逻辑门，一些积木块代表寄存器，剩余的是连接二者的导线。

现在，假设有人告诉你，他想更改桌子的右下角，或者改变乐高积木的颜色。因为乐高积木块都是可互相连接的，他可以轻而易举地把右下角的积木块换成不同的乐高积木块。而桌子剩余的乐高积木块保持不变，这样你无须重新进行整体设计，就可以改变其中的一小部分。

1.3　FPGA 的可定制性

通过前面小节的讲述，对 FPGA 应该有了一些抽象的认识。本小节将结合实际的硬件电路系统，进一步阐述 FPGA 的可定制性。我们首先来看看传统典型的系统设计方案，如图 1-5 所示，这是一块带有许多芯片的电路板，如 CPU、I/O 接口芯片、Flash、SDRAM 存储器、DSP 芯片和 FPGA 芯片。

该方案因为包含所有的这些芯片，所以电路必须有较大的面积，这就增加了设计成本和复杂性。是否可以在一个芯片中同时包含 CPU、I/O 控制和 DSP 处理核心呢？当然，这正是可编程逻辑做的事情，如图 1-6 所示，利用 FPGA 内部的各种逻辑资源，可以在单个 FPGA 芯片内搭建一个片上系统，包括 CPU、DSP、I/O 控制逻辑，以及其他功能算法逻辑，就如同搭建乐高积木一样。

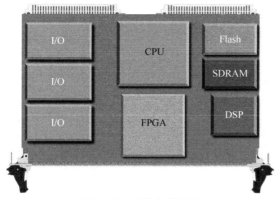

图 1-5　传统电路方案

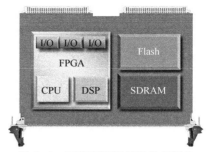

图 1-6　可编程逻辑替换外部设备

1.4　早期的逻辑功能实现

我们再来看 FPGA 是如何从最早期的逻辑器件发展而来的。早期的数字逻辑设计要求设计人员在电路板或面包板上使用多个芯片连接在一起，类似于此处所示。每个芯片包括一个或多个逻辑门（如 NAND、AND、OR 或反相器）或简单的逻辑结构（如触发器或多路复用器）。20 世纪 60 年代、70 年代的许多设计都是使用流行的德州仪器 7400 系列 TTL 器件或晶体管-晶体管逻辑器件构建的。如图 1-7 所示的是通过 7400 系列的 TTL 器件设计的 LED 灯显示电路，该设计使用了 11 个 TTL 芯片才实现了一个简单的功能。

图 1-7　早期的数字逻辑电路

在使用 TTL 器件进行设计时，我们的目标通常是尽可能少地使用芯片，以降低成本并最大限度地缩小电路板空间，还必须考虑当前的设备库存。例如，如果没有可用的 OR 门，是否可以调整设计以使用 NAND 门，这可能会减少器件容量，并提高性能吗？这些类型的"优化"有时需要对逻辑函数方程进行复杂的操作并对其进行验证，以确保更改不会影响设计的基本功能。

⊙ 1.4.1　数字设计与 TTL 逻辑

看一下逻辑设计创建的基本流程，就可以看到它是如何完成相应功能的。逻辑函数从创建真值表（如图 1-8 所示）开始，真值表列出了逻辑的所有可能输入，以及相关输出应该与某些输入组合的内容。对于 n 个输入，有 2^n 种可能的输入组合，必须将它们考虑在内。

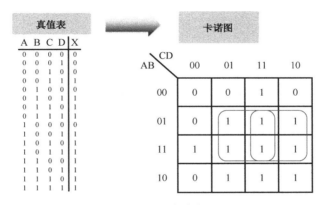

图 1–8　真值表

通过真值表，我们可以创建卡诺图，如图 1-8（右图）所示。卡诺图根据行和列组织的输入将可能的输出组织成网格。当输入组合产生 1 的输出时，它被称为最小项。将最小项放置在网格中的适当位置，以匹配真值表中定义的输出。

一旦在卡诺图中输入所有的最小项，就可以在最小项周围绘制方框，以简化所需的输入组合。利用这些方框可以轻松创建更加简化的逻辑表达式，即所谓的卡诺图化简。

卡诺图上的每个框都包含 1 个或多个最小项。采用每个框的公共输入，我们可以为函数创建一个逻辑表达式作为"乘积之和"。每个乘积对应一个 AND 门，它使用相应的输入创建正确的输出。例如，当 A 和 B 均为 1 时，输出始终为 1，因此表达项包含在表达式中。

要在硬件中直接实现图 1-9 这个功能，我们需要 6 个双输入 AND 门、一个六输入 OR 门，如果想要同步输出，还需要一个输出寄存器或触发器。在 TTL 器件中，一般不提供六输入 OR 门，因此需要级联更小的 OR 门，但这会增加延迟和组件数。

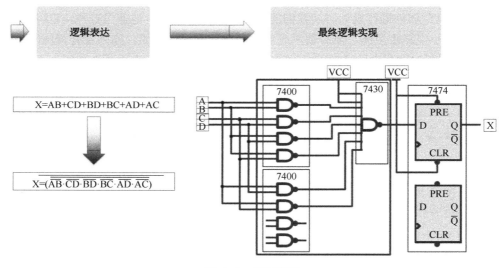

图 1-9　逻辑实现

⊙ 1.4.2　从 TTL 到可编程逻辑

逻辑实现的一般特征：

（1）乘积和 AND-OR 门（组合逻辑）；

（2）存储结果（寄存器输出）；

（3）连线资源。

设想一下：

（1）将逻辑功能固定（如 TTL 器件），但是它们组合到一个设备里将会怎样？

（2）布线（路由）连接通过某种方式控制（编程）将怎么样？

通常，大多数逻辑函数可以使用上节示例中的方法简化为乘积和。这些功能可以使用两级组合逻辑来实现：AND 门用于创建乘积，OR 门用于将乘积相加。同时，在一些应用中，也需要在输入端加入反相器以实现特定的逻辑功能。

要存储输出或将输出同步到其他输出，需要使用寄存器。如果不需要存储或同步，则可以绕过寄存器。

使用 TTL 逻辑器件，可以将这些独立的组件连接在一起，组件可以放在实验室面包板上，也可以通过印刷电路板上铜质走线来进行连接。

考虑到逻辑函数实现的通用化实现，如果可以将这些门和寄存器组合到一个器件中会怎样？如果从 AND 门到 OR 门和从 OR 门到寄存器有固定连接，又会怎样呢？更进一步，如果有一种方法可以对输入与 AND 门之间的连接进行编程，从而决定应该使用哪些输入以及在哪里使用这些输入，又会怎样呢？

1.5　可简单编程逻辑器件（PAL）

随着技术的发展，早期的逻辑功能器件需要实现最简单的可编程逻辑，并需要将逻辑门和寄存器固定起来，以及能提供控制可编程的积与阵列和输出的功能，如此，第一个可编程阵列逻辑（PAL）设备出现。

PAL 有 3 个主要部分，这 3 个部分被复制（replicated）多次以形成完整的 PAL 设备。可编程阵列如图 1-10 所示，选择所需的输入并布线到所需的 AND 门，形成有效的 AND 操作。

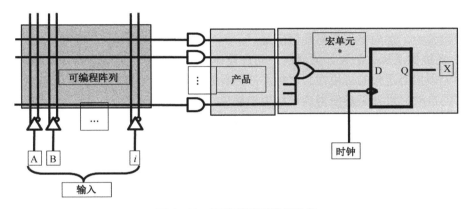

图 1-10　可编程阵列逻辑设备

与门的输出形成乘积项，乘积项通过 OR 门生成最终的乘积之和函数输出，然后通过寄存器进行存储或同步输出。PAL 的这一部分通常被称为宏单元。虽然在这个基本的 PAL 中没有显示，但是有些 PAL 包含了一些选项，用于将反馈输入阵列以实现更复杂的功能，或者完全绕过输出寄存器来创建异步输出。

应当注意的是，在当前大多数设备中，所有这 3 个部分共同构成了所谓的宏单元。这通常是 CPLD 芯片的形态，我们稍后会看到。

⊙ 1.5.1　可编程阵列逻辑优势

可编程阵列逻辑具有如下优势：

（1）需要的设备更少；

（2）更少的电路板；

（3）降低成本；

（4）省电；

（5）更容易测试和调试；

（6）设计安全（防止逆向工程）；

（7）设计灵活；

（8）自动化工具简化并整合了设计流程；

（9）系统内可重编程性（在某些情况下）。

综上所述，这种器件的优点是显而易见的。由于单个器件中包含更多逻辑，因此电路板上需要的器件更少。更少的设备意味着实现逻辑所需的电路板空间更少，这些区域可放置其他器件。更少的器件也意味着更低的总体成本和更低的功耗。它还使测试和调试逻辑功能变得更加容易，因为连接不再分散在多个器件之间，其中任何一个器件都可能发生接线不正确或被损坏。PAL 还可以提供设计安全性，使用单独的 7400 系列的器件，通过查看所使用的器件及其连接方式，对设计进行逆向工程是一件简单的事情，但使用 PAL，由于整个设计包含在一个设备中，逆向工程变得非常困难。

PAL 还提供了极大的设计灵活性，允许设计人员使用单一类型的器件创建许多不同的设计，而无须担心逻辑的可用性。这种灵活性看起来使可编程逻辑设计实现起来更加复杂，但是丰富的自动化设计工具使得该过程更加简单，耗时更少。

也许 PAL 最大的优势之一是它支持系统内可编程性和可重编程性的能力，这使得在不更换电路板组件的情况下很容易修复错误或更新设计。下面介绍如何编程或重新编程 PAL。

⊙ 1.5.2　PAL 编程技术

阵列交叉处的浮栅晶体管在施加编程电压后设置为永不导通。

早期 PAL 器件编程乃至当前闪存技术的关键在于可编程阵列中用于导线交叉口的特殊晶体管，如图 1-11 所示。这些特殊的晶体管被称为浮栅晶体管，因为它们包含第二个栅极，该栅极基本上漂浮在标准选择栅极和器件衬底的其余部分之间。浮栅晶体管最常见的两种类型是 FAMOS 浮栅雪崩注入 MOS 晶体管和 FLOTOX 浮栅隧道氧化物晶体管。

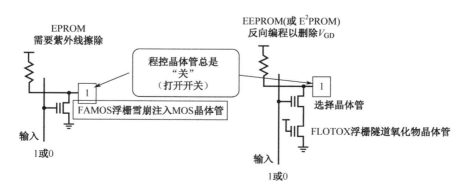

图 1-11　晶体管示意图

在没有任何编程的情况下，两种类型的晶体管都表现得像标准的 N 型晶体管：当电压施加到栅极时，晶体管源极和漏极导通，具有指定的输入和输出。两种类型的晶体管都以类似的方式编程，在漏极和栅极之间施加足够的编程电压时，电子在浮栅上被"卡住"，即使标准工作电压施加到选择栅极，也会阻止晶体管导通。因此，对浮栅晶体管进行编程会使晶体管始终处于"关闭"状态，本质上是一个开路开关。FLOTOX 晶体管需要额外地选择晶体管，因为未编程的 FLOTOX 晶体管有时表现得像 P 型晶体管，当栅极接地时导通。选择晶体管可以防止这种情况发生。

两种类型的浮栅晶体管之间的主要区别在于它们是如何编程和重新编程的。FAMOS 晶体管需要高强度 UV 光以迫使被捕获的电子返回到衬底中。使用 FAMOS 晶体管的器件称为可擦除可编程 ROM 或 EPROM。FLOTOX 晶体管可以通过简单地反转漏极-栅极编程电压来擦除。由于 FLOTOX 晶体管可以只用电擦除，所以它们被用来制造可擦除可编程 ROM 或 EEPROM。这使得它们非常适合系统内编程，这也是我们将要讨论的一些可编程器件的基础。

1.6 可编程逻辑器件（PLD）

在 CPLD 之前，只有可编程逻辑器件（PLD）。PLD 与之前的 PAL 器件非常相似，但 PLD 添加了一些功能，使其真正可编程且更有用。这里展示的是早期的 PLD 芯片的部分结构示意图，如图 1-12 所示。该器件与可编程阵列逻辑（PAL）器件的主要区别是，该器件包含了完全可编程的宏单元以及乘积项。

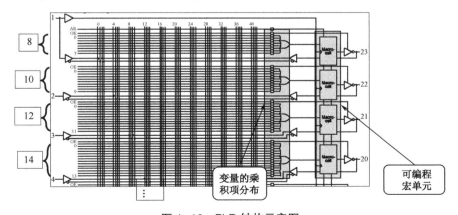

图 1-12 PLD 结构示意图

可变乘积项的结构比较简单，并非每一种功能都需要使用它，但通过可变乘积项可以改变逻辑运算门数，可以更有效地利用逻辑资源实现相应功能，同时避免器件上逻辑资源的不必要浪费。

PLD 器件还有一个重要的可编程宏单元，它提供了如下特性：

（1）提供了许多可编程选择，用于如何处理乘积和功能的输出；

（2）提供了反馈到阵列或使用输出引脚作为输入的能力；

（3）两个可编程控制信号控制输出选择多路复用器，该输出选择多路复用器直接从组合逻辑输出或反相输出，或从宏单元寄存器输出或反相输出；

（4）如果选择了组合逻辑输出，并且输出使能未激活，则输出引脚将通过输入 / 反馈多路复用器成为阵列的附加输入。

可编程宏单元的这种灵活性使 PLD 成为实现逻辑功能的真正有用的器件。从图 1-13 中可以看到，PLD 宏单元中的一些功能结构依然存在于当今的很多器件中。

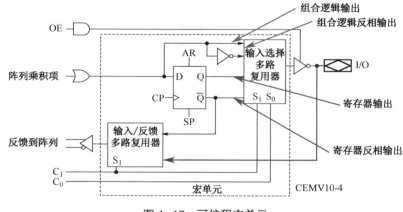

图 1-13　可编程宏单元

1.7　复杂可编程逻辑器件（CPLD）

进一步扩展 PLD 的思路，将单个器件中的多个 PLD 与可编程互连，和 I/O 相结合，进一步产生了 CPLD。与由多个 PAL 和宏单元组成 PLD 的创建类似，CPLD 由多个 PLD 逻辑块组成，这些逻辑块通过可编程互连结构连接到 I/O 引脚并相互连接，如图 1-14 所示。

1.7.1　普通 CPLD 逻辑块的特点

以英特尔的 CPLD 芯片 MAX7000 为例，其他型号的结构与其都非常相似。这种 CPLD 结构可分为 3 块：宏单元（Marocell）、可编程连线阵列（Programmable Interconnect Array，PIA）和 I/O 控制块。宏单元是 CPLD 的基本结构，由它来实现基本的逻辑功能。

一个 CPLD 芯片通常包含多个宏单元，宏单元的局部可编程互连就像一个 PLD。宏单元中的扩展乘积项逻辑以额外的延迟为代价提供受控的乘积项分布和扩展，如图 1-15 所示。

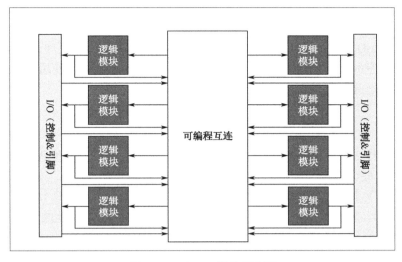

图 1–14 CPLD 结构示意图

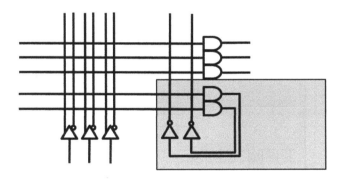

图 1–15 扩展乘积项

⊛ 1.7.2 CPLD 的一般优势

CPLD 与 PLD 前代产品相比具有以下优势：

（1）大量逻辑和高级可配置 I/O；

（2）可编程布线；

（3）高效的即开即用；

（4）低成本；

（5）非易失性配置；

（6）可再编程。

在这些优势当中，CPLD 最大的优势是逻辑和布线选择的数量。LAB 逻辑和 PI 是完全可编程的，在单个器件中提供了大量的设计灵活性。CPLD 的 I/O 特性和功能远远超过 PLD 上的简单 I/O，具有更多选项，并且可以更好地控制 I/O 的工作方式。

与 PAL 和 PLD 一样，CPLD 可在电路板上电时提供即时操作。它们成本低，并且只需要很少的电路板空间。它们的非易失性 EEPROM 编程架构使其成为使用系统内编程进行测试和调试的理想选择，无须在电路板上电时进行重新编程。

⊙ 1.7.3 非易失 FPGA

英特尔一直以 MAX 系列产品参与传统的 CPLD 市场，直到 20 世纪 90 年代末，CPLD 被 FPGA 取代，取而代之的是片上非易失性配置 Flash 闪存的 FPGA，如图 1-16 所示，如 MAX Ⅱ、MAX V 和 MAX 10 设备中的配置。MAX 系列是单芯片、非易失的低成本可编程逻辑器件（PLD），旨在集成最优的系统组件集。这类器件具有全功能的 FPGA 功能，以及用户闪存（UFM）与配置闪存（CFM），具有即时开启与低成本的特点。

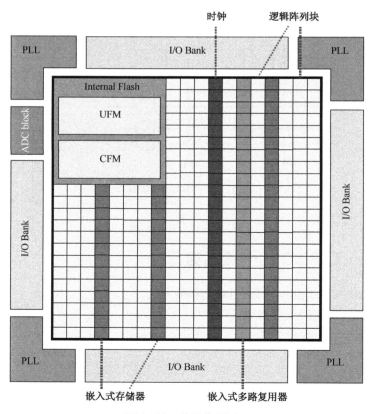

图 1-16 非易失 FPGA

对于基于 SRAM 结构设计的 FPGA 而言，每次电路板上电都需要从外部配置 FPGA。英特尔的 MAX 系列是非易失 FPGA，仍然是基于 SRAM 的 FPGA，但它们都在同一芯片上包含内部闪存。内部闪存包含用户闪存和配置闪存。上电时，配置闪存中包含的配置数据将被用来加载 FPGA 的配置 RAM。

非易失 FPGA 系列具有与传统 CPLD 类似的特性，因为它们是即时开启的，因此可以用作电路板上第一个启动的器件，用于其他器件的启动和控制，并且成本低廉。

1.8 现场可编程逻辑门阵列（FPGA）

早期 PLD 器件的一个共同特点是可以实现速度特性较好的逻辑功能，但其过于简单的结构也使它们只能实现规模较小的电路。为了弥补这一缺陷，20 世纪 80 年代中期，Altera 公司（现已被英特尔收购，为英特尔可编程事业部——PSG）推出了现场可编程门阵列 FPGA。FPGA 具有体系结构和逻辑单元灵活、集成度高以及适用范围宽等特点，可以替代几十块甚至几千块通用 IC 芯片，这使得 FPGA 得到广泛的关注与好评。

如图 1-17 所示为 FPGA 典型架构，它的主要组成是逻辑单元或 LE，分布于整个 FPGA 的网络结构当中。LE 由两部分组成：实现组合逻辑功能（如 AND 门和 OR 门）的查找表，以及实现同步逻辑的寄存器，如 D 触发器。

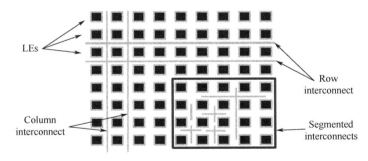

图 1-17 FPGA 典型架构

除 LE 之外，还有其他专用硬件结构可用于实现特定功能和提高性能。这些特殊设备资源通常在整个设备中按列排列。一种专用资源是嵌入式存储器，嵌入式存储块可以具有不同的尺寸，并且可以串联或并联地级联在一起，以实现更大的存储器结构。

嵌入式乘法器也以列的形式排列，具有不同的形状和大小，可以以类似的方式级联在一起，以实现更复杂的 DSP 功能。大多数器件包括多个高速锁相环或 PLL，以实现复杂的时钟结构。所有器件都包含大量用户可选的 I/O 元件，可以放置和配置这些元件，以将 FPGA 设计连接到印刷电路板上的其他外部器件。

　　一些器件型号包括硬核处理器系统 HPS，采用多核 Arm * Cortex*系列处理器，通过许多高速桥接器和控制信号与 FPGA 紧密集成。HPS 的嵌入提供了两全其美的优势：具有软件控制和应用级处理器性能的高级 FPGA 的硬件灵活性和可重编程性。

　　所有这些设备资源通过可配置寄存器设置和控制的路由结构连接在一起。路由非常灵活，确保特定设计所需的硬件能够正确连接并满足所有设计目标。

第2章

FPGA 架构

本章主要介绍 FPGA 的基本组成架构,以及 FPGA 内部的各种可用资源。一方面能够加深对 FPGA 的认识,另一方面能够为更好地用 FPGA 去实现复杂功能打下基础。

2.1 FPGA 全芯片架构

如图 2-1 所示为典型 FPGA 芯片的结构。该器件包括可编程 I/O、可编程逻辑、可编程

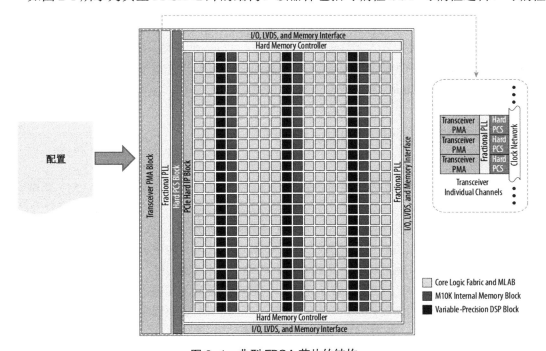

图 2-1 典型 FPGA 芯片的结构

存储器和可编程 DSP 模块。DSP 模块通过高速乘法器和加法器逻辑执行数字信号处理功能。图中显示了串行收发器模块的扩展视图，该模块用于许多常见的高速 I/O 标准。FPGA 外部是一个配置器件，通常是一个闪存，包含 FPGA 器件中所有可编程功能的设置。

FPGA 具有高性能、低成本的特点，它的高密度性能够满足创建复杂逻辑功能的需求，内部除核心的逻辑模块外还集成了各种功能与资源模块，如嵌入式存储模块、DSP 模块、时钟网络、布线资源、I/O 资源、高速收发器等。因此，很容易看出 FPGA 具有诸多优势。它们在高密度封装中包含许多用户逻辑，可以创建从简单到非常复杂的各种逻辑功能。FPGA 是高性能器件，较旧的可编程逻辑器件通常不用作 ASIC 或专用逻辑芯片的替代品，因为其无法实现这些专用器件的时钟速度。

然而，现代 FPGA 具备了许多高速应用所需的性能，使其成为许多不同类型系统设计中经济实惠的解决方案。FPGA 包括不同类型的专用硬件，如存储器或 DSP 模块，可以轻松地将不同功能组合到一个设计中。FPGA I/O 非常灵活，具有许多支持的 I/O 标准和功能，可针对特定应用进行定制。利用 SRAM 编程单元，可以非常快速地对 FPGA 进行编程，这使得在上电时所需编程的缺点可忽略不计。

英特尔提供了不同系列的 FPGA 器件，如 MAX、Cyclone、Arria 和 Stratix 系列，以及最新的 Agilex 系列 FPGA 器件。其中，英特尔 Cyclone 系列器件是具有大量逻辑单元的低成本、高性能器件，适用于大多数中低端应用。较新的英特尔 Cyclone 器件甚至包括高速收发器，这种硬件功能通常只存在于高端设备中。在中端市场，英特尔®Arria®器件是成本最低的器件，包括高速收发器，其性能高于英特尔 Cyclone 收发器。英特尔 Stratix®系列是高性能器件，具有更高的逻辑密度、高速收发器和在芯片上创建完整系统的能力。英特尔的 Agilex 系列提供了比 Stratix 系列更高性能的 FPGA 芯片。

2.2　FPGA 逻辑阵列模块

FPGA 最核心的逻辑阵列模块由逻辑单元（LEs）或自适应逻辑模块（ALM）组成，如图 2-2 所示。

FPGA 与之前的 CPLD 差别很大。FPGA 逻辑阵列模块（LAB）由许多逻辑单元 LE 组成，在更高级的设备中由自适应逻辑模块（ALM）组成。这些逻辑块中的每一个都包含查找表、寄存器和其他可配置功能。布线互连，与这些逻辑块隔开。

LE 或 ALM 看起来与 CPLD 宏单元类似，但它们更易于配置，并提供许多额外功能以提高性能，且最大限度地减少逻辑资源的浪费。典型 FPGA 的逻辑模块主要由 3 个主要部分组成：查找表（LUT）、进位逻辑和输出寄存器逻辑。

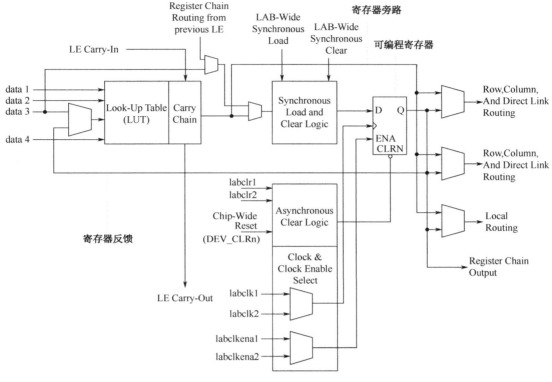

图 2-2　FPGA 逻辑阵列模块

⊙ 2.2.1　查找表 (LUT)

LUT 是 FPGA 中生成乘积函数和等组合逻辑的关键。LUT 取代了 CPLD 中的乘积表达项阵列。FPGA 使用四输入或更多输入 LUT 来创建复杂的功能。LUT 由一系列级联多路复用器组成，其中 LUT 输入用作选择线。多路复用器的输入被编程为高或低逻辑电平。该逻辑被称为查找表，因为输出是通过"查找"正确的编程电平并根据 LUT 输入信号通过多路复用器的正确布线来选择的，所选程序电平基于函数的真值表。例如，图中的查找表值为 16 进制的 9889 时，对于输入信号 ABCD，得到的逻辑表达式值为：$\overline{AB} + A\overline{BCD} + ABCD$，如图 2-3 所示。

⊙ 2.2.2　可编程寄存器

LE 的同步部分来自可编程寄存器，如图 2-4 所示。它通常由全局时钟驱动，但任何时钟域都可以驱动 LE。寄存器的异步控制信号，如清除、复位或预置，可以由其他逻辑产生，也可以来自 I/O 引脚。寄存器的输出可以驱动 LE 到设备的布线通道，或者反馈到 LUT，类似于 CPLD 宏单元中的反馈。寄存器可以被旁路，产生严格的组合逻辑功能，类似于 CPLD。我们也可以完全绕过 LUT 进行寄存或同步。LE 输出级的这种灵活性使其对所有类型的逻辑运算都非常有用。

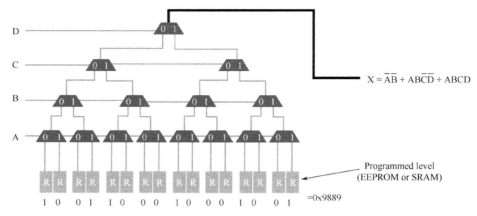

$$X = \overline{A}\overline{B} + AB\overline{C}\overline{D} + ABCD$$

图 2-3　查找表结构示意图

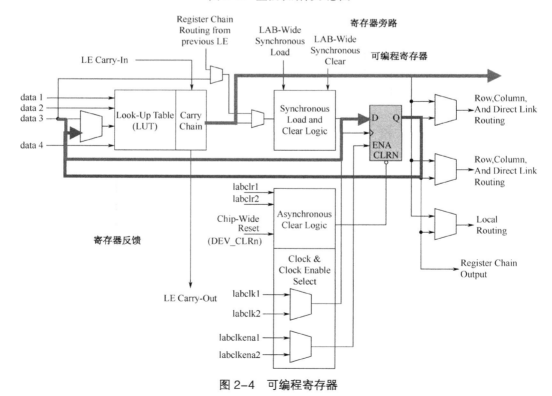

图 2-4　可编程寄存器

2.2.2.1 进位和寄存器链

区分 LE 和 CPLD 宏单元的一个关键部分是进位和寄存器链逻辑，如图 2-5 所示。在 CPLD 中，进位和宏单元输出可以输入到其他宏单元，但这通常需要返回到乘积项阵列。FPGA LE 包含 LAB 内的特定进位逻辑和寄存器链接布线，以提供这些信号的快捷连线方式。进位可以来自 LAB 内的其他 LE 或来自设备中的其他 LAB。生成的进位可以输出到其他 LE 或互联的设备。LUT 和进位逻辑可以在 LAB 内完全旁路，链接 LAB 中的所有 LE 寄存器，将它们转换为移位寄存器，非常适合 DSP 类型的操作。进位逻辑和寄存器链接布线的通用性提供了比 CPLD 更好的性能和资源管理效率。

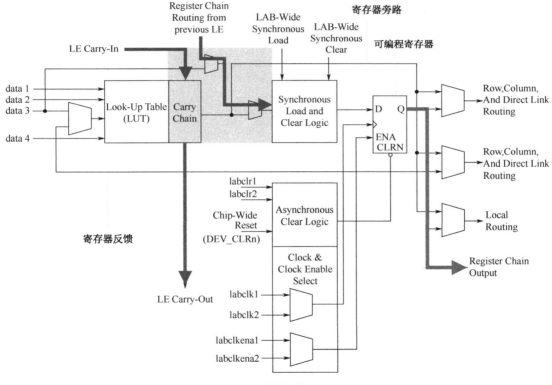

图 2-5　进位与寄存器链

2.2.2.2 寄存器封装

无论是在同一个 LAB 中，还是通过器件的布线通道，LUT 或寄存器都可以输出到器件中的其他位置，FPGA LE 可以被配置来形成一个函数，这称为寄存器封装，如图 2-6 所示。通过寄存器封装，可以从单个 LE 输出两个独立的功能，一个来自 LUT 和进位链逻辑，另一个来自输出寄存器。这可以节省设备资源，因为完全不相关的寄存器函数可以打包到仅使用模块组合逻辑部分的 LE 中。

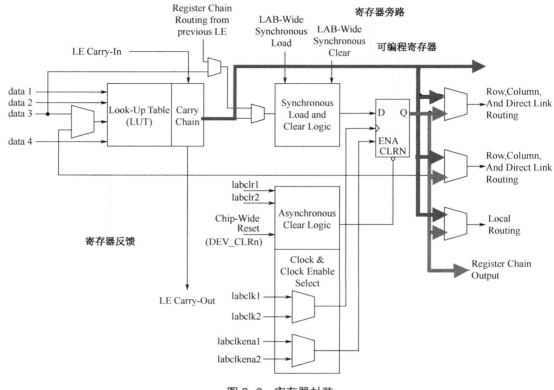

图 2-6　寄存器封装

⊛ 2.2.3　LABs 和 LE: 更进一步的观察

　　了解了这些构建模块之后，让我们再仔细研究它们是如何连接在一起来构建 FPGA 芯片的。FPGA 器件中 LAB 视图如图 2-7 所示。图 2-7 来自英特尔 Quartus Prime 软件中名为 Chip Planner 的工具，可以轻松查看 FPGA 设计中的逻辑位置。图中，颜色较深的 LAB 表明 LAB 中包含更多资源，还可以看到 LAB 之间运行的布线通道。要获得有关特定结构特征的更多细节，可以放大该特征，如突出显示的 LAB。放大这个特定的 LAB，可以看到没有使用任何逻辑资源、由浅蓝色背景表示及 LAB 中的资源都是白色的现象。该 LAB 和该器件中的所有 LAB 都包含 16 个 LE，它们相互连接，并通过许多可见的线相互连接成行和列。

　　查看单个 LE，可以很容易地看到 LE 是如何由 LUT 和进位逻辑及同步寄存器逻辑组成的。

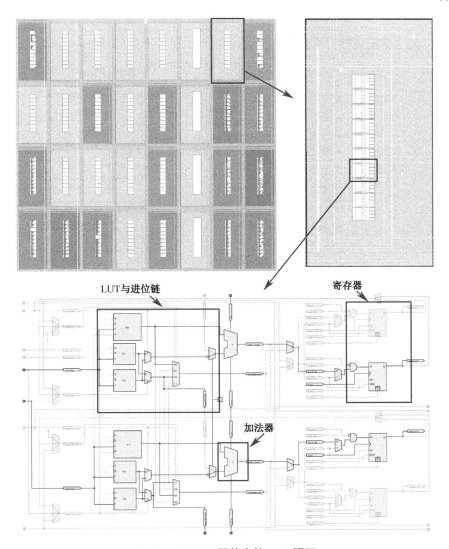

LUT与进位链

寄存器

加法器

图 2-7　FPGA 器件中的 LAB 视图

⊚ 2.2.4　自适应逻辑模块（ALM）

虽然到目前为止所讨论的 FPGA LE 与 CPLD 宏单元相比具有明确的设计灵活性优势，但是仍然需要级联和反馈来生成输入多于可用输入的函数。为了更好地解决这个问题，所有新 FPGA 都使用更加通用的逻辑块作为 LE 的替代，称为自适应逻辑模块（ALM），如图 2-8 所示。ALM 类似于 LE，但更具一些核心优势。

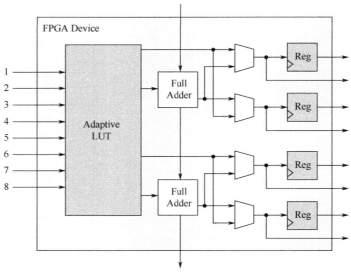

图 2-8　ALM

ALM 包括 2 个或 4 个输出寄存器，为逻辑链、寄存器封装及在单个逻辑块内生成多个函数提供了更多选项。ALM 还具有内置硬件加法器块。ALM 中的加法器是专用资源，可以执行标准算术运算，而无须在 LUT 或 DSP 中生成这些数学函数，这可以提高计算性能并简化 LUT 逻辑。

ALM 中的 LUT 是其与 LE 的主要区别。ALM 中的 LUT 是自适应 LUT 或 ALUT。ALUT 类似于 LUT，但它可以拆分并配置成不同大小的 LUT，以适应任何类型的两个独立的函数，从非常简单到非常复杂。所有八输入都可用于执行复杂的算术功能，但 ALUT 可以以不同的方式分割，以实现更简单的功能。例如，两个 LUT，每个 LUT 分别具有三输入和五输入。ALUT 也可以被拆分，以支持更复杂的七输入功能，其中额外的输入用于寄存器打包，分成两个四输入的 LUT，使 ALUT 向后兼容标准 LE 中的四输入 LUT 技术。如果可以在两个函数之间共享输入，则可以进行一些其他分割。基于 ALM 的 FPGA 可以使用少量资源和智能资源管理提供高性能的逻辑运算。

2.3　FPGA 嵌入式存储

⊙ 2.3.1　存储资源的利用

除 LAB 之外，大多数现代 FPGA 器件都包含专用硬件模块。这些专用资源块占用阵列中的一个或多个模块，并且通过 FPGA 布线通道可以完全访问。通常，这些专用资源被安排在设备中的特定行或列的块中。

内存模块是可以配置为不同类型内存设备的专用模块。FPGA 存储器模块可以创建为单端口 RAM、双端口 RAM、只读存储器 ROM。它们也可以用作移位寄存器或 FIFO 缓冲器。由于 FPGA 存储器模块的编程与器件中的其他结构类似，因此可以使用上电时所需的任何内存内容对其进行初始化。这对于设计调试非常有用，因为可以初始化和测试任何内存模式。

嵌入式内存模块用作双端口 RAM 存储器，如图 2-9 所示。

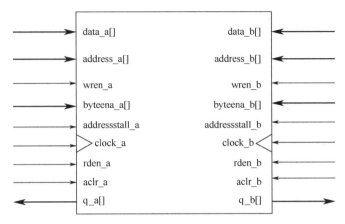

图 2-9　嵌入式内存模块用作双端口 RAM 存储器

MLAB 包括内存 LAB。MLAB 可以用作标准 LAB，也可以配置为简单的双端口 SRAM。MLAB 的容量比专用存储器模块小得多，但作为宽而浅的存储器，它可以实现 DSP 应用所需的移位和 FIFO 操作，而不会浪费更高容量的内存模块资源。

⊙ 2.3.2　M9K 资源介绍

在英特尔的 FPGA 各系列中，英特尔为各种器件提供了各种大小不同的嵌入式存储模块，如 M9K、M144K、M10K 及 M20K 等。这里以 M9K 资源为例进行说明。

在 M9K 模块中，每个模块支持 8192 个存储位（加上校验位，则为 9216 个存储位）。该存储模块支持各种深度与位宽的存储器配置，如配置深度为 8192、位宽为 1 的 RAM 存储器，深度为 1024、位宽为 8 的存储器，深度为 512、位宽为 16 的存储器等。当实现 FIFO Buffer 及移位寄存器时，会需要额外的逻辑单元来实现控制部分逻辑。

如图 2-10 所示为在 Quartus 中使用 IP 核来实现双口 RAM 的界面，从界面中可以看到，当把深度设置为 2048、位宽设置为 8 时，软件自动设置了两个 M9K 资源来实现。

为什么是两个 M9K 资源呢？因为深度为 8192、位宽为 16 的存储器要消耗的存储位总数就是两个 M9K 支持的存储量。

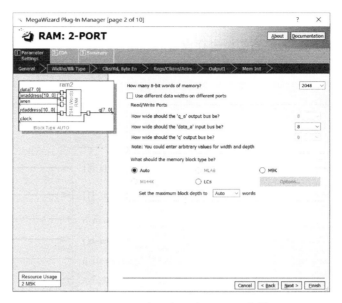

图 2-10　M9K 资源实现片上 RAM 存储器

综合后，从 Quartus 提供的 RTL Viewer 中可以看到两个 M9K 模块组成一个存储器，如图 2-11 所示。

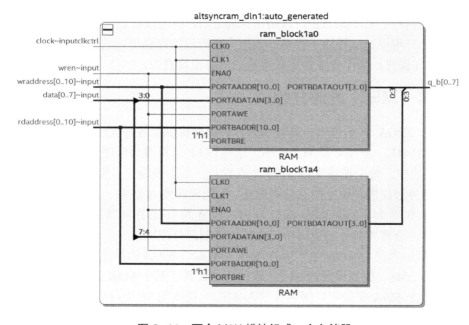

图 2-11　两个 M9K 模块组成一个存储器

2.4 时钟网络

➤ 2.4.1 FPGA 时钟架构

由于 FPGA 基于同步寄存器逻辑，因此时钟和时钟控制结构是 FPGA 架构的重要组成部分。时钟基本上是高扇出控制信号，因此 FPGA 器件包括用于控制时钟信号应该去的位置以及时钟信号如何到达目的地的硬件资源。FPGA 中时钟网络示例图如图 2-12 所示。

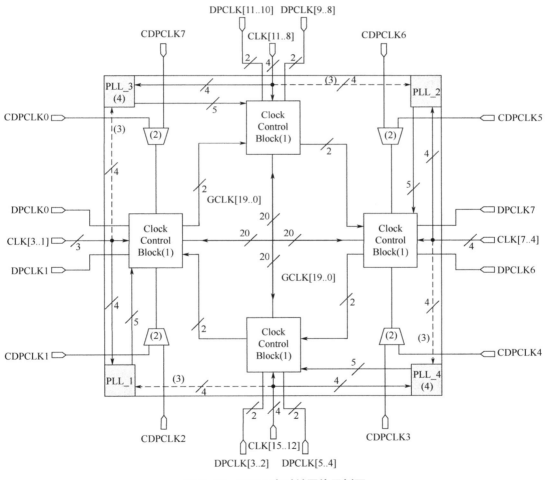

图 2-12 FPGA 中时钟网络示例图

时钟布线网络由将时钟到设备中所有逻辑的布线信道组成。这些特殊的布线通道，通常将常规的行和列互连分开。一个时钟互连的全局网络可以连接到所有逻辑,但是,一些设备可能包含区域或层次时钟网络,这些时钟网络只提供设备的某些部分。例如,时钟网络可以仅驱动设备的单个象限。这样,仅用于特定区域或设备部分的时钟不会耗尽全局时钟的布线网络,从而节省了时钟资源。

时钟控制块可以理解为时钟控制的管理员,一方面,它们决定了提供给设备的时钟布线网络,另一方面,在上电或断电期间,所选时钟的启用或禁用也由时钟控制块决定。通常情况下,被时钟驱动所禁用的逻辑功能部分都不会工作,在实际的应用场景下,一般采取启用或禁用所选时钟的手段,实现功耗的动态控制。

⊙ 2.4.2 PLL(锁相环)

PLL 模块是 FPGA 的硬核模块,它由输入时钟、可编程模块以及生成时钟(时钟域)组成,可以在整个器件中使用,并具有最小的时钟漂移。如图 2-13 所示为典型的 FPGA 中的 PLL 模块原理图。

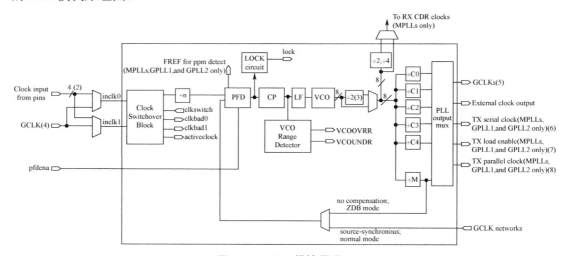

图 2-13 PLL 模块原理图

PLL 是可以生成不同时钟域并确保生成的输出时钟之间的最小偏差的结构。PLL 是可配置的,允许设计人员在各种频率、占空比或相移中轻松创建多个时钟域,以便在整个设计中使用。

• 2.5 DSP 模块 •

FPGA 设备中常见的一种专用资源模块称为 DSP 模块。DSP 模块包含嵌入式乘法器和加法器，用于执行算术运算和乘法 / 累加运算。可以使用它们代替 ALM 逻辑来提高设计中的算术性能。如图 2-14 所示为可调精度的 DSP 模块的结构框图。

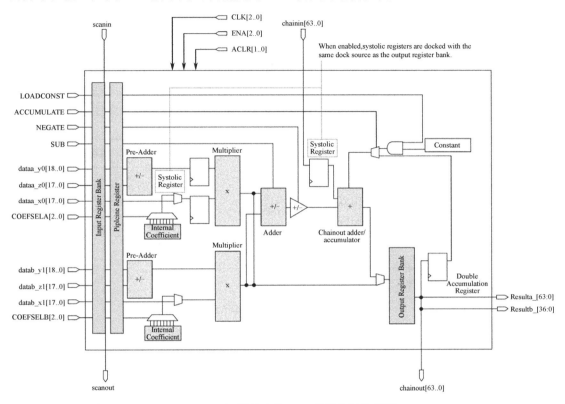

图 2-14　可调精度的 DSP 模块的结构框图

2.6　FPGA 布线

　　FPGA 器件中的布线通道看起来比 CPLD 中的互连阵列更简单，但它们实际上提供了更多功能和连接。FPGA 布线通道允许所有设备资源与芯片上任何位置的所有其他资源进行通信，这在一些较旧的非 FPGA 器件中并非总是如此。

　　FPGA 布线通道可分为两种类型：局部互连和行列互连。局部互连直接在单个 LAB 内的 LE 或 ALM 之间布线，同时在相邻 LAB 之间提供称为直接链路的连接。这几乎类似于 CPLD LAB 中的可编程阵列，但 FPGA 局部互连，与它所服务的 LAB 逻辑是分开的。行列互连具有固定长度，并且跨越选定数量的 LAB 或设备的整个长度或宽度。LAB I/O 可以连接到本地互连，以进行高速局部操作，也可以直接连接到行列互连，以将数据传输到芯片的其他位置。

2.7　FPGA 编程资源

大多数 FPGA 使用 SRAM 单元技术来编程互连和 LUT 功能单元，但需要注意的是，基于 SRAM 方式的 FPGA 具有易失性，即每次掉电时，FPGA 上复位，必须在每次上电时对 FPGA 进行重新配置。如图 2-15 所示为 SRAM 单元的 FPGA 底层结构示意图。

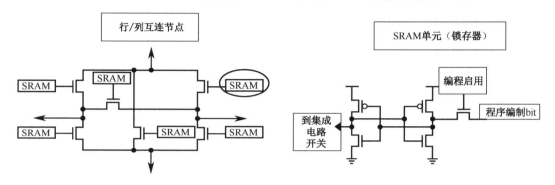

图 2-15　FPGA 底层结构示意图

配置和控制 FPGA 中的所有这些不同类型的结构，需要更多的编程信息。此外，为了支持所有单元之间可能的连接，同时仍然包括大量可用的用户逻辑，需要更简单和更小的编程结构。为了实现这些目标，FPGA 使用 SRAM 单元来编程逻辑电平并建立路由连接。

为了解 FPGA 编程如何与 SRAM 单元一起工作，图 2-15 中左侧是行和列之间的典型互连节点。互连包括在垂直方向布线与水平方向布线，以连接所有可能连接上的开关晶体管。每个晶体管上选择的栅极控制来自 SRAM 单元。图 2-15 中右侧显示了典型的 SRAM 单元。SRAM 单元基本上是锁存器，使在编程时，编程位被锁存到单元中。单元的输出是编程位的补码，因此，为建立路由连接，编程位为 0，在编程的互连晶体管的栅极上放置 1，关闭开关并进行连接。

显然，这种类型的编程架构需要比 CPLD 编程阵列更多的晶体管，但是所有晶体管都是标准的，不需要浮栅晶体管，因此不需要特殊的制造。这种编程架构的主要问题不是所需的晶体管数量，而是它的易失性。无论何时断电，锁存器都会被清除。这意味着必须始终在上电时对 FPGA 器件进行配置，以配置器件 SRAM 单元。

FPGA 是基于 SRAM 的可编程逻辑器件，配置信息必须存储在非易失性的其他地方，以便可以在上电时配置器件。通常，EEPROM、CPU 甚至 CPLD 的外部设备被用于实现 FPGA 器件编程。

对于大多数 FPGA 器件，可以通过两种方式进行配置。通过主动配置，FPGA 在上电时自动开始与外部设备通信，并基本上自行配置。通过被动配置，外部设备（通常是 CPU）控制 FPGA 如何及何时使用存储在 EEPROM 或其他配置设备中的数据进行配置。无论哪种方式，只要 FPGA 复位或重新上电，就需要进行相同的配置过程。

与 CPLD 器件一样，FPGA 具有 JTAG 接口，可在 PC 中通过 JTAG 进行配置。但是，在生产中，必须使用其他编程方法在上电时配置 FPGA。

2.8　FPGA I/O 元件

FPGA I/O 控制包含在阵列外缘周围的模块中，并通过 FPGA 布线通道提供给所有器件资源。FPGA 器件中的 I/O 模块通常称为 I/O 元件。I/O 元件包含了以前 CPLD I/O 控制模块中大多数相同的基本功能，但它们增加了更多功能，使得 FPGA I/O 元件对于所有类型的设计都是非常通用的。除基本输入、输出和双向信号外，I/O 引脚还支持各种 I/O 标准，包括许多最新的低电压高速标准，可以组合成对的 I/O 引脚，以支持差分信号 I/O 标准，如 LVDS。其他功能包括可变电流驱动强度和压摆率控制，以帮助提高板级信号的完整性。可以启用上拉电阻形式的片上终端，以帮助减少电路板上的端接元件使用。一些器件包括 I/O 元件中的钳位二极管，当用作 PCI 总线的 I/O 时可以被激活。根据设计需要，器件上任何未使用的 I/O 引脚可以设置为漏极开路或三极管。以上这些只是典型 I/O 元件功能的一些示例。某些设备可能提供更多功能。I/O 功能汇总如下：

（1）输入 / 输出 / 双向；

（2）多个 I/O 标准；

（3）差分信号；

（4）电流驱动强度；

（5）转换速率；

（6）片上终端 / 上拉电阻；

（7）开漏 / 三态。

2.8.1　典型的 I/O 元件逻辑

如图 2-16 所示为典型 I/O 元件的基本逻辑。图中未表示用于控制 I/O 元件上述特征的所有其他硬件。I/O 元件分为三个主要部分。输入路径捕获输入寄存器引脚上的数据，或通过布线通道将输入直接连接到器件。输出路径包含用于同步逻辑或用于存储器使用的输出寄存器，类似于 CPLD 宏单元中的输出寄存器。由于寄存器既可以在主 LAB 逻辑中找到，也可以在 I/O 元件中找到，因此可以使用任何一个，从而释放寄存器逻辑，以用于其他用途。当然，如果需要，可以绕过 I/O 元件中的寄存器。I/O 元件的最后一部分是输出使能逻辑，该逻辑控制输出使能缓冲区。如果 I/O 已配置为双向引脚或将输出数据与器件上的其他输出同步，则可以使用此部分。

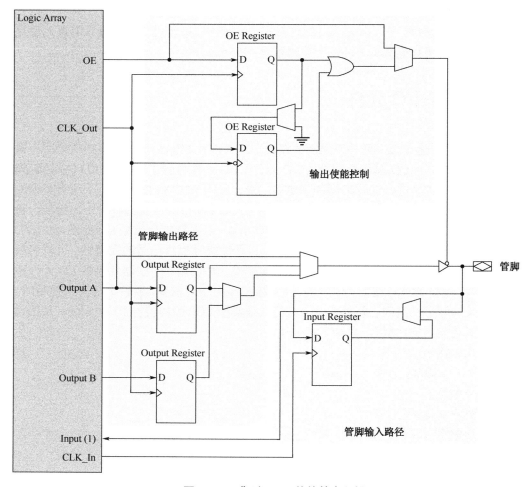

图 2-16　典型 I/O 元件的基本逻辑

⊛ 2.8.2　高速收发器

某些 FPGA 器件还具有高速收发器。这些 I/O 结构支持高速协议，传输速率为每秒千兆位或更高。这些高传输速率通常用于通信和网络设备。英特尔 FPGA 器件支持在各种不同应用中使用的数十种 I/O 标准。

不同的 FPGA 器件包含不同数量的这些类型的专用资源。参考器件数据手册以确定芯片是否为给定设计提供了足够的资源。如图2-17所示为Stratix 10系列的高速收发器SERDES 的电路发送器和接收器结构图及其接口信号。

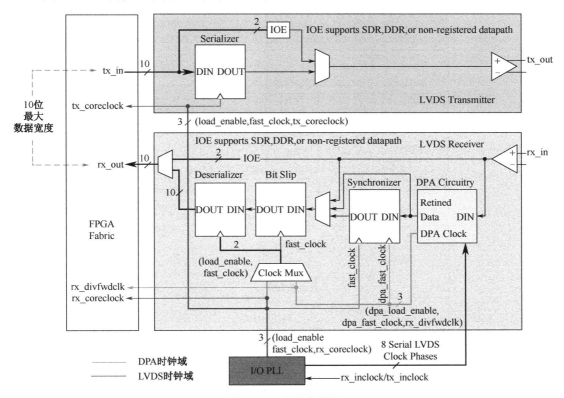

图 2-17　高速收发器

2.9　英特尔 SoC FPGA

新一代的 FPGA 包含了嵌入式 ARM 处理器和外围子系统，如图 2-18 所示为英特尔 28 nm SoC FPGA 内部结构示意图。黑色部分为硬核处理器系统 HPS，为多核处理器，如多核 Cortex-A9 处理器。处理器拥有 512KB L2 Cache 及丰富的外设接口，如以太网、USB、Flash 存储器接口、UART、SPI、CAN、I2C 及 DDR 控制器接口。

HPS 与 FPGA 逻辑间具有多个高速、高带宽接口，同时处理器还直接连接 FPGA 的配置控制器，因此可对 FPGA 进行编程配置。

浅灰色部分代表 FPGA 逻辑，深灰色部分代表芯片内另外的硬核逻辑功能，如 SDRAM 控制器、PCIE 接口、高速收发器。

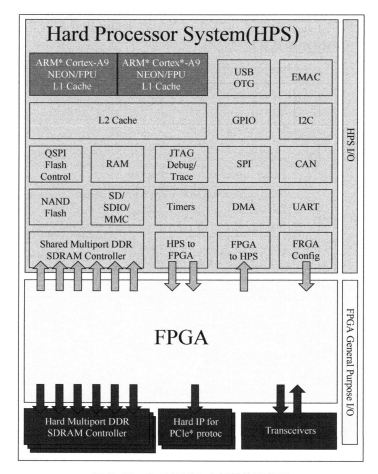

图 2-18　SoC FPGA 内部结构示意图

HPS 和 FPGA 逻辑拥有共享的 I/O，以及各自独立专用的 I/O 功能接口。

第 3 章

Verilog HDL

Verilog HDL（Hardware Description Language）是一种硬件描述语言，是一种以文本形式描述数字系统硬件结构和行为的语言，是从我们熟知的 C 语言基础上发展而来的。Verilog HDL 具有简单灵活的语法特点，使之能够在较短的时间里被掌握，目前在 FPGA 开发设计领域以及在 IC 设计领域被广泛使用。

3.1　Verilog HDL 概述

⊛ 3.1.1　Verilog HDL 的介绍

Verilog HDL 是一种硬件描述语言，是以文本形式来描述数字系统硬件结构和行为的语言，用它可以表示逻辑电路图、逻辑表达式，还可以表示数字逻辑系统所完成的逻辑功能。

Verilog HDL 包含一组丰富的内置原语，包括逻辑门、开关、线路逻辑及用户可定义原语。它还具有器件引脚到引脚的延迟与时序检查功能。它抽象的表述主要基于两种数据类型：网络（Net）和变量（Variable）。在表达式中，网络和变量这两种数据类型可以对网络上的节点进行持续驱动。程序赋值提供了基本的行为级建模方式，可以将网络和变量两种数据类型参与计算得到的结果存储到变量中。在 Verilog HDL 语言中，一个设计包含了多个模块，每个模块都有一组 I/O 接口，其功能的描述可以使用结构级建模方式，也可以使用行为级建模方式，或者两种方式混合使用。这些模块形成了一个相互连接的层次结构。

数字电路设计者利用这种语言，首先可以从顶层到底层逐层描述自己的设计思想，用一系列分层次的模块来表示极其复杂的数字系统；然后利用电子设计自动化（EDA）工具，逐层进行仿真验证，把其中需要变为实际电路的模块组合，经过自动综合工具转换到门级电路网表；最后用专用集成电路 ASIC 或 FPGA 自动布局布线工具，把网表转换为要实现的具体电路结构。

⊛ 3.1.2　Verilog HDL 的发展历史

Verilog HDL 最初是于 1983 年由 Gateway Design Automation 公司为其模拟器产品开发的硬件建模语言。由于该公司的模拟器、仿真器产品的广泛使用，Verilog HDL 作为一种便于使用且实用的语言逐渐为众多设计者所接受。1990 年，在一次努力增加语言普及性的活动中，Verilog HDL 被推向公众领域。1995 年，Verilog HDL 成为 IEEE（电气和电子工程师协会）的标准，称为 IEEE Std 1364-1995，也就是通常所说的 Verilog 95。它的发展历史如下。

1983 年，Gateway Design Automation 公司的 Philip Moorby 首创 Verilog HDL，并用在公司的模拟器产品开发中。

1986 年，Moorby 提出用于快速门级仿真的 XL 算法。随着 Verilog-XL 的成功，Verilog HDL 得到迅速发展。

1987 年，Synonsys 公司开始把 Verilog HDL 作为综合工具的输入方法。

1989 年，Cadence 公司收购 Gateway Design Automation 公司，Verilog HDL 成为 Cadence 公司的私有财产。

1990 年，Cadence 公司公开发布 Verilog HDL。随后成立的 OVI（Open Verilog International）负责 Verilog HDL 的发展，制定标准。

1993 年，几乎所有的 ASIC 厂商都开始支持 Verilog HDL，并且认为 Verilog-XL 是最好的仿真器。同年，OVI 推出 Verilog 2.0 规范，并把它提交给 IEEE。

1995 年，IEEE 发布 Verilog HDL 的标准 IEEE1364-1995。

2001 年，IEEE 发布 Verilog HDL 的标准 IEEE1364-2001，增加了一些新特性，但是验证能力和建模能力依然较弱。

2005 年，IEEE 发布 Verilog HDL 的标准 IEEE1364-2005，只是对 Verilog 2001 做一些小的修订。

2005 年，IEEE 发布 SystemVerilog 的标准 IEEE1800-2005，极大地提高了验证能力和建模能力。

2009 年，IEEE 发布 SystemVerilog 的标准 IEEE1800-2009，把 SystemVerilog 和 Verilog HLD 合并到一个标准中。

2012 年，IEEE 发布 SystemVerilog 的标准 IEEE1800-2012。

2017 年，IEEE 发布 SystemVerilog 的标准 IEEE1800-2017。

从上面的发展历史中可以看到 Verilog HDL 的标准经过了不断的升级与完善，当前已经更新到 IEEE1800-2017，且较新的几个版本都是 SystemVerilog 标准。在本章重点介绍的是 Verilog HDL，因为 Verilog HDL 与 SystemVerilog 的差别犹如 C 语言与 C++的差异，虽然 C++有更多的特性，但 C 语言依然被广泛应用，同样，Verilog HDL 也被广泛使用于 FPGA 或 IC

相关的开发中。

⊘ 3.1.3 Verilog HDL 的相关术语

下面对 Verilog HDL 中的一些主要的术语进行介绍。

3.1.3.1 HDL

HDL（Hardware Description Language，硬件描述语言），是一种对硬件电路进行描述建模的文本编程语言。

3.1.3.2 行为级建模

行为级建模侧重于对模块输入 / 输出行为功能的描述。

在行为级建模中，描述的是电路的功能，而不是电路的结构，输出行为被描述为与输入的关系。如图 3-1 所示是一个行为级 HDL 代码的例子，描述的是移位寄存器的移位操作，这种类型的建模需要使用综合工具来创建符合所描述行为的正确电路。

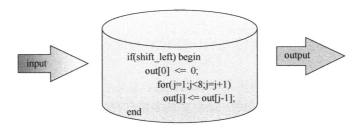

图 3-1　行为级建模示意图

3.1.3.3 结构级建模

结构级建模侧重于对模块内部实现的具体底层结构的描述。

在结构级建模中，规定了电路的功能和结构。编写 HDL 的工程师调用特定的硬件元素并将它们连接在一起。对于硬件元素的描述就如同与门与非门一样简单，当然也可以是另一抽象层模块的描述。在一个典型的现代设计中，会同时发现结构级模型和行为级模型。如图 3-2 所示，结构级建模中既有与非门的描述，也有抽象层模块的描述，其中抽象层模块可以是行为级建模的模型，也可以是结构级建模的模型。

3.1.3.4 Register Transfer Level（RTL）

Register Transfer Level（RTL），即寄存器传输级，一种可综合的行为级描述。

在数字电路与 FPGA 中出现得非常多的一个术语是 RTL。RTL 描述了一种行为模型，以数据流的方式定义了电路输入／输出关系。RTL 结构是可以综合的，即可映射为实际电路。

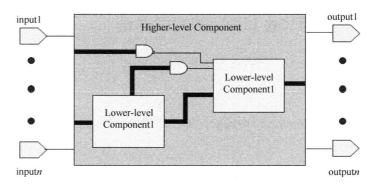

图 3-2　结构级建模示意图

3.1.3.5　Synthesis

Synthesis，即综合，将 HDL 转换为实际的逻辑电路。

3.1.3.6　RTL Synthesis

RTL Synthesis，即寄存器传输级综合，将 RTL 描述的硬件模型综合并优化为实际的门级电路。

如图 3-3 所示，一个行为级描述的多路选择器，首先会被直接转换为一个电路，其次产生一个经过优化的、简洁的门级电路，最后实现多路选择器的功能。

⊘ 3.1.4　Verilog HDL 的开发流程

Verilog HDL 可以通过两种不同的开发流程实现：综合与仿真。其开发流程如图 3-4 所示。

在综合开发流程中，首先使用综合编译器（如 Synopsys 的 Synplify，或 Intel 公司 Quartus 软件中的 Synthesis Engine）将 Verilog HDL 及使用的库模块转换为数字电路网表（Netlist），然后通过该网表进行时序分析，并进一步将其通过布线操作（Place/Route）转换为与 FPGA 匹配的更接近底层的数字电路网表，最后可在该基础上生成下载文件，下载到特定的设备中。

在仿真开发流程中，首先使用仿真编译器（如 Mentor Graphics Modelsim）将 Verilog HDL 以及使用的库模块转换为仿真模型，然后通过建立测试平台或测试向量来对其进行仿真测试。

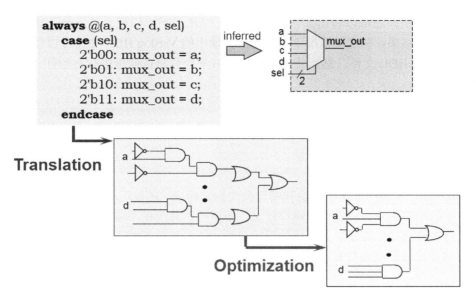

图 3-3　RTL Synthesis 图示

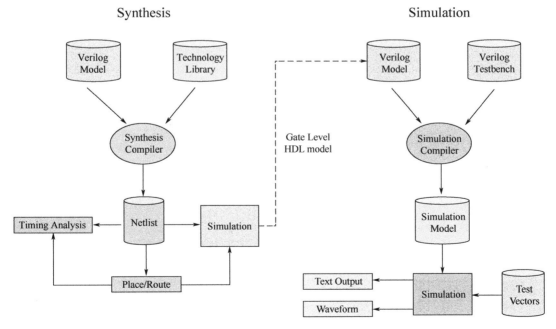

图 3-4　Verilog HDL 的综合与仿真开发流程

　　大多数综合工具还可以写出综合后的 Verilog HDL 文件，以便设计人员在执行布局和布线之前检查综合结果。在这种情况下，综合工具输出的 Verilog HDL 文件可以替换设计中使用的原始 Verilog HDL 文件，然后使用相同的测试平台和测试向量进行此验证。

3.2　Verilog HDL 基础知识

⊚ 3.2.1　程序结构

　　Verilog HDL 模块由关键字模块和端口模块封装而成，它有几个主要组成部分，如图 3-5 所示。首先是端口列表，它是由"端口定义"指定的。其次在"端口定义"中定义端口。然后在"数据类型定义"部分定义设计使用的变量。接着是在"电路功能描述"中对要实现的功能进行描述。最后是为仿真过程制定"时序规范"。

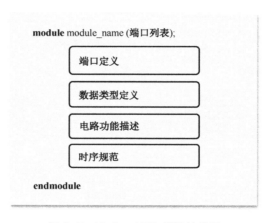

图 3-5　Verilog HDL 模块结构图

　　根据图 3-5 可知，Verilog HDL 的模块，从关键字 module 开始，结束时使用关键字 endmodule 结束。除此之外，它还有以下典型的特点。

　　（1）在使用 Verilog HDL 进行编程时，定义的数据类型名称需要区分大小写，即仅有大小写区别的同一个变量名称，将指向两个完全不同的信号。

　　（2）在语句之间可以使用空格符来作为间隔符号。

　　（3）每一个语句都使用分号结束。

　　（4）Verilog HDL 的关键字全部为小写。

　　（5）使用"//"来对单行代码进行注释。

　　（6）使用"/*　*/"来对多行代码进行注释。

（7）可以指定时序参数用于仿真。

⊙ 3.2.2 程序实例

我们以一个实例来帮助大家快速熟悉 Verilog HDL 的程序结构，这个实例实现的是一个乘累加功能的模块，也是一个典型的 Verilog HDL 模块，如图 3-6 所示，我们可以看到该程序顶部以关键字 module 开始，mult_acc 是该模块的名称，正如该模块名称所示该模块实现的功能为乘累加功能。紧跟模块名的括号里是该模块的输入输出端口列表。

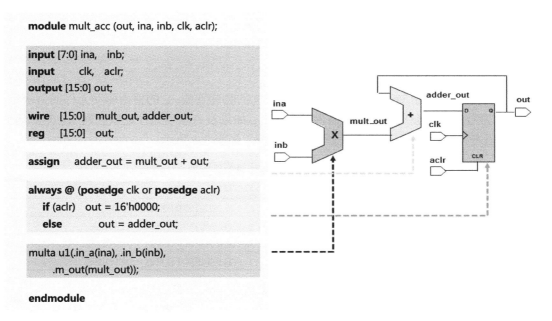

图 3-6　程序结构示例及其对应的电路示意图

图 3-6 中，橙色部分是输入输出接口及程序中用到的变量与信号的定义；绿色部分是持续赋值语句，在本例中该语句将被综合为一个加法器，对应绿色部分；粉色部分描述的是一个寄存器时序逻辑；蓝色部分则是一个例化了的乘法器模块。最后，以关键字 endmodule 结束。

⊙ 3.2.3 数据类型

Verilog HDL 的数据类型主要分为网络（Net）与变量（Variable）两种。其中，网络数据类型代表实际的物理连线。如图 3-7 所示，两个功能模块是通过网络型连接到一起的，并可通过网络型再与其他功能模块连接到一起。

变量数据类型则用于临时存储数据。其类似于其他语言中的变量。变量数据类型会根据实际情况综合为触发器、寄存器或连接节点，其示意图如图 3-8 所示，与网络数据类型不同，变量数据类型不再是实际的物理连线，而是一个存储单元或一个节点。

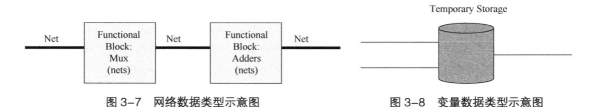

图 3-7　网络数据类型示意图　　　　　图 3-8　变量数据类型示意图

3.2.3.1　网络数据类型

网络数据类型表示 Verilog HDL 结构化元件间的物理连线。它的值由驱动元件的值决定，驱动端口信号的改变会立即传递到输出的连线上。如果没有驱动元件连接到网络，其默认值为 z（高阻态）。场景的网络数据类型有以下几种，如表 3-1 所示。

表 3-1　网络数据类型的种类

类　　型	定　　义
wire	它是指物理连线或一个节点
tri	它是指物理连线或一个三态节点
supply0	它是指逻辑 0 连接的一个物理连线
supply1	它是指逻辑 1 连接的一个物理连线

如果没有明确说明连接是何种类型，一般都是指 wire 数据类型。

3.2.3.2　变量数据类型

变量数据类型用于数据临时存储，它只能在过程块 always、task 或 function 里被赋值。通常变量数据类型如下。

reg：寄存器变量，可以是任意位宽的无符号寄存器变量。如需要表示有符号寄存器变量，可使用关键字"reg signed"。

integer：整数型数据变量，代表 32 位有符号整数。

real，time，realtime：实数与时间型变量，是不可综合为电路的类型，仅用于仿真验证。

3.2.3.3　参数数据类型

我们经常用参数来定义程序运行时的常数。参数也常被用于定义状态机的状态、数据位宽和延迟大小等。参数通常是本地的，其定义只在本模块中有效。

3.2.3.4　总线的定义

定义总线通常使用以下两种方式：

（1）<data_type>　　[MSB : LSB]　　<signal name>;

（2）<data_type>　　[LSB : MSB]　　<signal name>;

例如，定义 8 位的物理连线与 16 位的寄存器总线：

wire　　[7:0]　　out;

reg　　[16:0]　　count;

3.2.3.5　数字进制格式的表示

Verilog HDL 数字进制格式包括二进制、八进制、十进制和十六进制，一般常用的为二进制、十进制和十六进制。

（1）二进制表示如下：4'b0101 表示 4 位二进制数字 0101。

（2）十进制表示如下：4'd2 表示 4 位十进制数字 2（二进制数字 0010）。

（3）十六进制表示如下：4'ha 表示 4 位十六进制数字 a（二进制数字 1010）。十六进制的计数方式为 0，1，2，…，9，a，b，c，d，e，f，最大计数为 f（f：十进制表示为 15）。

当代码中没有指定数字的位宽与进制时，默认为 32 位的十进制，比如 100，实际上表示的值为 32'd100。

⊙ 3.2.4　模块例化

Verilog HDL 模块的例化，格式如下所示：

```
<component_name> #<delay> <instance_name> (port_list);
```

一旦定义了一个模块,如要在更高级的模块里调用该模块或将该模块与其他模块或节点连接起来，就需要使用上面这个格式。首先需要给出该模块的模块名；其次可以通过<delay>定义仿真时的端口延时（可选项）；然后使用<instance_name>来对例化的模块命名，如该模块被调用多次，将通过该例化名进行区别，与此同时该例化的模块将被综合为一个新的模块电路，如多次例化同一个模块，综合时间生成多个独立的模块电路；最后在例化中需要指定的是例化模块的端口，即该模块的实际线路连接列表。

定义端口连接的方式有两种，一种是按顺序连接，一种是按指定端口名连接。按顺序连接的方式，连接的顺序与端口的位宽需要与要例化的模块一致。按指定端口名连接的方式，不需要按与例化模块一致的端口顺序进行例化，但需要指定谁与谁连接到一起。

这里以调用两个半加器模块来实现一个全加器模块为例进行说明，其实现方式如图 3-9 所示。

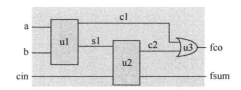

图 3-9　两个半加器模块实现一个全加器模块的端口连接图

该半加器模块名与端口如下所示：

```
module half_adder(co,sum,a,b)
```

在全加器模块中需要使用该模块来完成功能的实现，需要使用全加器的 c1 与该模块的 fco 进行连接，s1 与该模块的 fsum 进行连接，a 与该模块的 a 进行连接，b 与该模块的 b 进行连接，按顺序连接的方式进行例化，如下所示：

```
half_adder  u1 (c1, s1, a, b);
```

在这里如需实现全加器的完整功能，还需要对这个半加器进行一次例化。第二次例化采用指定端口名的方式进行，需要实现的端口连接方式为：第一个半加器的输出 s1 连接到第二个半加器的 a 端口，将全加器的输入进位口 cin 连接到第二个半加器的 b 端口，第二个半加器的输出连接到全加器的输出。使用指定端口名的例化方式如下所示：

```
half_adder  u2 (.a(s1),  .b(cin), .sum(fsum),  .co(c2));
```

该全加器程序的 Verilog HDL 的内容如下所示：

```
module full_adder (fco,fsum,cin,a,b)
    input cin;
    input a;
    input b;
    output fco;
    output fsum;
    wire c1, s1, c2;
    half_adder  u1 (c1, s1, a, b);
    half_adder  u2 (.a(s1),  .b(cin),  .sum(fsum),  .co(c2));
endmodule
```

⊙ 3.2.5　运算符

Verilog HDL 中的运算符按照功能可以分为以下几种类型：①算术运算符；②关系运算符；③逻辑运算符；④条件运算符；⑤位运算符；⑥移位运算符；⑦位拼接运算符。下面我们分别对这些运算符进行介绍。

3.2.5.1　算术运算符

算术运算符，简单来说，就是数学运算里面的加减乘除，数字逻辑处理有时候也需要进行数学运算，所以需要算术运算符。常用的算术运算符主要包括加减乘除和模除（模除运算也叫取余运算）。算术运算符的使用方法如表 3-2 所示。

表 3-2　算术运算符的使用方法

符　号	使 用 方 法	说　明
+	a+b	a 加上 b
-	a-b	a 减去 b
*	a * b	a 乘以 b
/	a / b	a 除以 b
%	a % b	a 模除 b

需要注意的是，如果 Verilog HDL 实现除法与模除，则会比较浪费组合逻辑资源，尤其是除法。2 的指数次幂的乘除法一般使用移位运算符来完成运算，详情参见移位运算符小节。非 2 的指数次幂的乘除法一般调用现成的 IP，Quartus Prime 等工具软件可提供 IP，不过这些工具软件提供的 IP 也是由最底层的组合逻辑（与或非门等）搭建而成的。

3.2.5.2　关系运算符

关系运算符主要是做一些条件判断用的，在进行关系运算时，如果声明的关系是假的，则返回值是 0；如果声明的关系是真的，则返回值是 1。所有的关系运算符有着相同的优先级别，关系运算符的优先级别低于算术运算符的优先级别。关系运算符的使用方法如表 3-3 所示。

表 3-3　Verilog 关系运算符使用方法

符　号	使 用 方 法	说　明
>	a > b	a 大于 b，值为 1；反之为 0
<	a < b	a 小于 b，值为 1；反之为 0
>=	a >= b	a 大于等于 b
<=	a <= b	a 小于等于 b
=	a = b	a 等于 b
!=	a != b	a 不等于 b

3.2.5.3　逻辑运算符

逻辑运算符是连接多个关系表达式用的，可实现更加复杂的判断，一般不单独使用，需要配合具体语句来实现完整的意思。逻辑运算符的使用方法如表 3-4 所示。

表3-4　逻辑运算符的使用方法

符　号	使 用 方 法	说　明
!	! a	a的非，如果a为0，那么! a的值为1
&&	a &&b	a和b做与运算，a和b的值都为1时，值为1；否则为0
∥	a∥b	a和b做或运算，a和b的值都为0时，值为0，否则为1

3.2.5.4　条件运算符

条件运算符一般用来构建从两个输入中选择一个作为输出的条件选择结构,功能等同于 always 中的 if-else 语句。条件运算符的使用方法如表3-5 所示。

表3-5　条件运算符的使用方法

符　号	使 用 方 法	说　明
？：	a?b:c	如果a为真，则表达式的值为b；否则为c

3.2.5.5　位运算符

位运算符是一类最基本的运算符，可以认为它们直接对应数字逻辑中的与门、或门、非门等逻辑门。位运算符的与、或、非与逻辑运算符的逻辑与、逻辑或、逻辑非在使用时容易混淆，逻辑运算符一般用在条件判断上，位运算符一般用在信号赋值上。位运算符的使用方法如表 3-6 所示。

表3-6　位运算符的使用方法

符　号	使 用 方 法	说　明
～	～ a	对 a 的值按位取反
&	a & b	a 和 b 按位做与运算
│	a│b	a 和 b 按位做或运算
^	a ^ b	a 和 b 按位做异或运算

3.2.5.6　移位运算符

移位运算符包括左移位运算符和右移位运算符,这两种移位运算符都用 0 来填补移出的空位。移位运算符的使用方法如表 3-7 所示。

表3-7　移位运算符的使用方法

符　号	使 用 方 法	说　明
<<	a << b	将 a 进行左移，移动 b 位
>>	a >> b	将 a 进行右移，移动 b 位

如果 a 有 8 bit 数据位宽，那么 a<<2，表示 a 左移 2 bit，a 还是有 8 bit 数据位宽，a 的最高 2 bit 数据被移位丢弃了，最低 2 bit 数据固定补 0。如果 a 是 3（二进制：00000011），那么 3 左移 2 bit，3<<2，就是 12（二进制：00001100）。一般，使用左移位运算代替乘法，使用右移位运算代替除法，但是这种操作也只能表示 2 的指数次幂的乘除法。

3.2.5.7 位拼接运算符

Verilog HDL 中有一个特殊的运算符是 C 语言中所没有的，就是位拼接运算符。用这个运算符可以把两个或多个信号的某些位拼接起来进行运算操作。位拼接运算符的使用方法如表 3-8 所示。

表 3-8 位拼接运算符的使用方法

符　号	使用方法	说　明
{}	{a,b}	将 a 与 b 拼接起来，作为一个新的信号

3.2.5.8 运算符的优先级

介绍完以上几种运算符，大家可能会想知道究竟哪种运算符优先级高，哪种运算符优先级低。为了便于大家查看这些运算符的优先级，我们将它们制作成了表格，如表 3-9 所示。

表 3-9 运算符的优先级

	运　算　符	优　先　级
位运算符（单目）	＋　－　！　～　＆　～＆　等	最高
算数运算符	**	
	*　/　%	
	＋　－　（二元运算符）	
移位运算符	<<　>>　<<<　>>>	
关系运算符	<　>　<=　>=	由高到低
	==　!=　===　!==	
逻辑运算符（双目）	＆　（二元运算符）	
	^　~^　^~　（二元运算符）	
	|　（二元运算符）	
	&&	
	||	
条件运算符	?:	
位拼接运算符	{}　{{}}	最低

3.3　Verilog HDL 的基本语法

3.3.1　if-else 语句

if-else 语句在 Verilog HDL 中的使用方法与在 C 语言中的相同，其格式如下所示：

```
if <condition1>
   {sequence of statement(s)}
else if <condition2>
   {sequence of statement(s)}
   …
else
  {sequence of statement(s)}
```

使用 if-else 语句可以便捷地对选择电路进行描述，典型的选择器电路示意图如图 3-10 所示。

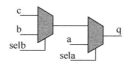

图 3-10　典型的选择器电路示意图

其实现的 Verilog HDL 程序示例如下所示：

```
always @  (*)
begin
   if (sela)
      q = a;
   else if (selb)
      q = b;
   else
      q = c;
end
```

如程序示例所示，该语句以关键字 if 开头，后跟条件，然后是条件为真时要执行的语句序列。如果条件为假，则执行 else 的子句。

如图 3-10 所示，上面的程序示例将会在综合后生成了两个选择器，而且使用了两个 if 语句，生成了前后级连的两个选项选择器，从而使其具有优先级顺序。如果不需要在电路中确定优先级，则使用 case 语句将更有效。

⊛ 3.3.2 case 语句

Verilog HDL 中的 case 语句是一个常用的语句，其使用方法也比较简单，其实现格式如下所示：

```
case {expression}
    <condition1> :
        {sequence of statements}
    <condition2> :
        {sequence of statements}
    …
    default : -- (optional)
        {sequence of statements}
endcase
```

case 语句常用来实现无优先级差别的多路选择器，多路选择器电路示意图如图 3-11 所示。

图 3-11　多路选择器电路示意图

多路选择器的程序示例如下所示：

```
always @ (*)
begin
    case (sel)
        2'b00 :  q = a;
        2'b01 :  q = b;
        2'b10 :  q = c;
        default : q = d;
    endcase
end
```

在 case 语句中，将针对表达式核对所有条件，这将生成一个具有多个输入的多路选择器。与 C 语言中的 case 语句不同的是，在 Verilog HDL 中的各个条件是没有先后顺序的，各个条件都是同一个优先级的。

首先 case 语句以关键字 case 开始，后跟要进行判断的表达式。其次是一系列表达式成立的条件。然后是相应的语句序列。对于所有其他未指定的条件，可以选择使用默认条件（default）作为所有其他未指定条件的全部选择（catch all）。最后以关键字 endcase 结束。

⊙ 3.3.3 for 循环

for 循环在 Verilog HDL 中的使用方法与在 C 语言中的使用方法类似，但在 Verilog HDL 中 for 循环内的内容并不是顺序执行，而是并行执行的。例如，循环的次数为 8，但 for 循环内的内容并不会真的循环 8 次，而是将 for 循环内的描述语句复制 8 份。

这里使用 for 循环来实现一组数据搬移，其电路结构示意图如图 3-12 所示。

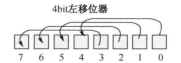

图 3-12　数据搬移电路结构示意图

其对应的 Verilog HDL 语言如下所示：

```verilog
// declare the index for the FOR loop
integer  i;
always @(inp, cnt) begin
    result[7:4] = 0;
    result[3:0] = inp;
    if (cnt == 1) begin
        for (i = 4; i <= 7; i = i + 1) begin
            result[i] = result[i-4];
        end
        result[3:0] = 0;
    end
end
```

在这个例子中，i 在循环执行开始时被赋值为 4，然后在每次循环之前都递增 1，直到 i 大于 7。在 Verilog HDL 中，每次循环都将复制一次复制语句，在这里，最终将生成 4 个并行的复制语句，实现数据的左移。

⊙ 3.3.4 Verilog HDL 常用关键字汇总

这里对 Verilog HDL 常用关键字进行汇总，如表 3-10 所示。这些关键字都是可综合的关键字，仅仅使用它们就可以玩转 Verilog HDL 这个开发语言。

表 3-10　Verilog HDL 常用关键字

关 键 字	定 义	说 明
module	模块开始定义	模块定义
endmodule	模块结束定义	

续表

关 键 字	定 义	说 明
input	输入端口定义	
output	输出端口定义	端口定义
inout	双向端口定义	
parameter	信号的参数定义	
wire	wire 信号定义	数据类型定义
reg	reg 信号定义	
begin	语句的起始标志	程序块的范围指定，相当于 C 语言中的
end	语句的结束标志	{ }
always	产生 reg 信号语句的关键字	
assign	产生 wire 信号语句的关键字	语句的使用
posedge/negedge	时序电路的标志	
case	Case 语句起始标记	
default	Case 语句的默认分支标志	Case 语句
endcase	Case 语句结束标记	
if	if/else 语句标记	if 语句
else	if/else 语句标记	
for	for 语句标记	for 语句

需要注意的是，只有小写的关键字才是保留字。例如，标识符 always（关键词）与标识符 ALWAYS（非关键词）是不同的。

3.4 Verilog HDL 高级知识点

⊙ 3.4.1 阻塞与非阻塞的区别

在 Verilog HDL 中有两种类型的赋值语句：阻塞赋值语句（"="）和非阻塞赋值语句（"<="）。正确地使用这两种赋值语句对于 Verilog HDL 的设计和仿真非常重要。

Verilog HDL 语言中的阻塞赋值与非阻塞赋值，从字面上来看，阻塞就是执行的时候在某个地方卡住了，直到这个操作执行完再继续执行下面的语句；非阻塞就是不管执行完没有，不管执行的结果怎样，都要继续执行下面的语句。而 Verilog HDL 中的阻塞赋值与非阻塞赋值就是这个意思。下面通过执行一个例子加以说明。

（1）阻塞赋值可以理解为语句的顺序执行，因此语句的执行顺序很重要。

（2）非阻塞赋值可以理解为语句的并行执行，因此语句的执行不考虑顺序。

（3）在 assign 的结构中，必须使用阻塞赋值。

3.4.1.1　阻塞语句与非阻塞语句的时序区别

阻塞语句赋值是需要在本语句中"右式计算"和"左式更新"完全完成之后，才开始执行下一条语句的。阻塞语句赋值示例如下所示，通过阻塞的方式对变量 a、b、c 进行赋值。因为在阻塞语句的控制下，后一语句需要等待前一语句运行完成之后才开始运行，所以最终结果将会把 0 赋值给 a、b、c 三个变量。

```
always @(posedge clk)
begin
    if(~rst_n)begin
        a=1;
        b=2;
        c=3;
    end
    else begin
        a=0;
        b=a;
        c=b;
        end
end
```

该阻塞语句示例的仿真时序图如图 3-13 所示，因为该阻塞语句的等待时间极短，所以在图中可以看到 a、b、c 三个变量几乎在同一时间被赋值为 0。

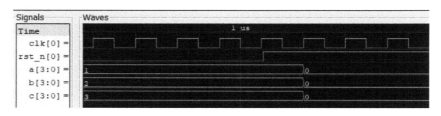

图 3-13　阻塞语句时序图

阻塞语句赋值的特点是当前语句的执行不会阻塞下一语句的执行。我们把示例中的阻塞语句赋值更改为非阻塞语句赋值，将得到完全不同的结果。非阻塞语句赋值示例如下所示：

```
always @(posedge clk)
begin
    if(~rst_n)begin
        a<=1;
        b<=2;
        c<=3;
    end
```

```
        else begin
            a<=0;
            b<=a;
            c<=b;
        end
    end
```

非阻塞语句时序图如图 3-14 所示。从对该程序进行仿真中可以看到 a、b、c 三个变量的赋值在同一时间完成了赋值，但并没有全部被赋值为 0，因为在非阻塞语句赋值过程中，后一条语句不等待前一条语句执行完成，而是与前一条语句同时完成了赋值，从而得到仿真的实现波形。

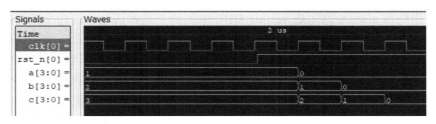

图 3-14 非阻塞语句时序图

3.4.1.2 阻塞语句与非阻塞语句的电路区别

阻塞语句赋值与非阻塞语句赋值在电路上也有很大区别，如图 3-15 所示，图 3-15（a）为阻塞语句的电路示意图，图 3-15（b）为非阻塞的电路示意图，它们的程序仅有阻塞赋值与非阻塞赋值的区别，在电路上却完全不同。在图 3-15（a）中，阻塞方式的赋值在 always 块仅使用了一个寄存器，而中间变量 x 仅是一个连接线。但在图 3-15（b）中，变量 x 与变量 y 分别使用了一个寄存器，如此实现了非阻塞语句电路的功能。

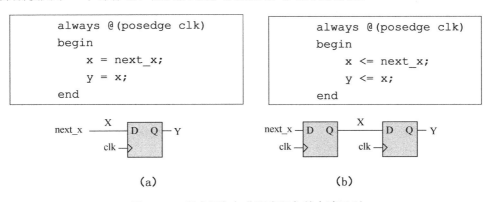

图 3-15 阻塞语句与非阻塞语句的电路区别

3.4.1.3 阻塞语句的使用

（1）在时序逻辑电路中一般使用非阻塞语句赋值。非阻塞语句赋值在块结束后才完成赋值操作，此赋值方式可以避免在仿真过程中出现冒险和竞争现象。

（2）在组合逻辑电路中一般使用阻塞语句赋值。使用阻塞方式对一个变量进行赋值时，此变量的值在赋值语句执行完后就立即改变。

（3）在 assign 语句中必须使用阻塞语句赋值。

⊙ 3.4.2 assign 语句和 always 语句的区别

assign 语句和 always 语句是 Verilog HDL 中的两个基本语句，这两个都是经常使用的语句。

在使用时，assign 语句不能带时钟；always 语句可以带时钟，也可以不带时钟。在 always 语句不带时钟时，逻辑功能和 assign 语句完全一致，都是只产生组合逻辑。对于比较简单的组合逻辑，推荐使用 assign 语句；对于比较复杂的组合逻辑推荐使用 always 语句。示例如下：

```
assign counter_en=(counter =(COUNT_MAX-1'b1))? 1'b1 : 1'b0;
always @(*)
begin
   case(led_ctrl_cnt)
      2'd0    :   led = 4'b0001;
      2'd1    :   led = 4'b0010;
      2'd2    :   led = 4'b0100;
      2'd3    :   led = 4'b1000;
      default :   led = 4'b0000;
   endcase
end
```

⊙ 3.4.3 锁存器与寄存器的区别

在使用 Verilog HDL 进行 FPGA 开发的过程中，锁存器是一种对脉冲电平敏感的存储单元电路。锁存器和寄存器都是基本存储单元。

锁存器是电平触发的存储器，是组合逻辑产生的。寄存器是边沿触发的存储器，是在时序电路中使用，由时钟触发产生的。

锁存器的主要危害是会产生毛刺（glitch），这种毛刺对下一级电路是很危险的。并且其隐蔽性很强，不易查出。因此，在设计中，应尽量避免使用锁存器。

出现锁存器的原因：代码里面出现锁存器的两个原因是：在组合逻辑中，if 语句不完整的描述和 case 语句不完整的描述。比如，if 语句缺少 else 分支或者 case 语句缺少 default 分支，会导致代码在综合过程中出现。解决办法：if 语句必须带 else 分支，case 语句必须带 default 分支。

需要注意的是，只有不带时钟的 always 语句（if 语句或者 case 语句）不完整描述才会产生锁存器，带时钟的 always 语句（if 语句）或者 case 语句，不完整描述不会产生锁存器。如图 3-16 所示为缺少 else 分支的带时钟的 always 语句和不带时钟的 always 语句，通过实际产生的电路图可以看到第二个是有一个锁存器的，第一个仍然是普通的带时钟的寄存器。

```verilog
always@(posedge clk)
begin
   if(enable) begin
      q <= data;
   end
// else begin
//    q <= 0;
// end
end
```

```verilog
always@(*)
begin
   if(enable) begin
      q <= data;
   end
// else begin
//    q <= 0;
// end
end
```

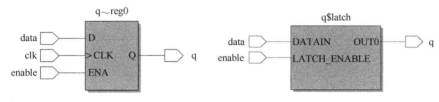

图 3-16　寄存器与锁存器的电路原理图

⊙ 3.4.4　状态机

Verilog HDL 是硬件描述语言，硬件电路是并行执行的，当需要按照流程或者步骤来完成某个功能时，代码中通常会使用很多个 if 嵌套语句来实现，这样就增加了代码的复杂度，以及降低了代码的可读性，这个时候就可以使用状态机来编写代码。状态机相当于一个控制器，它将一项功能的完成分解为若干步，每一步对应于二进制的一个状态，通过预先设计的顺序在各状态之间进行转换，状态转换的过程就是实现逻辑功能的过程。

3.4.4.1　状态机的种类

状态机，全称是有限状态机（Finite State Machine，FSM），是一种在有限个状态之间按一定规律转换的时序电路，可以认为是组合逻辑和时序逻辑的一种组合。状态机通过控制各个状态的跳转来控制流程，使得整个代码看上去更加清晰易懂。在控制复杂流程的时候，状态机优势明显，因此基本上都会用到状态机，如 SDRAM 控制器等。

根据状态机的输出是否与输入条件相关，可将状态机分为两大类，即摩尔（Moore）型状态机和米勒（Mealy）型状态机。

米勒型状态机：组合逻辑的输出不仅取决于当前状态，还取决于输入状态。米勒型状态机状态流图如图 3-17 所示。

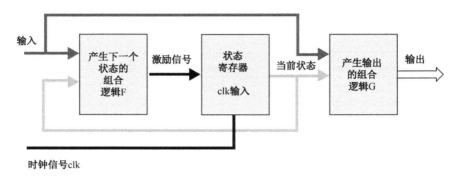

图 3-17　米勒型状态机状态流图

摩尔型状态机：组合逻辑的输出只取决于当前状态。摩尔型状态机状态流图如图 3-18 所示。

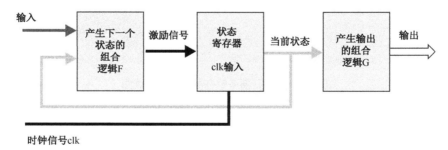

图 3-18　摩尔型状态机状态流图

3.4.4.2　状态机的程序结构

根据状态机的功能，状态机的程序结构一般分为三种方式：一段式、二段式和三段式。

1. 一段式

一段式，即将整个状态机写到一个 always 模块里面，在该模块中既描述状态转移，又描述状态的输入和输出。不推荐采用这种程序结构的状态机，因为从代码风格方面来说，一般都会要求把组合逻辑和时序逻辑分开；从代码维护和升级来说，组合逻辑和时序逻辑混合在一起不利于代码维护和修改，也不利于约束。

2．二段式

二段式，即用两个 always 模块来描述状态机，其中一个 always 模块采用同步时序描述状态转移；另一个 always 模块采用组合逻辑判断状态转移条件、描述状态转移规律以及输出。不同于一段式状态机的是，它需要定义两个状态：现态和次态，然后通过现态和次态的转换来实现时序逻辑。

3．三段式

三段式，即在两个 always 模块描述方法的基础上，使用三个 always 模块，一个 always 模块采用同步时序描述状态转移，另一个 always 模块采用组合逻辑判断状态转移条件、描述状态转移规律，最后一个 always 模块描述状态输出（可以用组合电路输出，也可以用时序电路输出）。

3.4.4.3　三段式状态机结构的设计

在实际应用中，三段式状态机使用最多，因为三段式状态机将组合逻辑和时序分开，有利于综合器分析优化以及程序维护。并且三段式状态机将状态转移与状态输出分开，使代码看上去更加清晰易懂，提高了代码的可读性，推荐大家使用三段式状态机，本文也会对此做着重讲解。

三段式状态机的基本格式是：

第一个 always 模块实现同步状态跳转；

第二个 always 模块采用组合逻辑判断状态转移条件；

第三个 always 模块描述状态输出（可以用组合电路输出，也可以用时序电路输出）。

在开始编写状态机代码之前，一般先画出状态跳转图，这样在编写代码时思路会比较清晰。下面以一个 7 分频为例进行讲解（对于分频等较简单的功能，可以不使用状态机，这里只是演示状态机编写的方法），状态跳转图如图 3-19 所示。

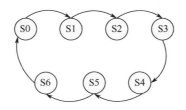

图 3-19　状态跳转图

这里是使用独热码的方式来定义状态机，每个状态只有一位为 1，当然也可以直接定义成十进制的 0，1，2，……，7。因为我们定义成独热码的方式，每个状态的位宽为 7 位，接下来还需要定义两个 7 位的寄存器，一个用来表示当前状态，另一个用来表示下一个状态。接下来就可以使用三个 always 模块来开始编写状态机的代码。

第一个 always 模块采用同步时序描述状态转移，如下所示：

```
parameter S0 = 7'b0000001;            //独热码定义方式
parameter S1 = 7'b0000010;
parameter S2 = 7'b0000100;
parameter S3 = 7'b0001000;
parameter S4 = 7'b0010000;
parameter S5 = 7'b0100000;
parameter S6 = 7'b1000000;

reg [6:0] curr_st ;                   //当前状态
reg [6:0] nextst ;                    //下一个状态
```

第二个 always 模块采用组合逻辑判断状态转移条件，如下所示：

```
//状态机的第二段采用组合逻辑判断状态转移条件
always @(*)
begin
    case(curr_st)
        S0      :   next_st = S1;
        S1      :   next_st = S2;
        S2      :   next_st = S3;
        S3      :   next_st = S4;
        S4      :   next_st = S5;
        S5      :   next_st = S6;
        S6      :   next_st = s0;
        default :   next_st = s0;
    endcase
end
```

第三个 always 模块是描述状态输出，如下所示：

```
//状态机的第三段描述状态瀚出（这星采阴时序电路输出）
always @(posedge sys_clk or negedge sys_rst_n)
begin
    if(!sys_rst_n)
        clk_divide_7 <= 1'b0;
    else if((curr_st == S9) | (curr_st == S1) | (curr_st == S2) | (curr_st
== S3))
        clk_divide_7 <= 1'b0;
    else if((curr_st == S4) | (curr_st == S5) | (curr_st == S6))
        clk_divide_7 <= 1'b1;
    else
```

```
            clk divide_7 <= 1'b0;
    end
```

3.5 Verilog HDL 开发实例篇

3.5.1 汉明码编码器

3.5.1.1 背景知识

纠错码（ECC）利用冗余数据提高可靠性，在数据传输中得到广泛应用。

汉明码是最著名的纠错码之一，常见的有 HAM(7,4)、HAM(15,11)、HAM(31,26)等。汉明码编码规则如图 3-20 所示。

Bit position		1	2	3	4	5	6	7	8	9	10	11	12	13	14	15	16	17	18	19	20	
Encoded data bits		p1	p2	d1	p4	d2	d3	d4	p8	d5	d6	d7	d8	d9	d10	d11	p16	d12	d13	d14	d15	
Parity bit coverage	p1	✗		✗		✗		✗		✗		✗		✗		✗		✗		✗		
	p2		✗	✗			✗	✗			✗	✗			✗	✗			✗	✗		…
	p4				✗	✗	✗	✗					✗	✗	✗	✗					✗	
	p8								✗	✗	✗	✗	✗	✗	✗	✗						
	p16																✗	✗	✗	✗	✗	

图 3-20　汉明码编码规则

3.5.1.2 实验目标

根据图 3-20，完成 HAM(15,11)编码器，并编写 TestBench 在 Modelsim 中的仿真验证。编码器端口如表 3-11 所示。

表 3-11　编码器端口

端　口	位　宽	方　向	描　述
Data_i	11	In	11 位输入数据
Data_o	15	Out	15 位输出数据

3.5.1.3 Verilog HDL 代码编写

新建 HammingCode.v 文件，并在此文件中添加下列代码：

```
module HammingCode(Data_i,Data_o)
input  [10:0] Data_i;
output [14:0] Data_o;
reg    [14:0] Data_o;
```

```
    always@(Data_i)
    begin
        Data_o[14:4] <= Data_i;
        Data_o[3]<=Data_i[2]^Data_i[3]^Data_i[5]^Data_i[7]^Data_i[8]^
Data_i[9]^Data_i[10];
        Data_o[2]<=Data_i[1]^Data_i[2]^Data_i[4]^Data_i[6]^Data_i[7]
^Data_i[8]^Data_i[9];
        Data_o[1]<=Data_i[0]^Data_i[1]^Data_i[3]^Data_i[5]^Data_i[6]
^Data_i[7]^Data_i[8];
        Data_o[0]<=Data_i[0]^Data_i[3]^Data_i[4]^Data_i[6]^Data_i[8]
^Data_i[9]^Data_i[10];
    end
    endmodule
```

3.5.1.4 TestBench 代码编写

新建 TestBench.v 文件，并在此文件中添加下列代码：

```
`timescale 1ps/1ps

module TestBench();
reg  [10:0]  data;
HammingCode U1(
    .Data_i    (data),
    .Data_o    ()
);
initial begin
    data   =   11'b0;
end
always begin
    #10
    if(data == 11'h7ff)
        data   =   11'b0;
    else
        data   =   data + 1'b1;
end
endmodule
```

3.5.1.5 使用 Modelsim 仿真

（1）打开 Modelsim Intel FPGA Starter Edition 10.5b 软件，并依次单击 File→New→Project 新建工程，如图 3-21 所示。

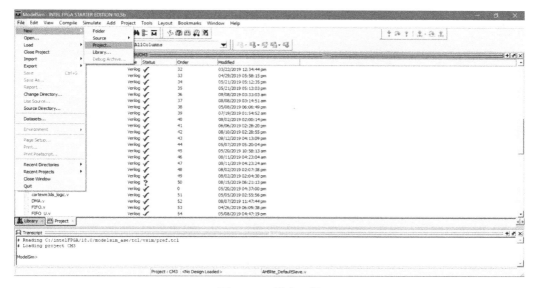

图 3-21　新建工程

（2）在命名工程名称并选择相应文件夹后，在弹框中选择 Add Existing File，如图 3-22
所示。

图 3-22　添加存在的文件

（3）选择编写的 HammingCode.v 及 TestBench.v 文件，添加至工程中，添加完成后如
图 3-23 所示。

图 3-23　添加文件

（4）单击编译按钮，编译文件，如图 3-24 所示。

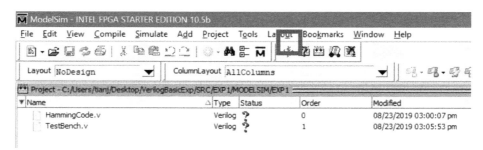

图 3-24　编译文件

（5）编译通过后，文件 Status 标签会变成绿色的勾，如图 3-25 所示。

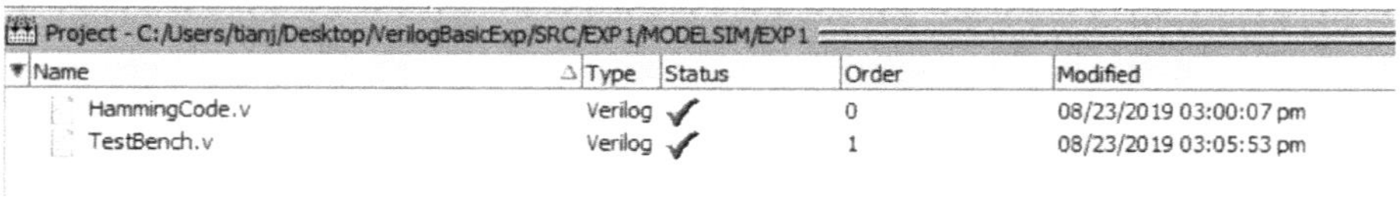

图 3-25　编译成功

（6）选择 Library，展开 work，双击 TestBench 开始仿真，如图 3-26 所示。

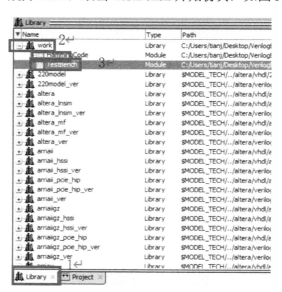

图 3-26　进行仿真

（7）进入仿真后，首先在左侧 sim 中单击 U1，然后在右侧 Objects 中选择所有信号，并右键单击 Add Wave，将信号添加到示波器窗口中，如图 3-27 所示。

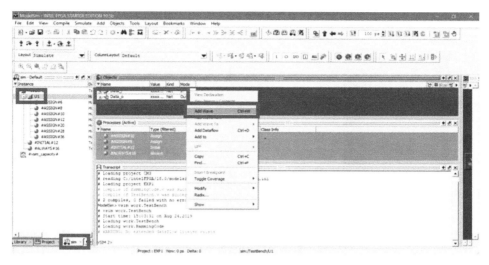

图 3-27　添加信号

（8）在示波器中，首先将仿真时间更改为 10 ns，然后单击开始仿真，等待仿真结束，如图 3-28 所示。

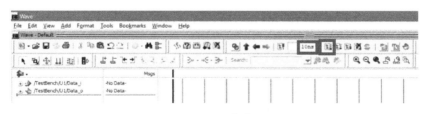

图 3-28　仿真

（9）仿真完成后，观察信号波形，验证功能是否正确，如图 3-29 所示。

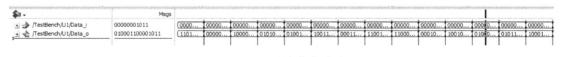

图 3-29　观察仿真波形

⊙ 3.5.2　数码管译码器

3.5.2.1　背景知识

在日常生活中，十进制数是最常用的数字系统，但计算机中的数据是以二进制方式存储的，因此需要通过 7 段 LED 来显示二进制数。

Terasic Cyclone V GX Starter Kit 开发板数码管如图 3-30 所示。

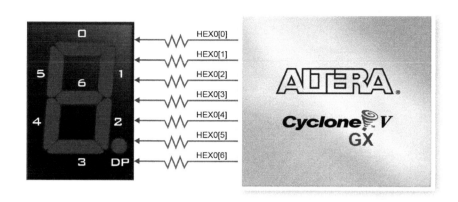

图 3–30　开发板数码管

需要注意的是，每一位均为低有效（输入 0 亮，输入 1 灭）。例如，若要显示数字"0"，则输入应为"1000000"。

3.5.2.2　实验目标

编写 HexDisplay 模块，完成显示译码功能，并编写 TestBench 在 Modelsim 中的仿真验证。HexDisplay 模块端口如表 3-12 所示。

表 3-12　HexDisplay 模块端口

端　口	位　宽	方　向	描　述
Bin_i	4	In	4 位二进制输入，0～9
Hex_o	7	Out	7 位数码管驱动输出

3.5.2.3　Verilog HDL 代码编写

新建 HexDisplay.v 文件，并在此文件中添加如下代码：

```
module HexDisplay(
    input   wire    [3:0]   Bin_i,
    output  wire    [6:0]   Hex_o
);


assign Hex_o  =   Bin_i == 4'h0  ?  7'b1000000  :  (
                  Bin_i == 4'h1  ?  7'b1111001  :  (
                  Bin_i == 4'h2  ?  7'b0100100  :  (
```

```
                    Bin_i == 4'h3  ?  7'b0110000  :  (
                    Bin_i == 4'h4  ?  7'b0011001  :  (
                    Bin_i == 4'h5  ?  7'b0010010  :  (
                    Bin_i == 4'h6  ?  7'b0000010  :  (
                    Bin_i == 4'h7  ?  7'b1111000  :  (
                    Bin_i == 4'h8  ?  7'b0000000  :  (
                    Bin_i == 4'h9  ?  7'b0010000  :  7'b1111111)))))))));
endmodule
```

3.5.2.4　TestBench 代码编写

新建 TestBench.v 文件，并在此文件中添加如下代码：

```
`timescale 1ps/1ps

module TestBench();
reg    [3:0] data;
HexDisplay U1(
    .Bin_i    (data),
    .Hex_o    ()
);
initial begin
    data    =   4'h0;
end
always begin
    #10
    if(data == 4'h9)
        data = 4'h0;
    else
        data = data + 1'b1;
end
endmodule
```

3.5.2.5　使用 Modelsim 仿真

使用 Modelsim 仿真的详细步骤见 3.5.1 汉明码编码器，此处不再赘述，仿真波形如图 3-31 所示。

图 3-31　数码管译码器仿真波形

⊙ 3.5.3 双向移位寄存器

3.5.3.1 背景知识

在数字电路中，特别是序列生成电路中，移位寄存器是最常见的模块。使用移位寄存器不仅能够完成一些简单的乘法与除法，还能基于特征多项式实现随机序列发生器。

3.5.3.2 实验目标

完成双向移位寄存器代码编写，并编写 TestBench 在 Modelsim 中的仿真验证。双向移位寄存器端口如表 3-13 所示。

表 3-13 双向移位寄存器端口

端 口	位 宽	方 向	描 述
clk	1	In	时钟输入
rstn	1	In	异步复位，低有效
data_in	4	In	输入数据
load	1	In	将输入数据直接写入寄存器，高有效
dir	1	In	1：左移 2：右移
data_out	4	Out	输出数据

信号时序如图 3-32 所示。

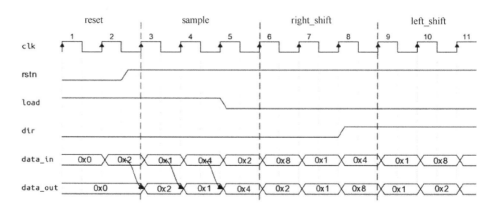

图 3-32 信号时序

3.5.3.3 Verilog HDL 代码编写

完成双向移位寄存器需要用到如图 3-33 所示的电路。

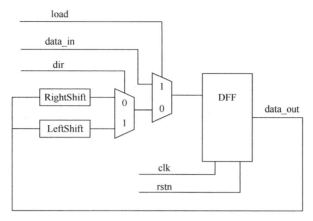

图 3-33　移位寄存器电路

触发器的输入由两级多路复用器选出，若 load 有效，则触发器输入为 data_in，反之，触发器输入为移位输出；若 dir 有效，则选择左移逻辑，反之，选择右移逻辑。

新建 ShiftRegister.v 文件，并在此文件中添加如下代码：

```verilog
module ShiftRegister(
    input   wire          clk,
    input   wire          rstn,
    input   wire          load,
    input   wire          dir,
    input   wire   [3:0]  data_in,
    output  wire   [3:0]  data_out
);
wire   [3:0]  data;
reg    [3:0]  data_reg;
wire   [3:0]  data_left;
wire   [3:0]  data_right;
assign  data_left   =  {data_reg[2:0],data_reg[3]};
assign  data_right  =  {data_reg[0],data_reg[3:1]};
assign  data        =  load   ?  data_in   :  (
                       dir    ?  data_left  :  data_right);
always@(posedge clk or negedge rstn) begin
    if(~rstn)
        data_reg    <=  4'h0;
    else
        data_reg    <=  data;
end
assign  data_out    =  data_reg;
endmodule
```

3.5.3.4　TestBench 代码编写

由于此模块的输入具有一定的时序要求，所以需要在 initial 部分中描述相应的输入控制变化，并另写一个 always 描述时钟。

新建 TestBench.v 文件，并在此文件中添加如下代码：

```
`timescale 1ps/1ps
module TestBench();
reg        clk;
reg        rstn;
reg        dir;
reg        load;
reg   [3:0]  data;
ShiftRegister U1(
    .clk        (clk),
    .rstn       (rstn),
    .dir        (dir),
    .load       (load),
    .data_in    (data),
    .data_out   ()
);
initial begin
    clk    = 1'b0;
    rstn   = 1'b0;
    data   = 4'h0;
    load   = 1'b1;
    dir    = 1'b0;
    #30
    rstn   = 1'b1;
    #30
    data   = 4'h1;
    #20
    data   = 4'h2;
    #20
    data   = 4'ha;
    #20
    load   = 1'b0;
    #160
    dir    = 1'b1;
end
always begin
```

```
        #10
        clk = ~clk;
    end
endmodule
```

3.5.3.5 使用 Modelsim 仿真

使用 Modelsim 仿真的详细步骤见 3.51 汉明码编码器，此处不再赘述，仿真波形如图 3-34 所示。

图 3-34 双向移位寄存器仿真波形

⊙ 3.5.4 冒泡排序

3.5.4.1 背景知识

冒泡排序，也称为下沉排序，是一种简单的排序算法。它反复遍历要排序的列表，比较每对相邻项，如果顺序不对，则交换它们。重复传递列表，直到不需要交换为止，表示列表已排序。其结构示意图如图 3-35 所示。

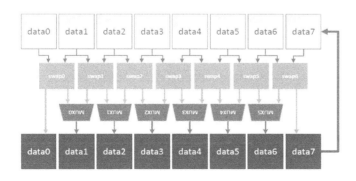

图 3-35 冒泡排序结构示意图

完成冒泡排序硬件设计，需要首先完成 swap 模块与 mux 模块的设计，并使用模块化设计方法完成顶层设计。在这里我们使用并行的方式完成冒泡排序，其实现方式如下。

（1）冒泡排序第一步，交换(0,1)(2,3)(4,5), …，如图 3-36 所示。

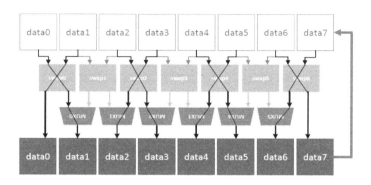

图 3-36　冒泡排序第一步示意图

（2）冒泡排序第二步，交换(1,2)(3,4)(5,6), …，如图 3-37 所示。

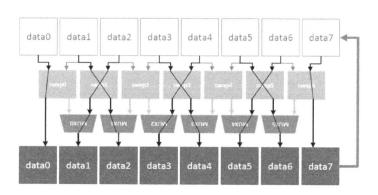

图 3-37　冒泡排序第二步示意图

（3）第一步与第二步交替执行，直到排序完成。

3.5.4.2　实验目标

完成冒泡排序代码编写，并编写 TestBench 在 Modelsim 中的仿真验证。

冒泡排序端口如表 3-14 所示。

表 3-14　冒泡排序端口

端口信号名	位　　宽	方　　向	描　　述
clk	1	In	时钟输入
rstn	1	In	异步复位，低有效
Valid_i	1	In	输入使能，高有效
Data_i	8	In	数据输入
SortReady_o	1	Out	Ready 信号，为 1 时，模块准备好
Data0_o	8	Out	输出的排序后的第 1 个数据
Data1_o	8	Out	输出的排序后的第 2 个数据
Data2_o	8	Out	输出的排序后的第 3 个数据
Data3_o	8	Out	输出的排序后的第 4 个数据
Data4_o	8	Out	输出的排序后的第 5 个数据
Data5_o	8	Out	输出的排序后的第 6 个数据
Data6_o	8	Out	输出的排序后的第 7 个数据
Data7_o	8	Out	输出的排序后的第 8 个数据

模块工作流程如下。

（1）在 SortReady_o 为高时，使用移位接收 8 个数据，以 Valid_i 为使能。在模块中使用计数器计数，在接收完成后，第一个输入的数据应在 data7，最后一个输入的数据应在 data0。

（2）进入排序模式，SortReady_o 为低。

（3）排序完成，SortReady_o 为高，等待下一次数据到达。

（4）控制状态机如图 3-38 所示。

图 3-38　控制状态机

需要注意的是，排序周期与输入数据有关，并非固定不变。

最短排序周期如图 3-39 所示。

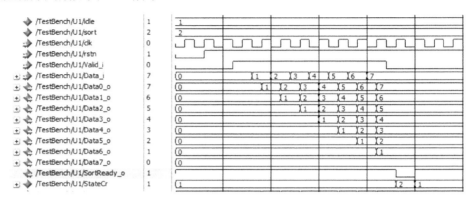

图 3-39　最短排序周期

由于接收到的数据本就为从大到小排序，因此排序状态只占用一个周期。

最大排序周期如图 3-40 所示。

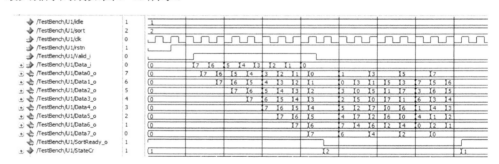

图 3-40　最大排序周期

由于接收到的数据为倒序，所以需要使用最多的周期完成排序。

3.5.4.3　Verilog HDL 代码编写

首先，新建 Swap.v 文件，并在此文件中添加 Swap 模块代码，代码如下所示：

```
module Swap(
    input   wire    [7:0]   D0_i,
    input   wire    [7:0]   D1_i,
    output  wire    [7:0]   D0_o,
    output  wire    [7:0]   D1_o,
    output  wire            V_o
);
```

```
assign  V_o    =    D0_i    >=   D1_i;
assign  D0_o   =    V_o    ?   D0_i   :   D1_i;
assign  D1_o   =    V_o    ?   D1_i   :   D0_i;
endmodule
```

其次，新建 Mux.v 文件，并在此文件中添加 Mux 模块代码，代码如下所示：

```
module Mux(
    input   wire    [7:0]   D0_i,
    input   wire    [7:0]   D1_i,
    input   wire            Sel_i,
    output  wire    [7:0]   D_o
);

assign  D_o =  Sel_i  ?  D1_i   :   D0_i;
endmodule
```

最后，新建 BubbleSort.v 文件，并在此顶层文件中完成模块例化以及控制状态机编写，代码如下所示：

```
module BubbleSort(
    input   wire            clk,
    input   wire            rstn,
    input   wire            Valid_i,
    input   wire    [7:0]   Data_i,
    output  wire    [7:0]   Data0_o,
    output  wire    [7:0]   Data1_o,
    output  wire    [7:0]   Data2_o,
    output  wire    [7:0]   Data3_o,
    output  wire    [7:0]   Data4_o,
    output  wire    [7:0]   Data5_o,
    output  wire    [7:0]   Data6_o,
    output  wire    [7:0]   Data7_o,
    output  wire            SortReady_o
);
//----------------------------------------------------
// DATA PATH
//----------------------------------------------------
reg     [7:0]   DataReg0;
reg     [7:0]   DataReg1;
reg     [7:0]   DataReg2;
reg     [7:0]   DataReg3;
reg     [7:0]   DataReg4;
```

```
reg      [7:0]   DataReg5;
reg      [7:0]   DataReg6;
reg      [7:0]   DataReg7;
wire     [7:0]   SwapOut0;
wire     [7:0]   SwapOut1;
wire     [7:0]   SwapOut2;
wire     [7:0]   SwapOut3;
wire     [7:0]   SwapOut4;
wire     [7:0]   SwapOut5;
wire     [7:0]   SwapOut6;
wire     [7:0]   SwapOut7;
wire     [7:0]   SwapOut8;
wire     [7:0]   SwapOut9;
wire     [7:0]   SwapOuta;
wire     [7:0]   SwapOutb;
wire     [7:0]   SwapOutc;
wire     [7:0]   SwapOutd;
wire     [6:0]   SwapBit;
wire     [7:0]   MuxOut0;
wire     [7:0]   MuxOut1;
wire     [7:0]   MuxOut2;
wire     [7:0]   MuxOut3;
wire     [7:0]   MuxOut4;
wire     [7:0]   MuxOut5;
wire     [5:0]   MuxSel;

Swap S0(
    .D0_i       (DataReg0),
    .D1_i       (DataReg1),
    .D0_o       (SwapOut0),
    .D1_o       (SwapOut1),
    .V_o        (SwapBit[0])
);
Swap S1(
    .D0_i       (DataReg1),
    .D1_i       (DataReg2),
    .D0_o       (SwapOut2),
    .D1_o       (SwapOut3),
    .V_o        (SwapBit[1])
);
Swap S2(
```

```
    .D0_i        (DataReg2),
    .D1_i        (DataReg3),
    .D0_o        (SwapOut4),
    .D1_o        (SwapOut5),
    .V_o         (SwapBit[2])
);
Swap S3(
    .D0_i        (DataReg3),
    .D1_i        (DataReg4),
    .D0_o        (SwapOut6),
    .D1_o        (SwapOut7),
    .V_o         (SwapBit[3])
);
Swap S4(
    .D0_i        (DataReg4),
    .D1_i        (DataReg5),
    .D0_o        (SwapOut8),
    .D1_o        (SwapOut9),
    .V_o         (SwapBit[4])
);
Swap S5(
    .D0_i        (DataReg5),
    .D1_i        (DataReg6),
    .D0_o        (SwapOuta),
    .D1_o        (SwapOutb),
    .V_o         (SwapBit[5])
);
Swap S6(
    .D0_i        (DataReg6),
    .D1_i        (DataReg7),
    .D0_o        (SwapOutc),
    .D1_o        (SwapOutd),
    .V_o         (SwapBit[6])
);
Mux M0(
    .D0_i        (SwapOut1),
    .D1_i        (SwapOut2),
    .Sel_i       (MuxSel[0]),
    .D_o         (MuxOut0)
);
Mux M1(
```

```
    .D0_i        (SwapOut3),
    .D1_i        (SwapOut4),
    .Sel_i       (MuxSel[1]),
    .D_o         (MuxOut1)
);
Mux M2(
    .D0_i        (SwapOut5),
    .D1_i        (SwapOut6),
    .Sel_i       (MuxSel[2]),
    .D_o         (MuxOut2)
);
Mux M3(
    .D0_i        (SwapOut7),
    .D1_i        (SwapOut8),
    .Sel_i       (MuxSel[3]),
    .D_o         (MuxOut3)
);
Mux M4(
    .D0_i        (SwapOut9),
    .D1_i        (SwapOuta),
    .Sel_i       (MuxSel[4]),
    .D_o         (MuxOut4)
);
Mux M5(
    .D0_i        (SwapOutb),
    .D1_i        (SwapOutc),
    .Sel_i       (MuxSel[5]),
    .D_o         (MuxOut5)
);
//-----------------------------------------------
//  FSM
//-----------------------------------------------
localparam  idle = 2'b01;
localparam  sort = 2'b10;
reg    [1:0]  StateCr;
wire   [1:0]  StateNxt;
always@(posedge clk or negedge rstn) begin
    if(~rstn)
        StateCr <=  idle;
    else
        StateCr <=  StateNxt;
```

```verilog
      end
      wire     RecDone;
      wire     SortDone;
      assign  SortDone    =   &SwapBit    &   StateCr[1];
      assign  StateNxt    =   ({2{StateCr[0]}} & (RecDone   ?   sort   :
StateCr))   |
                             ({2{StateCr[1]}} & (SortDone  ?   idle   :
StateCr))   ;
      //------------------------------------------------
      //  RECIVE COUNTER
      //------------------------------------------------
      reg     [3:0]  RecCnt;
      wire    [3:0]  RecCntNxt;
      assign  RecCntNxt  =   ~StateCr[0] ?  4'h0   :  (
                             ~Valid_i   ?   RecCnt :   RecCnt + 1'b1);
      always@(posedge clk or negedge rstn) begin
         if(~rstn)
            RecCnt  <=  4'h0;
         else
            RecCnt  <=  RecCntNxt;
      end
      assign  RecDone =   RecCnt  ==  4'h8   &   StateCr[0];
      //------------------------------------------------
      //  MUX CONTROLER
      //------------------------------------------------
      reg     MuxFlag;
      wire    MuxFlagNxt;
      assign  MuxFlagNxt =   StateCr[1] ?   ~MuxFlag   :   1'b0;
      always@(posedge clk or negedge rstn) begin
         if(~rstn)
            MuxFlag <=  1'b0;
         else
            MuxFlag <=  MuxFlagNxt;
      end
      assign  MuxSel =   MuxFlag ?  6'b010101  :   6'b101010;
      //------------------------------------------------
      //  REGISTER
      //------------------------------------------------
      always@(posedge clk or negedge rstn) begin
         if(~rstn) begin
            DataReg0    <=  8'b0;
```

```verilog
            DataReg1    <=  8'b0;
            DataReg2    <=  8'b0;
            DataReg3    <=  8'b0;
            DataReg4    <=  8'b0;
            DataReg5    <=  8'b0;
            DataReg6    <=  8'b0;
            DataReg7    <=  8'b0;
        end else if(StateCr[0] & Valid_i & ~RecDone) begin
            DataReg0    <=  Data_i;
            DataReg1    <=  DataReg0;
            DataReg2    <=  DataReg1;
            DataReg3    <=  DataReg2;
            DataReg4    <=  DataReg3;
            DataReg5    <=  DataReg4;
            DataReg6    <=  DataReg5;
            DataReg7    <=  DataReg6;
        end else if(StateCr[1] & ~SortDone) begin
            DataReg0    <=  SwapOut0;
            DataReg1    <=  MuxOut0;
            DataReg2    <=  MuxOut1;
            DataReg3    <=  MuxOut2;
            DataReg4    <=  MuxOut3;
            DataReg5    <=  MuxOut4;
            DataReg6    <=  MuxOut5;
            DataReg7    <=  SwapOutd;
        end
end
//------------------------------------------------
//  OUTPUT
//------------------------------------------------
assign  Data0_o     =   DataReg0;
assign  Data1_o     =   DataReg1;
assign  Data2_o     =   DataReg2;
assign  Data3_o     =   DataReg3;
assign  Data4_o     =   DataReg4;
assign  Data5_o     =   DataReg5;
assign  Data6_o     =   DataReg6;
assign  Data7_o     =   DataReg7;
assign  SortReady_o =   StateCr[0];
endmodule
```

3.5.4.4　TestBench 代码编写

参考 3.5.3　双向移位寄存器中的时序逻辑 Testbench 写法，新建 TestBench.v 文件，并向此文件添加如下代码：

```verilog
`timescale 1ps/1ps

module TestBench();
reg         clk;
reg         rstn;
reg         valid;
reg   [7:0] data;
BubbleSort U1(
    .clk      (clk),
    .rstn     (rstn),
    .Valid_i  (valid),
    .Data_i   (data)
);
initial begin
    clk    = 1'b0;
    rstn   = 1'b0;
    data   = 8'h00;
    valid  = 1'b0;
    #30
    rstn   = 1'b1;
    #30
    valid  = 1'b1;
    data   = 8'h7;
    #20
    data   = 8'h100;
    #20
    data   = 8'h48;
    #20
    data   = 8'h67;
    #20
    data   = 8'h3;
    #20
    data   = 8'h78;
    #20
    data   = 8'h66;
    #20
```

```
        data    = 8'h66;
        #20
        valid   = 1'b0;
    end
    always begin
        #10
        clk = ~clk;
    end
endmodule
```

3.5.4.5　使用 Modelsim 仿真

使用 Modelsim 仿真的详细步骤见 3.5.1　汉明码编码器，此处不再赘述，仿真波形如图 3-41 所示。

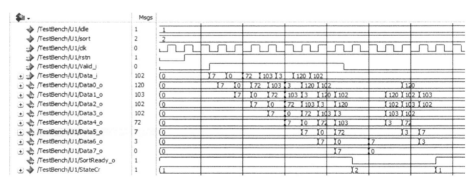

图 3-41　冒泡排序仿真波形

第 4 章

Quartus Prime 基本开发流程

本章将介绍使用英特尔的 Quartus Prime 软件进行 FPGA 开发的基本流程，包括以下内容。

（1）创建一个新的英特尔 Quartus Prime 工程。

（2）选择支持的设计输入方法。

（3）将设计编译到 FPGA 中。

（4）找到生成的编译信息。

（5）创建设计约束（分配和设置）。

（6）了解设计仿真。

（7）配置（编程）FPGA。

首先，介绍英特尔 Quartus Prime 工程的概念以及如何创建。其次，说明在英特尔 Quartus Prime 软件中创建工程的一般设计方法。再次，说明在创建工程后，如何编译与仿真。最后，介绍如何对目标设备进行编程，以便设计能在完整的电路板上运行并实现电路功能。

4.1 Quartus Prime 软件介绍

⊙ 4.1.1 英特尔 FPGA 软件与硬件简介

这里首先介绍英特尔 FPGA 和英特尔 FPGA 器件，以及可用的英特尔 Quartus Prime 软件的不同版本。

4.1.1.1 英特尔 FPGA 和英特尔下 PGA 器件

英特尔 FPGA 是可编程解决方案公司，提供用于创建可编程逻辑的完整产品组合。首先是器件，从包含存储器件编程信息的低端 MAX 系列 CPLD，到用于创建需要大量逻辑的高性能设计的高端 Stratix 系列 FPGA，还有最新一代的高端 Agilex 系列 FPGA。其中，Cyclone

设备提供成本最低的 FPGA，具有较多的逻辑资源，而 Arria 设备可提供最佳的资源和性能平衡。Cyclone、Arria、Stratix 与 Agilex 芯片系列的一些变体包括完整的片上系统或 SoC 硬处理器系统。这些芯片中的硬核处理器系统采用双核 Arm * Cortex * A-9 或四核 A-53 处理器，直接内置于 FPGA 中的应用级处理器。所有包含收发器的 FPGA 芯片系列都允许创建高速接口，支持许多比较流行的协议，包括 PCIe 和千兆以太网。

英特尔 FPGA 还提供硬件和软件工具，如提供 Intel Nios 嵌入式软硬处理器，用于在可编程芯片解决方案上创建完整系统，以及一些定制的优化 IP。开发套件适用于大多数设备，可用于早期设计和原型设计。但是，这里的重点是英特尔 Quartus Prime 标准版软件，它是使用英特尔 FPGA 器件创建可编程逻辑设计的主要工具。

英特尔 FPGA 器件与软件工具如图 4-1 所示。

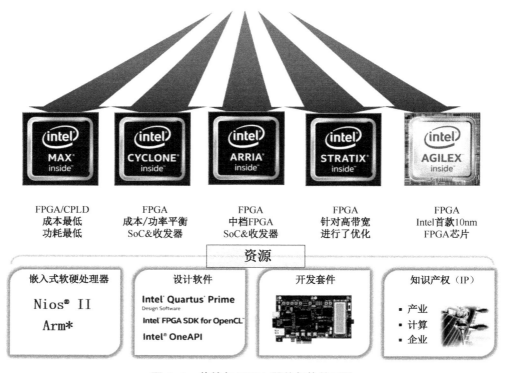

图 4-1　英特尔 FPGA 器件与软件工具

4.1.1.2　英特尔 Quartus Prime 软件

针对 FPGA 开发，英特尔推出的软件工具为 Quartus，15.1 之前的版本称为 Quartus Ⅱ，15.1 之后的版本称为 Quartus Prime 软件。英特尔 Quartus Prime 软件有三个版本：Lite 版、标准版和专业版。

Lite 版：与旧版 Quartus Ⅱ网络版类似。它可以在没有许可证的情况下下载和使用，但它具有有限的设备支持，并且不包括其他版本的所有功能。

标准版（Standard）：与旧版 Quartus Ⅱ订购版类似。它支持所有器件系列，包括英特尔 FPGA Arria®10 器件以及所有标准功能和工具，但它要有软件许可证才能在最初的 30 天试用期到期之后继续使用。

专业版（Pro Edition）：是英特尔 Quartus Prime 软件的新版本。它包括许多新功能以及新的综合引擎和用于与英特尔 FPGA 最先进设备配合使用的增强工具。

可在英特尔官网的 Quartus Prime 下载中心下载并安装该软件的任何版本。英特尔 FPGA 网站中的"Documentation and Support"部分，包括英特尔 FPGA 各种手册，从中可以获取有关本章中讨论的功能的深入信息以及本章中提到的其他功能软件。其网址为：https: //www.intel.com/content/www/us/en/programmable/products/design-software/fpga-design/quartus-prime/support.html/。

⊛ 4.1.2　Quartus Prime 标准版设计软件简介

Quartus Prime 工具集成多种 FPGA 开发软件，主要包含以下内容：① 多种设计输入方法；②逻辑综合；③布局&布线；④设备编程。

Quartus Prime 工具除集成 FPGA 开发软件外，还支持各种仿真工具，即：①支持标准 Verilog HDL 仿真工具；②包括 ModelSim * -Intel FPGA 入门版工具；③可选择升级到 ModelSim-Intel FPGA Edition 工具。

我们将英特尔 Quartus Prime 软件称为完全集成的设计工具，可以在英特尔 Quartus Prime 软件中创建 FPGA 设计所需的一切，而无须任何其他工具。英特尔 Quartus Prime 标准版软件能够以多种方式输入设计。输入或创建后，软件会将设计综合为逻辑网表，并使用目标设备的资源进行布局和布线，完成设计。可使用内置编程器生成可下载到 FPGA 的二进制下载文件，并通过下载工具下载到指定的 FPGA 上，完成对 FPGA 设备的编程，Quartus Prime 工具及其特性如表 4-1 所示。

表 4-1　Quartus Prime 工具及其特性

类　　别	Quartus Prime 工具及其特性
Operating system	64-bit Windows and Linux support
Licensing	Node-locked and network licensing support
Project creation	New Project Wizard
Design entry	Text Editor (HDL support)
	Schematic Editor
	State Machine Editor

续表

类　别	Quartus Prime 工具及其特性	
Design entry	IP Catalog (replaces MegaWizard Plug-In Manager)	
	Qsys system design tool	
	DSP Builder Standard/Advanced Blockset	
	OpenCL support	
	3rd-party design entry tool support	
Constraint (assignment) entry	Assignment Editor	
	Text Editor support of Synopsys Design Constraints (SDC)	
	Pin Planner	
	BluePrint Platform Designer (Pro Edition only)	
	Scripting (Tcl) support	
Design processing/compilation (synthesis and fitting)	Quartus Integrated Synthesis (QIS) or Spectra-Q™ Synthesis (Pro)	
	3rd party EDA synthesis tool support	
	Quartus Prime Fitter (Lite & Standard)	
	Spectra-Q Hybrid Placer&Router (Standard & Pro)	
Design evaluation and debugging	RTL Viewer	
	Technology Map Viewers	
	State Machine Viewer	
Power analysis	PowerPlay power analyzer	
Static timing analysis	TimeQuest timing analyzer	
Simulation	ModelSim-Altera Starter Edition	
	ModelSim-Altera Edition	
	3rd party EDA simulation tool support	
Chip layout viewing and modification	Chip Planner	
	Resource Property Editor	
Programming file generation	Quartus Prime Assembler	
FPGA/CPLD programming	Quartus Prime Programmer	
Hardware debugging tools	SignalTap Ⅱ embedded logic analyzer	System Console
	In-System Sources and Probes	Transceiver Toolkit
	SignalProbe incremental routing	In-System Memory Content Editor
Design optimization and productivity improvement	Design Assistant	
	Rapid Recompile	
	Quartus Prime incremental compilation	
	Physical synthesis optimization	
	Design Space Explorer Ⅱ (DSE)	

　　为满足设计与仿真需求，该软件可与许多第三方仿真工具配合使用。如果没有仿真工具，可以从英特尔 FPGA 网站免费下载 ModelSim-Intel FPGA 入门版和 ModelSim-Intel FPGA 标准版工具。

⊗ 4.1.3　Quartus Prime 主窗口界面

在安装后首次启动软件时，将看到主窗口界面（见图 4-2）和主屏幕可以启动新工程，打开现有或最近打开的工程，或访问英特尔 FPGA 网站上的帮助页面。

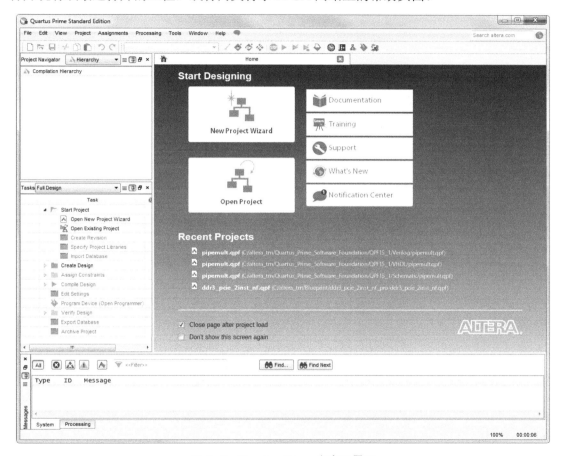

图 4-2　Quartus Prime 主窗口界面

⊗ 4.1.4　Quartus Prime 默认操作环境

Quartus Prime 默认操作环境如图 4-3 所示。Quartus Prime 主窗口的大部分是用于查看文件和使用软件的工具和功能。"Project Navigator"窗口提供有关工程及其相关文件的信息。会通过"Tasks"窗口，可以快速访问软件中所有常用的工具和功能，同时可以指导完成典型的设计流程。"Message"窗口列出了编译过程中生成的消息以及发给软件的所有命令。通过"IP Catalog"，可以快速访问可添加到设计中的所有可用 IP。"Tool View Window"窗口会显示使用过的任何工具，如文本编辑器或编译报告。可以使用顶部的选项卡在多个打开的窗口之间切换。在整个过程中，可更详细地查看每个窗口。

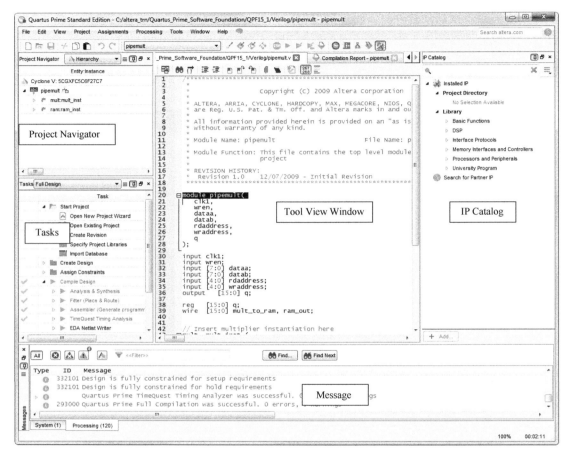

图 4-3　Quartus Prime 默认操作环境

⊙ 4.1.5　Quartus Prime 主工具栏

在 Quartus Prime 软件主窗口的顶部有菜单和工具栏按钮，通过它们可快速轻松地在软件中执行操作。菜单是动态的，根据用户使用的软件中的工具来变化。菜单中的大多数操作也可以通过界面中工程的右键菜单执行。可以在界面中右键单击对象，以查看可用的选项。实际上，右键单击工具栏或任何窗口标题栏并选择"Large icons"选项，可以更好地查看所有工具栏选项。Quartus Prime 主菜单栏说明如图 4-4 所示。

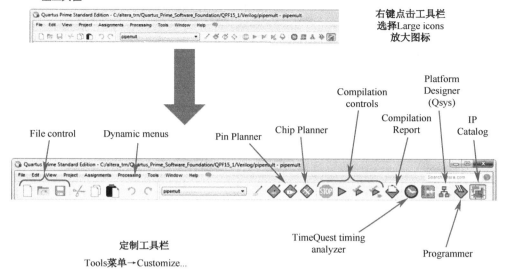

图 4-4 Quartus Prime 主菜单栏说明

主工具栏按钮提供常用操作和工具的快捷方式。使用"File control"可以创建新文件、打开现有文件以及保存文件。工具栏中的"其他"按钮可以打开 Pin Planner 等工具，可以使用目标 FPGA 设备的图形表示轻松创建与 I/O 相关的分配。"Chip Planner"允许查看设计使用的设备资源并进行低级架构更改。"TimeQuest timing analyzer"是一种基于路径的时序分析引擎，可以轻松设置时序约束，指导设计的布局和布线，以满足时序要求。工具栏中的"其他"控件可让您开始完整的设计编辑或只是综合它。单击"Compilation Report"可查看编译结果。使用"Programmer"可将设计下载到器件。使用"Platform Designer（Qsys）"可构建完整的系统设计。使用"Tool"菜单中的"Customize..."命令可添加、更改或删除工具栏中的按钮，或将工具栏还原为其原始配置。

⊛ 4.1.6 Quartus Prime 内置帮助系统

英特尔 Quartus Prime 标准版软件包括一个广泛的内置帮助系统，可以从"Help"菜单中的"Help Topics"命令访问内置帮助页面，内置帮助通过系统的默认 Web 浏览器打开。使用"Search"可搜索包含特定关键字的所有帮助页面。使用 Web 浏览器的内置页面搜索功能可以在特定帮助页面中轻松搜索到特定关键字。Quartus Prime 内置帮助菜单如图 4-5 所示。

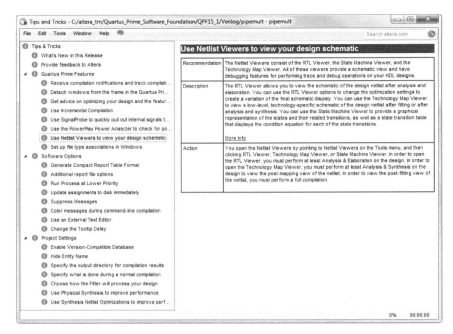

图 4-5　Quartus Prime 内置帮助菜单

⊙ 4.1.7　Quartus Prime 可分离的窗口

为了提高工作效率和屏幕可用性，特别是在双显示器配置中，英特尔 Quartus Prime 标准版软件提供了从主窗口分离和重新连接窗口的功能。以下两种方法可以实现这一功能。第一个是使用某些窗口工具栏顶部的"Detach/Attach"按钮，如图 4-6 所示。单击该按钮进行分离。独立的窗口可以放在任何方便的地方。单击分离窗口中的相同按钮可以重新集成到主窗口当中。需要注意的是，并非所有窗口都有工具栏，在这种情况下，需要使用"Windows"菜单中的命令。从菜单中选择"Detach Window"以分离，转到分离窗口的"Windows"菜单，然后选择"Attach Window"以将窗口重新集成到主窗口当中。

⊙ 4.1.8　Quartus Prime 任务窗口

在英特尔 Quartus Prime 标准版软件主窗口中的任务窗口中（见图 4-7），各种工具及其操作方式被整合到开发设计的流程当中，只需双击列表中的工程即可完成相关操作。在这里有许多可用的流程，包括标准的完整设计流程、专注于编译任务的编译流程，以及快速重新编译的流程。当对设计进行小的更改时，可执行快速编译。流程中已完成的任务将变为绿色，并在其旁边布局绿色复选标记，这样可以轻松查看流程中的哪些步骤已完成以及仍需执行哪些步骤。

图 4-6　Quartus Prime 可分离窗口

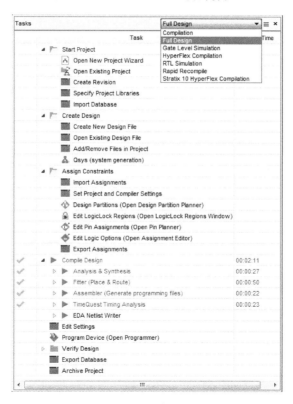

图 4-7　任务窗口

⊙ 4.1.9　Quartus Prime 自定义任务流程

如果你发现任务流程里含有你从未执行过的任务，或者缺少你需要的任务，那么可以通过访问突出显示的菜单来创建自己的自定义任务流程。通过打开或关闭列表中的任务来创建新流程或自定义现有流程，也可以使用 Tcl 脚本语言来控制英特尔 Quartus Prime 标准版软件的流程。创建自定义任务流程时，可以将你的 Tcl 脚本直接添加到流程中，以便于访问。

自定义任务流程如下。

（1）单击任务窗口右上角的"Customize…"图标，打开自定义窗口，如图 4-8 所示。

图 4-8　自定义窗口

（2）为新建立的流程命名，如图 4-9 所示。

图 4-9　创建新的任务流程

（3）根据现有流程设置全新的流程，如图 4-10 所示。

图 4-10　设置新的任务流程

4.2　Quartus Prime 开发流程

⊙ 4.2.1　典型的 FPGA 开发流程

现在让我们来看看典型的 FPGA 开发流程，以及在英特尔 Quartus Prime 标准版软件中如何按典型的开发流程去实现功能，如图 4-11 所示。

在开始整个 FPGA 开发流程前，首先需要进行设计规范，也就是对需要实现的功能进行整体设计，包括功能的细节实现方法的设计，然后开始整个 FPGA 的开发流程，设计流程如下。

4.2.1.1　设计输入

通过使用某种形式的图形工具或以硬件描述语言来实现设计的功能，所使用的设计输入方式将描述寄存器传输级或 RTL 级的设计行为或逻辑结构，无论是图形输入还是硬件描述语言输入，都可以在 Quartus Prime 软件中完成。

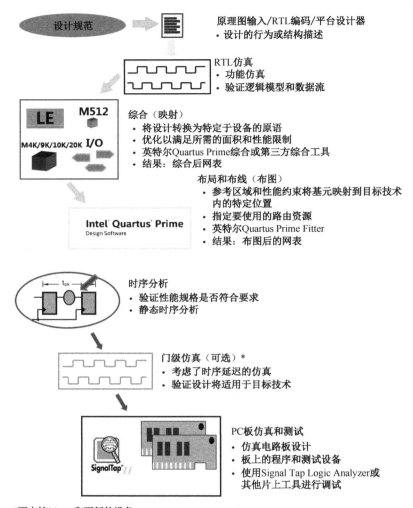

原理图输入/RTL编码/平台设计器
· 设计的行为或结构描述

RTL仿真
· 功能仿真
· 验证逻辑模型和数据流

综合（映射）
· 将设计转换为特定于设备的原语
· 优化以满足所需的面积和性能限制
· 英特尔Quartus Prime综合或第三方综合工具
· 结果：综合后网表

布局和布线（布图）
· 参考区域和性能约束将基元映射到目标技术内的特定位置
· 指定要使用的路由资源
· 英特尔Quartus Prime Fitter
· 结果：布图后的网表

时序分析
· 验证性能规格是否符合要求
· 静态时序分析

门级仿真（可选）*
· 考虑了时序延迟的仿真
· 验证设计将适用于目标技术

PC板仿真和测试
· 仿真电路板设计
· 板上的程序和测试设备
· 使用Signal Tap Logic Analyzer或其他片上工具进行调试

*不支持20-nm和更新的设备

图 4-11 典型的 FPGA 开发流程

4.2.1.2 RTL 仿真

接下来通常使用如 Modelsim Intel FPGA Starter Edition 之类的工具进行 RTL 仿真，此类仿真工具包含在 Quartus Prime 标准版软件或其他第三方仿真工具中。需要注意的是，此时的仿真仅测试逻辑功能，不考虑电路延迟，因为还没有基于所选设备资源或路由的实际延时来评估。

4.2.1.3　Synthesis（综合）

进行综合，以将设计输入转换为针对特定目标设备的逻辑门电路网表。在综合过程中，可以优化设计以满足指定的资源、性能以及时序要求。可以在英特尔 Quartus Prime 标准版软件中执行综合，也可以使用第三方综合工具执行综合，如 Mentor Graphics、Precision Synthesis、Synopsys Synplify 或 Synplify Pro 等。综合的结果存储在数据库中，通常称为综合后网表。

4.2.1.4　Fitter（布图）

无论使用何种工具进行综合，都必须使用英特尔 Quartus Prime 标准版软件在目标设备中执行设计原语的布局和布线，通常称为布图。英特尔 Quartus Prime Fitter 将综合的逻辑基元映射到目标设备中的特定位置，并用路由线将 FPGA 片上的逻辑资源连在一起。在布图过程中，可以指定面积、性能、时序及功率约束来指导该流程的实现。布图的结果通常称为后布图网表。

4.2.1.5　Assembler（生成 FPGA 的程序文件）

在布图完成后，可以使用 Quartus Prime 的 Assembler 任务工具生成 FPGA 的程序文件。通常到这一步，就已经完成了整个开发流程，因为在这里生成的下载文件可以直接下载到 FPGA 芯片上，以进行下一步的调试工作。但为了更好地检查设计是否满足需要，还需进行后续的流程。

4.2.1.6　Static Timing Analysis（静态时序分析）

在布局后生成的后布图网表可用于执行许多任务。它首先可用于执行静态时序分析，以验证布图设计是否满足时序和性能约束要求。通常在 Quartus Prime 工具编译流程中的静态时序分析过程中完成。经过该过程后，Quartus Prime 会生成时序报告，通过时序报告可以核对设计是否存在时序问题，验证性能规格是否满足要求。

4.2.1.7　门级仿真（可选）

另外，还可以选择门级仿真功能来对设计进行实际电路时序的仿真。该仿真类似于 RTL 仿真，但在这里考虑了实际电路的路由延迟，以进一步验证设计是否能在指定 FPGA 器件中正常运行起来。有些设计人员选择不执行门级仿真，因为 RTL 仿真和静态时序分析通常是验证设计的充分方法。但是，它仍然包含在这里，是因为它通常被认为是设计流程的必要部分，同时 Quartus Prime 也对门级仿真有较好的支持。

4.2.1.8　板级仿真与测试

为了将设备布局在电路板上，可以使用由英特尔 Quartus Prime 标准版软件生成的或由英特尔 FPGA 提供的 IBIS 和 HSPICE 模型来执行板级仿真。最后，可以将在 4.2.1.5 小节生成的用于在印刷电路板上配置目标 FPGA 器件的编程文件下载到电路板上。在对 FPGA 器件进行编程和配置之后，可以使用片上调试工具（如 Quartus Prime 中集成的 Signal Tap 嵌入式逻辑分析仪）来验证设计是否能正常工作。

综上所述，英特尔 Quartus Prime 标准版软件为 FPGA 开发的整个流程提供了一套完整的解决方案，可以完全在英特尔 Quartus Prime 环境中完成从设计到调试的整个流程，而无须任何第三方工具。如果你想使用其他工具，该软件将无缝地提供支持。

⊙ 4.2.2　创建 Quartus Prime 工程

上面介绍了英特尔 Quartus Prime 标准版软件的设计流程，接下来通过创建和管理工程来进一步介绍如何使用该软件完成设计。

英特尔 Quartus Prime 工程被定义为最终创建要下载到 FPGA 的编程图像所需的所有与设计相关的文件和库的集合。通常，所有工程文件都存储在单个工程文件夹或目录中，但可以引用工程目录外的其他文件。工程必须具有指定的顶级设计实体，用于以逻辑实例化或其他设计文件的形式将子实体连接在一起。此外，所有工程都必须针对单个设备。但是，可以在设计过程中的任何位置对顶层实体和目标设备进行更改。所有工程设置都存储在 Quartus 工程文件（.qsf）的单个文件中。一旦工程通过编译，编译信息将存储在工程目录的文件夹中。此文件夹名为 db，因为该文件夹包含编译数据库信息。

虽然可以通过使用 Tcl 命令和脚本来创建新工程以及许多其他任务，但这里侧重于使用 GUI 来快速轻松地开始创建设计。

在英特尔 Quartus Prime 标准版软件中创建新工程的最简单方法是使用新建工程向导。

4.2.2.1　新建工程向导

新建工程向导的操作类似于其他软件向导，首先，只需要提供创建新工程所必需的信息，包括选择工程工作目录和对顶级设计模块的引用。然后，将任何其他文件添加到工程中，以及设置在此过程中可能要使用的任何第三方 EDA 工具。最后，为设计选择目标设备。通过向导收集此信息，创建一个新工程。创建过程如下。

1. 打开"New Project Wizard"并设置工程名称

其操作过程如图 4-12 所示。其中，打开工程向导有两种方式：一种是在 File 菜单下打开，一种是在 Tasks 菜单栏中打开。

选择工作目录

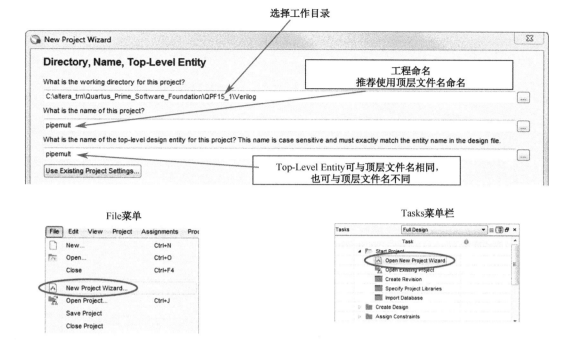

图 4-12　使用新建工程向导创建工程

2. 选择工程类型

设置好工程名称后，下一步是选择工程类型，可以选择空白工程，也可以使用工程模板，如图 4-13 所示。在图 4-13 中可以看到在工程模板选项的说明中"Design Store"带有下划线，单击"Design Store"可以看到英特尔官方提供的众多工程设计示例。

图 4-13　选择工程类型

3. 添加程序文件

选择工程类型的下一步是添加程序文件，在对话窗口中添加程序文件，如图 4-14 所示。如果程序文件已存在，可直接进行添加；如果还没有程序文件，可在工程创建完成后再添加。

在这个窗口中还可以指定自定义或第三方的 IP 库路径名称。

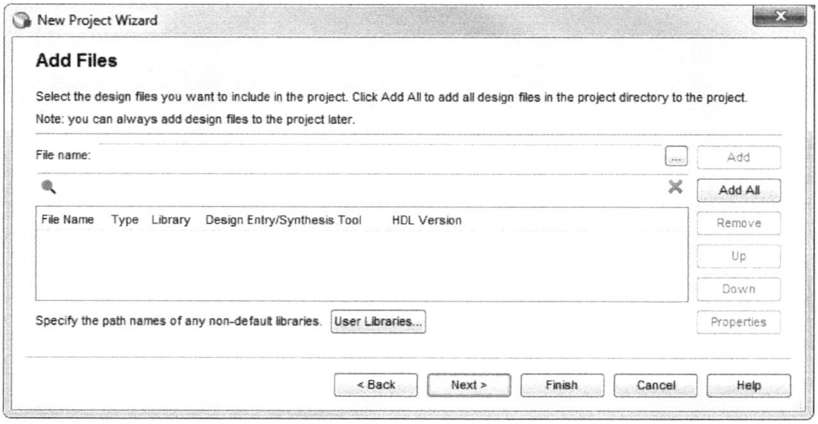

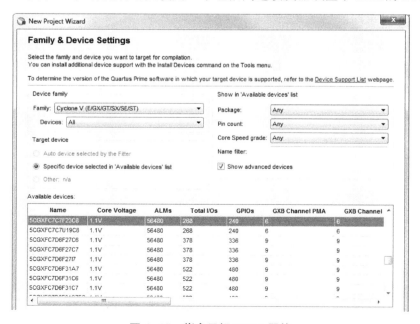

图 4-14　添加程序文件

4. 指定目标 FPGA 器件

添加程序文件的下一步是指定目标 FPGA 器件，如图 4-15 所示。选择项目要使用的目标设备，可以通过首先选择器件系列和器件系列类别来选择特定的设备。选择器件系列可以让你选择一些选项，比如你是否想要使用一个包括高速收发器或基于 Arm 的 SoC 的设备。

图 4-15　指定目标 FPGA 器件

选择了系列和类别后，使用右边的筛选选项来筛选可用的设备结果。如果想使用最新和最大的 Intel 器件，可以打开 Show advanced devices 选项。

5．设置 EDA 工具

在新建工程向导的下一页中，选择与 Quartus Prime 软件一起使用的第三方工具来执行某些任务。你可以使用第三方工具，而不是 Quartus Prime 软件，来进行设计输入和合成、模拟和时序分析。选择支持的工具和该工具所需的任何文件的格式。如果所有这些任务都将在 Quartus Prime 软件中直接执行，那么可以跳过 New Project 向导的这个页面。设置 EDA 工具界面如图 4-16 所示。

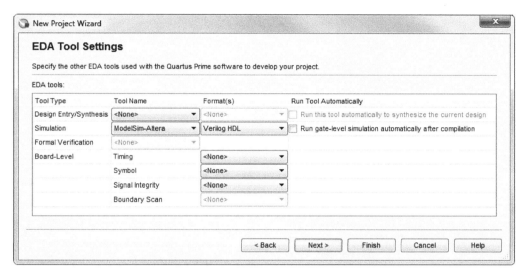

图 4-16　设置 EDA 工具界面

6．工程创建完成

在新项目向导的最后一页上，将显示新项目所选选项的摘要，如图 4-17 所示。单击 Finish 将使用所选设置创建该新项目。需要注意的是，新的项目设置不是永久的，可以在"设置"对话框中进行更改。

一旦创建了一个新项目，如果该项目已经关闭，有多种方法可以再次打开该项目。双击.qpf 文件，它是 Quartus 主项目文件，或者从"文件"菜单中选择 Open project。你可以从"文件"（File）菜单或主屏幕中选择最近打开的项目，或者在"任务"窗口中双击任务"打开现有项目"，如图 4-18 所示。

图 4-17　工程创建完成

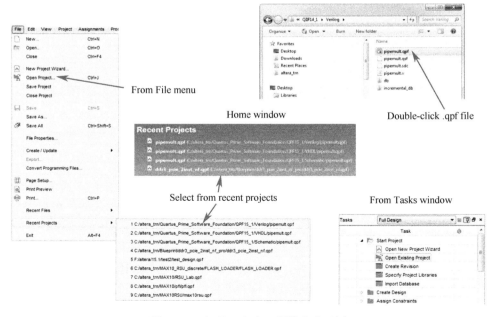

图 4-18　打开已存在工程的方式图例

4.2.2.2　工程导航器

工程导航器（见图 4-19）位于主窗口的左侧，在编译工程后通过完整编译或至少运行 Analysis & Elaboration 显示整个工程层次结构，这是综合过程的第一步。工程层次结构由顶级设计模块和层次结构中的顶级或其他实体引用的任何其他文件或实体组成。在指示的搜索字段中输入文本，以过滤设计层次结构。这对于在大型设计中查找特定实体很有用。

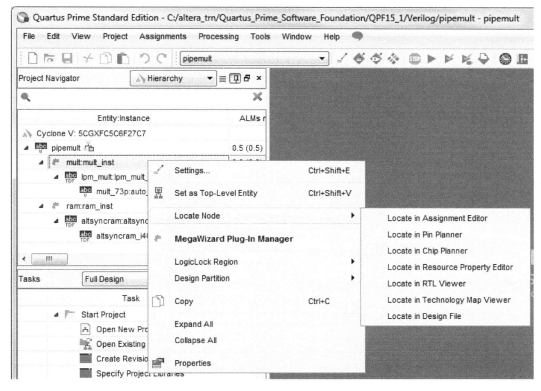

图 4-19　工程导航器

可以使用工程层次结构查看层次结构中每个级别的设备资源的使用情况，更改顶级模块，为增量编译设置设计分区，以及进行影响整个模块的工程分配。还可以右键单击设计模块，然后使用"定位"子菜单在软件中的其他工具找到该模块。你将发现能够在软件中的其他工具中定位设计元素，这称为交叉探测，其在整个英特尔 Quartus Prime 软件环境中普遍存在。

4.2.2.3 标准版工程文件和文件夹

标准版工程文件与文件夹如下所示。

（1）英特尔®Quartus®Prime 工程文件（.qpf）。

（2）英特尔 Quartus Prime 默认文件（.qdf）。

（3）英特尔 Quartus Prime 设置文件（.qsf）。

（4）Synopsys 设计约束（.sdc）。

（5）db 文件夹：①包含已编译的设计信息；②也可以查看 incremental_db，以获取增量编译信息。

（6）output_files 文件夹（在工程设置中自定义位置／名称）：①生成的编译报告文件；②由英特尔 Quartus Prime 标准版汇编程序生成的编程文件。

某些文件和文件夹在 Intel Quartus Prime Standard Edition 工程的工程目录中创建。在工程目录中找到的文件包括工程文件、默认文件或.qdf，以及设置文件或.qsf。此外还需要创建一个或多个 Synopsys 设计约束文件或.sdc，以存储时序约束。

一旦执行了编译过程中的任何步骤，还会找到前面提到的 db 文件夹，如果使用后面讨论的增量编译功能，还会找到 incremental_db 文件夹。最后，output_files 文件夹存储用于脱机查看和比特流编程文件的编译信息报告。这些文件由 Intel Quartus Prime Assembler 生成，用于使用 Intel Quartus Prime 编程器对目标 FPGA 或 CPLD 设备进行编程。

⊛ 4.2.3 设计输入

前面介绍了如何在软件中创建和管理工程，接下来介绍如何将设计导入工程中。

4.2.3.1 设计输入的格式

Quartus Prime 软件支持多种不同的输入文件格式，可以在同一工程中混合和匹配。对于使用硬件描述语言的基于文本的设计输入，该软件支持所有 VHDL 和 Verilog HDL 标准以及大部分 SystemVerilog 扩展。对于基于原理图的输入，该软件包括一个原理图编辑器，可以在其中创建程序框图或图形设计文件。还可以使用内置状态机编辑器快速创建状态机。该软件还包括一个内存编辑器，用于创建英特尔标准 HEX 文件和内存初始化 mif 文件，以初始化设计中的 RAM 或 ROM。

如果使用第三方工具来创建设计，则可以使用标准 EDIF 或 HDL 网表格式将它们导入工程。还可以使用 Verilog Quartus 映射文件.vqm，它们具有与 EDIF 文件类似的格式，但是以 Verilog HDL 编写可提高可读性。

在 Quartus Prime 中设计输入有以下几种方式。

（1）文本编辑器：①VHDL；②Verilog HDL 或 SystemVerilog。

（2）原理图编辑器：Block Diagram 或 Schematic File。

（3）系统编辑器：Platform Designer。

（4）状态机编辑器：来自状态机文件的 HDL。

（5）内存编辑器：①HEX；②MIF。

（6）第三方 EDA 工具：①EDIF 200；②Verilog Quartus Mapping（.vqm）。

1. 设计输入的文件类型

如图 4-20 所示，顶级文件和所有支持文件可以是这些格式中的任何一种。至于在层次结构中的其他设计文件，Quartus Prime 软件允许混合使用。例如，只要例化语法和端口映射正确，就可以在 Verilog HDL 模块中例化 VHDL 模块，这提供了任意格式输入的灵活性。需要注意的是，许多第三方工具，如仿真工具等，如果没有额外的 license 支持，是不支持混合使用各种设计文件的。

顶级设计文件可以是原理图、
HDL、Platform Designer、
DSP Builder、OpenCL或
第三方网表文件

图 4-20 支持的设计输入文件类型

2. 创建新的设计文件

要为 Quartus Prime 软件中的任何工具创建新的设计文件或新文件，需要从"File"菜单中选择"New"对话框，或者单击在工具栏中的"新建文件"按钮，或在"Task"窗口中双击"Create New Design File"，将会出现"新建文件"对话框，允许创建任何类型的新文件，如图 4-21 所示。

3. 文本设计输入

对于文本设计输入，可以使用任何文本编辑器或使用内置文本编辑器。内置文本编辑器设置为默认值，但可以通过"工具"菜单中的"选项"对话框进行更改。

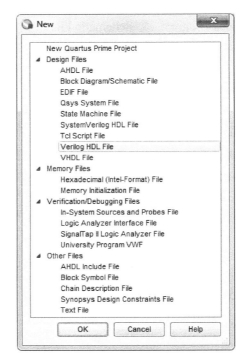

图 4-21　"新建文件"对话框

　　如果你选择使用内置文本编辑器，会发现它包含许多可以极大地帮助创建 HDL 设计的功能。编辑器包括块注释、行号、用于快速跳转到所选行的书签，以及基于所使用的设计语言的语法配色器。文本编辑器还具有内置的查找和替换功能。完整的模块功能可以折叠成一行文本，以帮助关注仍需要工作的设计部分。为了提醒用户"尽早保存，经常保存"，只要有任何未保存的更改或添加，就会在文本编辑器的标题栏中显示星号。内置文本编辑器的特点如下。

　　（1）块注释。

　　（2）HDL 文本文件中的行号。

　　（3）书签。

　　（4）语法配色器。

　　（5）查找／替换文本。

　　（6）查找并突出显示匹配的分隔符。

　　（7）功能扩展。

　　（8）为 Timing Analyzer 创建和编辑.sdc 约束文件。

　　（9）预览／编辑完整设计并构建 HDL 模板。

　　文本编辑器还包括有助于创建.sdc 或 Synopsys 设计约束的文件，用于时序分析。最后，文本编辑器还提供现成的模板，以快速创建和自定义常用的编码结构，以及完整的设计，并将它们添加到设计中。使用 Quartus Prime 文本编辑器，可以创建 VHDL、Verilog HDL 或 SystemVerilog 格式的文件，及其支持的其他文件格式的文件。

4. 文本编辑器功能

Quartus Prime 文本编辑器如图 4-22 所示。在图中，可以看到前面提到的一些特性示例，以及文本编辑器顶部用于启用或禁用这些特性的按钮。

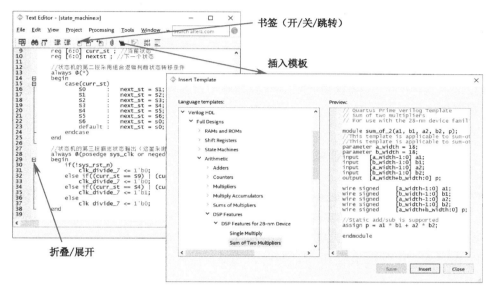

图 4-22　文本编辑器

或许 Quartus Prime 文本编辑器最有用的功能之一是使用定制 HDL 模板的能力，以快速添加代码到设计中。例如，可以使用模板在设计中创建双端口 RAM，方法是使用设计中的信号名替换模板中的默认端口名，而无须编写任何代码。若要使用可用的 HDL 模板，可从"Edit"菜单中选择"Insert Template"或单击文本编辑器工具栏中的按钮。从列表中选择 HDL 语言和所需的模板，以查看要插入的代码的预览。可以在预览窗口中编辑模板，为设计定制信号和变量。单击"Insert"将代码片段添加到光标位置的设计文件中，或者将自定义模板保存为用户模板，以便稍后在同一设计文件中使用或在其他设计中快速访问。

5. 原理图设计输入

Quartus Prime 软件包括一个功能齐全的原理图设计编辑器。使用原理图设计编辑器，可以使用标准设计模块（如门、触发器和 I/O 引脚）创建设计。还可以在设计中快速轻松地布局（通常称为实例化）英特尔 FPGA IP 和 LPM。下面将讨论英特尔 FPGA 设计逻辑块。布局完所有逻辑后，只需使用电线和总线将块连接在一起即可。

虽然大多数新设计都是用 HDL 而不是原理图创建的,但是作为顶层设计实体的原理图, HDL 有助于创建简单的测试设计,以了解英特尔 FPGA IP 的功能或作为连接部件的框图。可以将原理图转换为 HDL 代码用于其他工程,或者从 HDL 文件中创建黑盒符号文件,以便在原理图文件中实例化设计。

4.2.3.2　英特尔 FPGA IP 核

创建设计的另一种方法是使用 IP 核。IP 核是在软件中创建和自定义的预制设计模块。 IP 可以代表任何东西,从简单的逻辑(如门和触发器)到更复杂的结构(如 PLL 或 DDR 内存控制器)。许多 IP 核都是免费的,并与所有版本的软件一起安装。如有必要,它们易于创建且易于更改。只需将它们放入现有设计中,即可加快设计输入过程。英特尔 Quartus Prime 标准版软件中包含的所有 IP 核也针对英特尔 FPGA 设备进行了预优化,以便在指定 FPGA 设备上更好地实现功能。

1．IP Catalog

IP Catalog 是集中式 IP 的管理工具,用于实现、配置和生成针对特定 FPGA 器件进行优化的 IP 核。

IP 核通过 IP Catalog 添加到设计中。首次打开 Intel Quartus Prime 软件时会出现 IP Catalog,可以从"View"或"Tool"菜单中重新打开它。可以在不打开 Intel Quartus Prime 软件工程的情况下开始生成 IP 核。如果没有工程打开,请注意要选择的 FPGA 设备属于哪个 FPGA 系列,以便在生成 IP 时,针对该 FPGA 器件的体系结构生成优化的 IP 核,如图 4-23 所示。

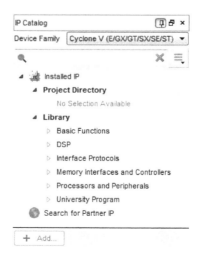

图 4-23　工程未打开时,添加 IP 核指定 FPGA 设备所属系列

如果工程已打开，则将针对工程的目标 FPGA 器件生成优化的 IP 核，此时的 IP Catalog 如图 4-24 所示。

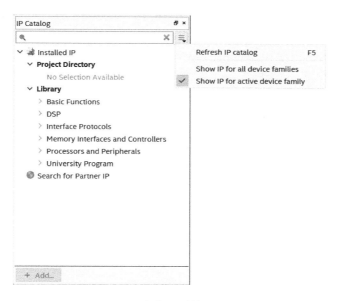

图 4-24　工程打开时的 IP Catalog

2. 使用 IP 目录

要创建 IP 核的新实例，只需从 IP 目录中双击要使用的 IP，或选择 IP 并单击"添加"按钮，如图 4-25 所示，将打开 IP 的参数编辑器。根据所选的 IP 和目标设备，可能会出现不同的参数编辑器，但它们的功能类似，都能指导用户完成 IP 的参数设置并生成输出文件。

图 4-25　使用 IP 目录

4.2.3.3　导入第三方 EDA 工具文件

Quartus Prime 软件中另一种设计输入方法是使用第三方工具。如上所述，Quartus Prime 软件可与任何生成 EDIF 网表的工具或以 VHDL 或 Verilog 格式编写的任何网表一起使用。这包括由 Synopsys Synplify 和 Synplify Pro 等工具生成的 VQM 格式。要使 Quartus Prime 软件工程中包含这些设计，只需指定用于生成文件的工具，将黑匣子块实例化到设计中，然后将文件添加到工程中。

Quartus Prime 软件支持带有行业标准 EDA 工具接口的网表文件：

（1）EDIF 200（.edf）；

（2）Verilog Quartus Mapping (.vqm)。

在 Quartus Prime 软件中导入和使用网表文件的步骤为：

（1）在软件设置中指定 EDA 工具；

（2）在设计中实例化块；

（3）将.edf/.vqm 文件添加到软件工程中。

4.2.3.4　第三方综合工具支持

举例来说，可以使用一些第三方工具替代内置的 Quartus Prime 合成过程。第三方工具可能提供比 Quartus Prime 更多的选择或产生更好的结果。这里列出了两家与英特尔积极合作的供应商及其工具，以提供有关 Altera 设备的最新信息，确保高度优化的、特定于设备的综合逻辑。

支持 Mentor Graphics 公司的工具：

（1）Precision* RTL；

（2）Precision RTL Plus。

支持 Synopsys 公司的工具：

（1）Synplify；

（2）Synplify Pro；

（3）Synplify Premier。

⊛ 4.2.4　编译

接下来看一下编译过程（见图 4-26）以及如何使用编译结果调试和改进设计。

在 Quartus Prime 设计环境中，编译是对设计进行综合，并针对目标器件完成布局布线，最后生成能够下载到目标设备的二进制下载文件的整个过程。

图 4-26 显示了该过程的基本步骤，并列出了执行完整编译时运行的所有进程。其中，

Analysis & Elaboration 是对设计文件的正确性进行检查，并生成一个早期的功能网表，该网表用于链接各个设计文件，并显示在 Project Navigator 中。

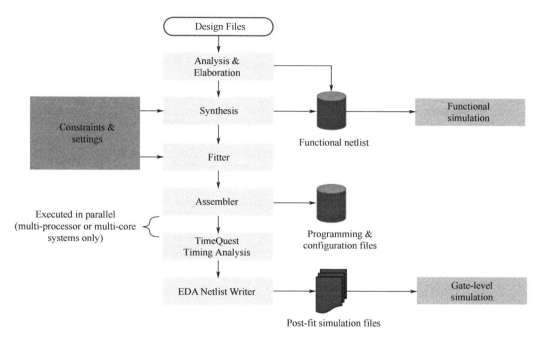

图 4-26　编译过程

在执行完整编译期间，Synthesis 和 Fitter 都会自动运行，但可以通过使用约束和设置来指导和优化。综合（Synthesis）后网表可用于功能仿真，而适配（Fitter）后网表可用于生成 FPGA 的下载文件，并可同时用于"TimeQuest Timing Analysis"分析时序。最后，可以运行 EDA Netlist Writer 生成适配后网表的仿真文件或与设计相关的其他文件，供第三方工具使用。

4.2.4.1　Processing 选项

可以从"Processing"菜单或"Processing"工具栏中访问图 4-27 中的选项，有些选项也可以在任务窗口中作为快捷方式使用。无论何时开始执行完整编译，软件都会遍历整个编译流程，从分析设计到生成输出文件。在流程中运行单个进程以节省编译时间或仅执行特定操作，如分析时序或创建更新的输出文件。如果你进行的操作仅影响编译过程的一部分更改（如拟合优化选项），则运行单个过程。如已经运行，那么只需要运行 Fitter 后面的选项。

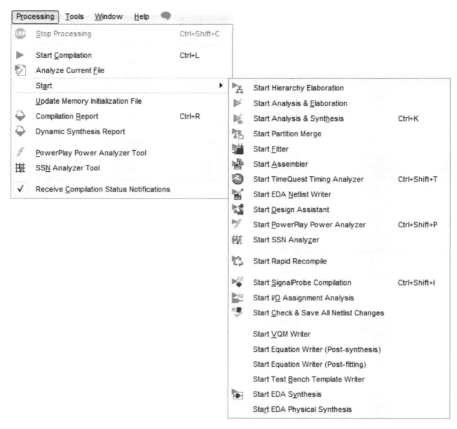

图 4-27　Processing 选项

4.2.4.2　编译设计流程

接下来让我们更详细地看一下编译过程。软件中有两个编译流程。

第一个是使用标准流程，无论何时执行完整编译，整个设计都将作为一个整体进行处理。因此，即使任何设计文件中的微小变化也会导致整个设计被重新处理。由于必须重新编译整个设计，因此始终会对整个设计进行全局优化。但是，编译器执行优化的方式可能因编译而异，因为除非用户锁定结果，否则不会保留先前的编译。

第二个是增量编译流程，它会自动在标准版中创建的新工程上启用。通过增量编译，可以设置在进行更改时重新编译设计的那些部分（称为设计分区）。因此，如果进行了小的更改，只需要重新编译进行更改的设计分区。这有助于减少编译时间，同时保持从一个编译到下一个编译的良好结果。可以根据要维护的部分选择是否应为下一次编译保留设计分区的后综合或后布局网表。增量编译将重用的设计分区网表与新创建或更新的网表合并，以创建最终编译的工程。

4.2.4.3 Status 与 Task 窗口

在运行任何编译过程时，无论是完整编译还是单个编译，状态和任务窗口都会提供编译的实时状态。任务窗口默认打开，如被关闭可以从视图菜单打开状态窗口。状态和任务窗口使用进度条和计时器来衡量编译步骤的完成情况，如图 4-28 所示。

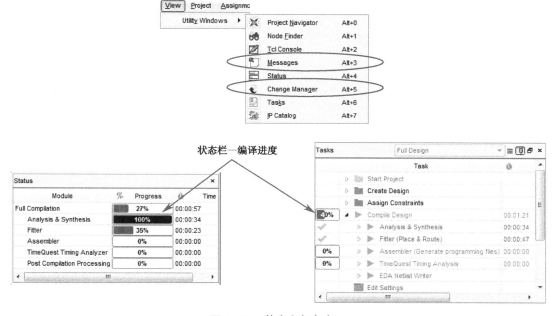

图 4-28　状态和任务窗口

4.2.4.4 Message 窗口

Messages 窗口提供由编译过程生成的实时信息、警告或错误消息，如图 4-29 所示。消息窗口中的消息颜色和符号表示生成的消息的类型。绿色表示一般信息；蓝色表示不会停止编译，但可能需要检查；红色表示停止编译的错误，并且必须在编译完成之前修复。可以手动标记所选的消息以供以后检查，或者忽略对将来编译时不重要的消息。

4.2.4.5 编译报告

Quartus Prime 软件还包含许多用于分析编译结果的工具。其中一个工具是编译报告，如图 4-30 所示。编译报告包含所有编译过程的信息，并包括资源使用情况、设备引脚、应用的设置与约束信息。建议在编译完成后，通过编译报告核对设计的相关信息。也可以在生成的 output_files 文件夹中用文本编辑器查看保存的编译报告文件，文件名为<revision_name>.

fit.rpt、<revision_name> .map.rpt 等。

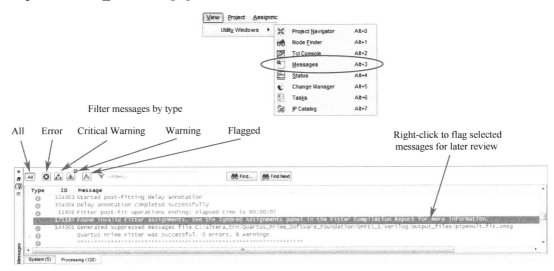

图 4-29　Message 窗口

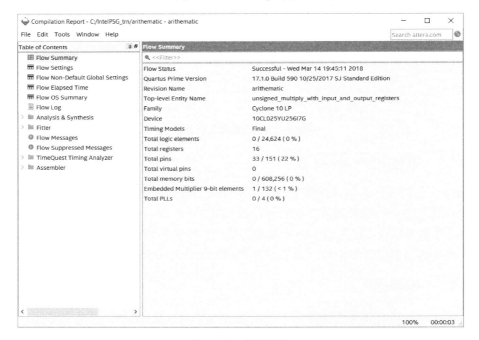

图 4-30　编译报告

编译流程中的每个模块都在报告中由一个文件夹表示,该文件夹包含与该模块相关的所有报告。这种处理编译数据的方式使得查找有关特定项的信息变得容易。例如，设备资源使用、时序分析结果、I/O 引脚输出文件以及与特定编译模块相关的任何消息，只需单击报告即可查看内容，甚至可以在编译过程运行时查看编译报告的各个部分。

⊙ 4.2.5　分配管脚

英特尔 Quartus Prime 标准版软件提供了很多方法或工具来进行 I/O 引脚分配。以下是最常见或本书推荐的方法或工具。

（1）Pin Planner。

（2）Interface Planner（仅限专业版）。

（3）Assignment Editor。

（4）从电子表格导入.csv 格式。

（5）编辑.qsf 文件。

（6）编辑 Tcl 脚本。

I/O 是你所设计的程序与外部引脚电路的接口。因此，务必确保将信号分配给正确的 I/O 引脚，并确保分配与目标设备和设计有效。创建与 I/O 相关的引脚分配的两种主要方法是 Pin Planner（见图 4-31）和 Interface Planner。

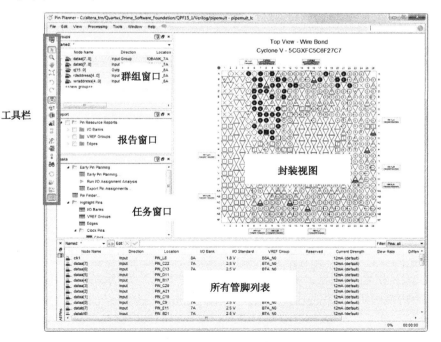

图 4-31　Pin Planner 窗口

Pin Planner 使用设备的图形表示来帮助进行单独的 I/O 分配。Interface Planner 更进一步，能够创建有效的 I/O 相关分配，不仅适用于单个 I/O，还适用于整个设备接口。还可以在分配编辑器中输入.csv格式的导入电子表格中的I/O分配，或直接将其键入.qsf文件或原始HDL代码。最后，还可以通过创建和运行 Tcl 脚本来进行 I/O 分配，从而自动将它们添加到.qsf文件中。

在 Quartus Prime 标准版中，Pin Planner 是创建 I/O 分配的主要方法。只需将信号拖放到所需的 I/O 引脚上即可进行位置分配，也可以通过编辑特定 I/O 信号的列中的单元格来创建其他引脚分配。

⊚ 4.2.6 仿真

Quartus Prime 支持各种第三方仿真工具，支持的公司及相关的工具如下。

（1）支持 Verilog / VHDL testbench（.vt / .vht），用来提供仿真输入与仿真输出的常用方法。

（2）Mentor Graphics：

① ModelSim - Intel FPGA Edition；

② ModelSim PE/SE；

③ QuestaSim*。

（3）Cadence：

Incisive Enterprise (NC-Sim)。

（4）Synopsys：

① VCS；

② VCS MX。

（5）Aldec：

① Active-HDL；

② Riviera-PRO。

（6）支持自动化编译与仿真流程脚本。

要对使用英特尔 Quartus Prime 软件创建的设计进行仿真，必须以某种形式为被测设计的输入提供激励。最常见的方法是创建 HDL testbench。testbench 基本上是一个额外的设计文件，它连接到设计输入，并可选择其输出，以提供激励并检查输出是否符合预期值。要使用 HDL testbench 执行仿真，需要使用第三方仿真工具，如 Mentor Graphics ModelSim。ModelSim 的特殊版本为 ModelSim - Intel FPGA Edition，该版本可以同英特尔 Quartus Prime 标准版软件的安装一起安装并完成预配置，从而使我们可以轻松完成仿真设计。

⊛ 4.2.7　器件配置

在创建、编译和仿真设计之后，最后一步是配置目标器件并在电路板上测试其功能。

4.2.7.1　编程文件

要配置器件，就必须具有配置文件。英特尔 Quartus Prime 软件在编译器的 Assembler 阶段，会生成许多不同类型的配置文件。

（1）.sof（SRAM 对象文件）：

①用于通过下载电缆直接从软件配置 FPGA；

②始终在 Assembler 完整编译期间默认生成。

（2）.pof（编程对象文件）：

①用于配置 CPLD；

②用于配置 FPGA 的配置芯片（Flash）。

（3）.jam/.jbc：处理器和测试设备用于通过 JTAG 配置器件的 ASCII 文件。

（4）.jic（JTAG 间接配置文件）：

①包含目标 FPGA 的配置数据；

②用于通过与 FPGA 的专用配置接口对 EPCS（英特尔 FPGA 串行配置）器件进行配置。

.sof（SRAM 对象文件）是软件生成的默认 FPGA 配置文件。可以使用此文件通过下载电缆直接对 FPGA 器件进行配置。这是设计开发过程中最常用的文件类型，因为它提供了一种快速配置器件以测试功能的方法。

.pof（配置对象文件）用于 CPLD 及 FPGA 的配置芯片。这些设备具有板载 Flash，只有.pof 格式文件才能对其进行配置。

.jam/.jbc 是某些处理器和测试设备用于通过 JTAG 编程 FPGA 的 ASCII 文件。.jic（JTAG 间接配置文件）文件是一种特殊类型的文件，用于通过 FPGA 的 JTAG 接口对英特尔 FPGA 串行配置芯片进行配置。

使用其中任何一个文件，都可以使用 Quartus Prime 内部的 Programmer 工具完成对英特尔 FPGA 器件的配置。

4.2.7.2　配置工具（Programmer）

英特尔 Quartus Prime 软件包含一个内置配置下载工具，可通过多种不同类型的编程电缆和设备与目标设备连接，然后对连接的设备 CLPD、FPGA 或者配置芯片进行编程操作。

首先，从工具菜单或工具栏中打开 Programmer，如图 4-32 所示，此时会自动创建链描述文件（.cdf）以存储设备配置链信息。如果需要再次对器件或器件链进行编程，则无须重新输入配置设置。

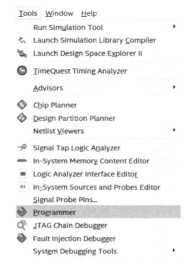

图 4-32　Programmer 菜单

在对设备进行编程或配置之前，必须确保已将硬件连接到该设备。为此，打开 Programmer 工具并单击"Hardware Setup"，这里允许选择下载电缆或当前可用的编程硬件，如图 4-33 所示。

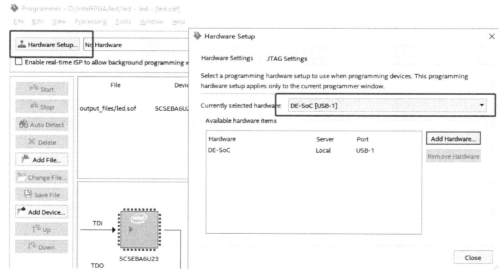

图 4-33　Programmer 选择下载电缆或编程硬件

4.2.7.3　配置模式（Mode）

链式编程模式如图 4-34 所示。

图 4-34　链式编程模式

Programmer 工具支持的编程模式或程序下载方式，主要有以下几种。

（1）JTAG，JTAG 链由英特尔 FPGA 和非英特尔 FPGA 设备组成。

（2）Passive Serial，被动串行模式，仅限英特尔 FPGA。

（3）Active Serial Programming，主动串行编程，配置 CPLD 或 FPGA 的配置芯片。

（4）In-Socket Programming，配置英特尔 FPGA 编程单元中的 CPLD 和配置芯片。

在这些编程模式中，最常见的模式是 JTAG。JTAG 是一种标准，可用于由英特尔 FPGA 和非英特尔 FPGA 设备组成的链。如果仅编程英特尔 FPGA，请使用被动串行。主动串行方式可与英特尔 FPGA 串行配置设备配合使用。一旦完成编程过程，FPGA 编译的程序会被下载到串行配置器件上，在 FPGA 板卡每次上电开机时，串行配置器件将使用存储的编程文件配置 FPGA，而无须有效的电缆连接到计算机。

4.2.7.4　下载配置文件

第一次启动 Programmer 工具时，该工具会尝试自动设置 JTAG 链。单击"Add File"按钮可以添加其他 FPGA 下载文件，如图 4-35 所示。每当添加一个文件时，如果能够识别该文件，则该文件的设备将自动选择。也可以单击 Auto Detect 按钮，让 Programmer 工具自动检测 JTAG 链上的所有设备，然后双击"File"列的"none"字段，可为 JTAG 链上的设备分配下载文件。

最后，可在 Programmer 窗口中的编程文件所在行勾选要进行的操作，如要下载或配置 FPGA 设备，则勾选该行的"Program/Configure"选项，然后单击"Start"按钮，开始下载程序配置器件。与此同时也可以勾选"Verify"，对下载到设备的编程文件进行校验，当然也可以勾选"Erase"，对设备中的程序文件进行擦除。

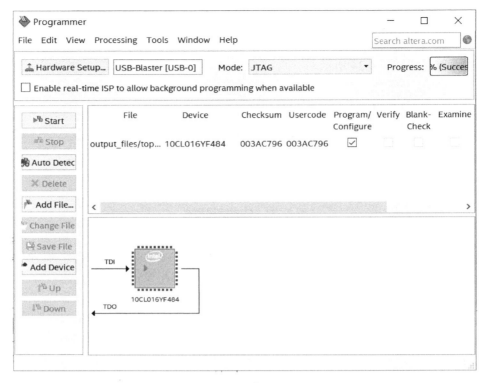

图 4-35　下载配置文件

4.3　实验指导

⊚ 4.3.1　流水灯实验

4.3.1.1　实验目的

（1）学习 Quartus Prime 开发套件。

（2）初步了解 FPGA 开发流程。

（3）掌握工程创建、编译，程序下载的方法。

（4）掌握计数器的原理与实现方法。

4.3.1.2　实验环境

硬件：PC 机、FPGA 实验开发平台。

软件：Quartus Prime 17.1。

4.3.1.3 实验内容

设计一个 4 位流水灯。

4.3.1.4 实验原理

1. LED 硬件电路

LED 硬件电路图如图 4-36 所示。

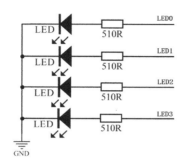

图 4-36 LED 硬件电路图

开发板通过串联电阻接入电源，FPGA I/O 管脚输出高电平点亮 LED，其中的串联电阻都是为了限制电流。

2. 程序设计

FPGA 的设计中通常使用计数器来计时，对于 50MHz 的系统时钟，一个时钟周期是 20ns，那么表示 1 秒需要 50000000 个时钟周期，如果一个时钟周期计数器累加一次，那么计数器从 0 到 49999999 正好是 50000000 个周期，就是 1 秒的时钟。如果四个 LED 灯分别在第一秒、第二秒、第三秒、第四秒到来的时候改变状态，其他时候都保持原来的值不变，就能呈现出流水灯的效果。

4.3.1.5 实验步骤

1. 建立新工程

（1）如图 4-37 所示，打开 Quartus Prime，单击下拉菜单中的 "New project Wizard..."。

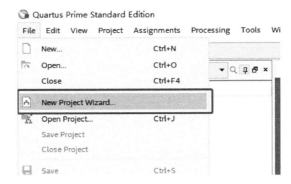

图 4-37　使用工程向导建立新工程

（2）弹出"新建工程"对话框，如图 4-38 所示，单击"next"按钮。

（3）选择一个空白工程，如图 4-39 所示。

（4）输入工程存放目录，或单击工程路径右面的按钮设置工程存放目录，在第二栏中输入工程名称，这里输入为 led，如图 4-40 所示。单击"finish"按钮，此时我们建立好了 led 工程文件。

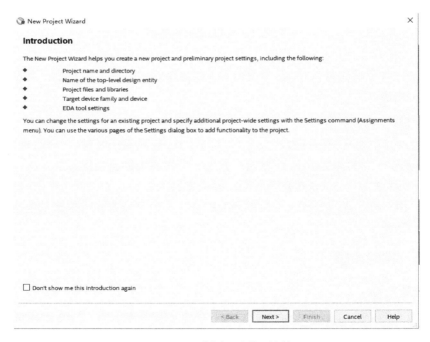

图 4-38　"新建工程"对话框

图 4-39　选择空白工程

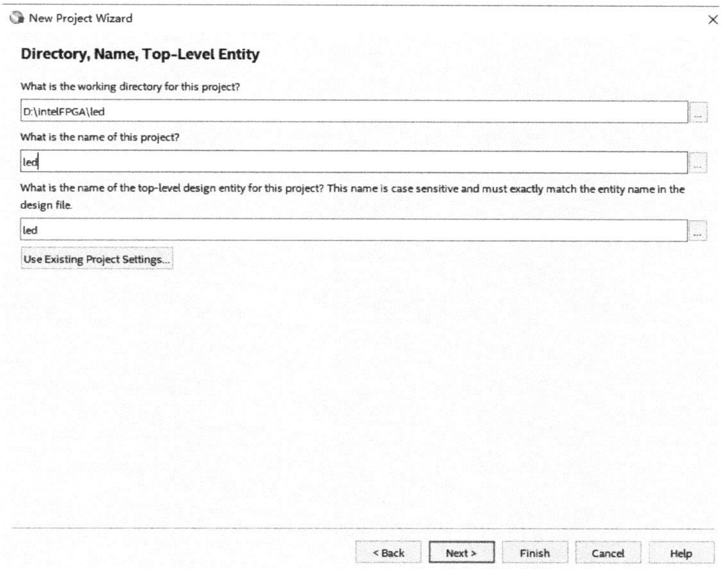

图 4-40　设置存放路径

（5）单击"Assignments"菜单中的"Device"，选择芯片"5CSEBA6U23I7"（根据开发

板上所使用的 FPGA 芯片型号，选择对应的 name），如图 4-41 所示。

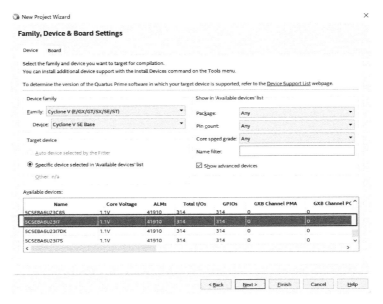

图 4-41　选择 FPGA 器件 5CSEBA6U23I7

（6）EDA 工具选择默认设置，如图 4-42 所示。

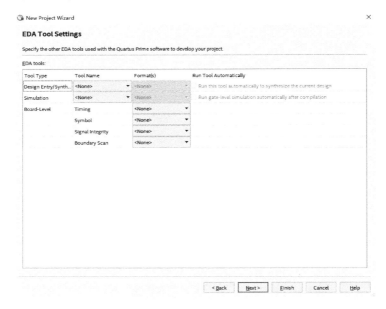

图 4-42　选择 EDA 工具

（7）完成工程向导，单击"finish"按钮，如图 4-43 所示。

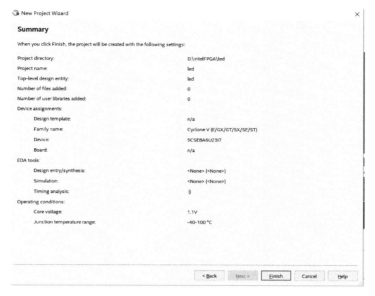

图 4-43　完成工程创建

（8）返回 quartus 界面，如图 4-44 所示。

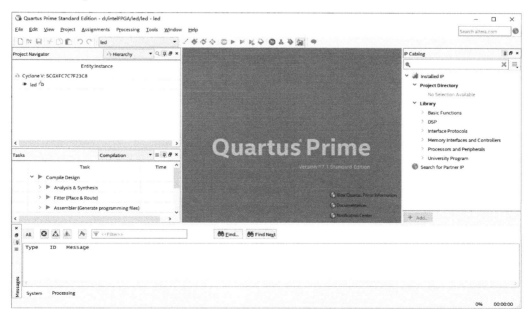

图 4-44　创建完成一个空白工程

2. 编写代码

（1）选择菜单栏中"File"下的"New"，选择"Verilog HDL File"，点"OK"继续，如图 4-45 所示。

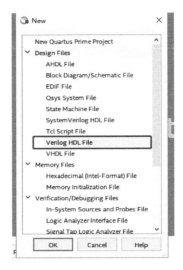

图 4-45　新建 HDL 代码文件

（2）按照设计思路，编写 Verilog HDL 代码，如图 4-46 所示。

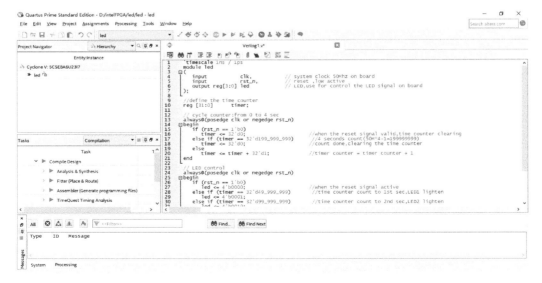

图 4-46　编写代码

（3）保存文件，并将文件添加到该工程中，如图 4-47 所示。

图 4-47　保存文件并添加到工程

3．预编译并管脚分配

（1）预编译。没有分配管脚，但是我们需要预编译一下（完成第一阶段综合过程），让 Quartus Prime 分析设计中的输入输出管脚。编译过程中信息显示窗口不断显示出各种信息，如果出现红色，表示有错误，双击这条信息可以定位具体错误位置，如图 4-48、图 4-49 所示。

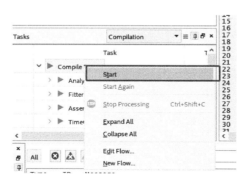

图 4-48　开始预编译功能

图 4-49　预编译完成

（2）I/O 管脚分配。管脚分配的目的是让设计和实际的硬件电路关联起来，这里的连接关系从硬件原理图得来。打开 **Pin Planner** 工具如图 4-50 所示。分配管脚如图 4-51 所示。

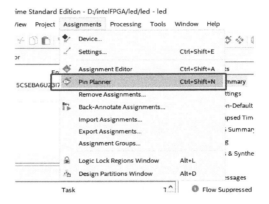

图 4-50　打开 Pin Planner 工具

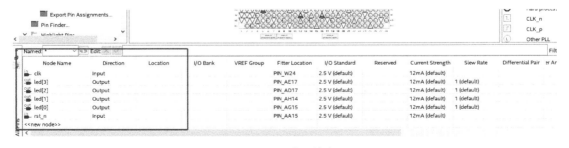

图 4-51　分配管脚

（3）在"Location"列填入 led、时钟的管脚名，如图 4-52 所示。

图 4-52　为即可指定具体管脚

（4）再次编译。上次编译时还没有分配管脚，分配管脚后我们在任务流程窗口可以看到只有第一下流程"综合"是"√"状态，其他都是"？"状态，"？"状态表示需要重新编译才行。为了方便，这里双击"Compile Design"，完成全部编译流程，如图 4-53 所示。

图 4-53　开始全部编译流程

（5）编译完成以后可以看到一个编译报告，主要报告各种资源的使用情况，如图 4-54 所示。在 output_files 文件夹我们可以看到一个 led.sof 文件，这个文件可以通过 JTAG 方式下载到 FPGA 运行，如图 4-55 所示。

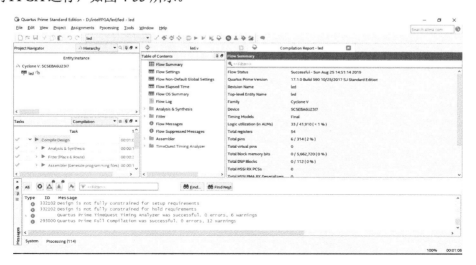

图 4-54　全编译完成

> DATA (D:) › intelFPGA › led › output_files

名称	修改日期	类型	大小
led.asm.rpt	2019/8/25 14:51	Report File	4 KB
led.done	2019/8/25 14:51	DONE 文件	1 KB
led.fit.rpt	2019/8/25 14:51	Report File	215 KB
led.fit.smsg	2019/8/25 14:51	SMSG 文件	1 KB
led.fit.summary	2019/8/25 14:51	SUMMARY 文件	1 KB
led.flow.rpt	2019/8/25 14:51	Report File	9 KB
led.jdi	2019/8/25 14:51	JDI 文件	1 KB
led.map.rpt	2019/8/25 14:50	Report File	24 KB
led.map.summary	2019/8/25 14:50	SUMMARY 文件	1 KB
led.pin	2019/8/25 14:51	PIN 文件	79 KB
led.sld	2019/8/25 14:51	SLD 文件	1 KB
led.sof	2019/8/25 14:51	SOF 文件	6,534 KB
led.sta.rpt	2019/8/25 14:51	Report File	58 KB
led.sta.summary	2019/8/25 14:51	SUMMARY 文件	2 KB

图 4-55　在 output_files 目录生成 sof 文件

4．程序下载

（1）用下载线将开发板和计算机相连，再打开开发板上的电源开关。

（2）单击"Tools"下拉菜单，打开"Programmer"，如图 4-56 所示。

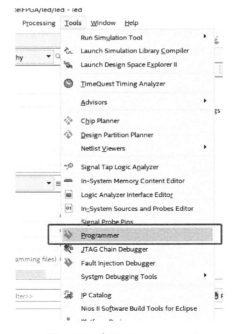

图 4-56　打开 Programmer

（3）单击"hardware"，找到所用的下载设备，如图 4-57 所示。

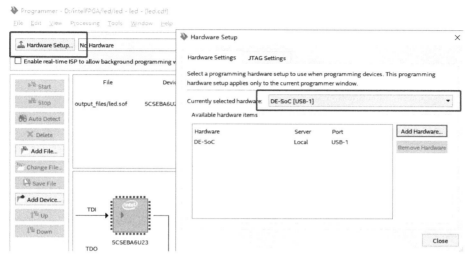

图 4-57　选择下载设备

（4）选择"JTAG"模式，如图 4-58 所示。

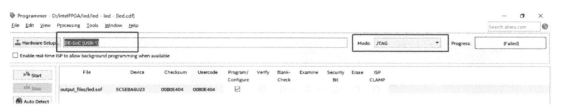

图 4-58　选择模式

（5）单击"Auto Detect"，然后选择需要下载的 sof 文件，如图 4-59 所示。

图 4-59　选择要下载的 sof 文件

（6）单击"Start"，开始下载程序，如图 4-60 所示，进度条开始滚动，遇到错误时，Quartus Prime 信息窗口会显示出具体的错误。若下载成功，progress 会 100%显示绿色。

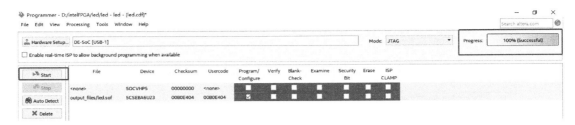

图 4-60　下载程序

4.3.1.6　实验现象

程序下载成功后，开发板的四个 LED 灯从右到左，循环移动。

⊚ 4.3.2　按键实验

4.3.2.1　实验目的

（1）了解按键设计及其编程，fpga I/O 管脚的用法。
（2）了解新的绑定管脚的方法，通过工程目录下的 qsf 文件完成管脚绑定。
（3）掌握 Quartus Prime 中 Signal Tap 的使用方法。
（4）掌握硬件描述语言和 FPGA 的具体关系。

4.3.2.2　实验环境

硬件：PC 机、FPGA 实验开发平台。
软件：Quartus Prime 17.1。

4.3.2.3　实验内容

设计一个通过按键控制 LED 灯亮灭的系统。

4.3.2.4　实验原理

1. 按键硬件电路

如图 4-61 所示的按键，在按键松开时是高电平，按下时是低电平。

2. 程序设计

通过简单的硬件描述语言了解硬件描述语言和 FPGA 硬件的关系。在上一个实验中，我们知道我们使用的电路中 FPGA 输出高电平可以点亮 LED 灯，在这里我们已经知道在电路中按键按下时为低电平，松开时为高电平，如要在按键按下时点亮 LED 灯，则需要我们加一个反向器。因此这里我们在程序中将输入的按键信号后面添加一个反相器，然后在经过两级 D 触发器，最后输出的 LED 灯的控制信号，即可实现按键控制 LED 灯的实验。

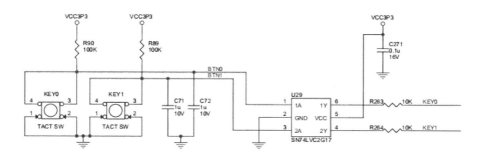

图 4-61　按键电路原理图

4.3.2.5　实验步骤

1. 建立新工程

按照流水灯实验的步骤，创建一个"key"新工程。

2. 编写代码

（1）选择菜单栏中"File"下的"New"，选择 Verilog HDL File，单击"OK"继续，如图 4-62 所示。

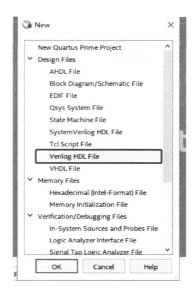

图 4-62　新建 HDL 文件

（2）按照设计思路，编写 Verilog HDL 代码，如图 4-63 所示。

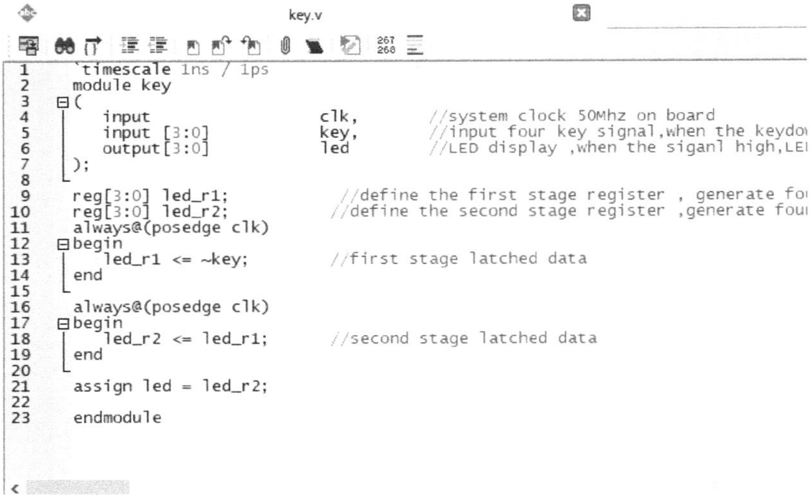

```verilog
1    `timescale 1ns / 1ps
2    module key
3  ⊟(
4        input           clk,        //system clock 50Mhz on board
5        input [3:0]     key,        //input four key signal,when the keydow
6        output[3:0]     led         //LED display ,when the siganl high,LE
7    );
8
9    reg[3:0] led_r1;                //define the first stage register , generate fo
10   reg[3:0] led_r2;                //define the second stage register ,generate fou
11   always@(posedge clk)
12 ⊟begin
13       led_r1 <= ~key;             //first stage latched data
14   end
15
16   always@(posedge clk)
17 ⊟begin
18       led_r2 <= led_r1;           //second stage latched data
19   end
20
21   assign led = led_r2;
22
23   endmodule
```

图 4-63　编写代码

（3）保存文件，并将文件添加到该工程中，如图 4-64 所示。

图 4-64　添加到该工程

3．管脚分配

流水灯实验中，我们是在完成预编译后，再通过 Pin Planner 工具绑定引脚。

在本实验中，我们使用新的方式添加管脚分配信息，通过创建 Quartus Prime 工程时生成的 qsf 文件添加管脚分配信息。

（1）在工程目录下找到 key.qsf 文件，并以文本方式打开该文件，如图 4-65 所示。

名称	修改日期	类型
db	2019/8/26 11:02	文件夹
incremental_db	2019/8/26 10:52	文件夹
output_files	2019/8/26 11:02	文件夹
c5_pin_model_dump.txt	2019/8/26 11:02	文本文档
key.qpf	2019/8/26 10:43	QPF 文件
key.qsf	2019/8/26 11:01	QSF 文件
key.v	2019/8/26 10:45	Verilog F

图 4-65　key.qsf 文件

（2）输入或修改引脚信息，如图 4-66 所示。

```
set_global_assignment -name LAST_QUARTUS_VERSION "17.1.0 Standard Edition"
set_global_assignment -name PROJECT_OUTPUT_DIRECTORY output_files
set_global_assignment -name ERROR_CHECK_FREQUENCY_DIVISOR 256
set_global_assignment -name MIN_CORE_JUNCTION_TEMP "-40"
set_global_assignment -name MAX_CORE_JUNCTION_TEMP 100
set_global_assignment -name VERILOG_FILE key.v
set_global_assignment -name PARTITION_NETLIST_TYPE SOURCE -section_id Top
set_global_assignment -name PARTITION_FITTER_PRESERVATION_LEVEL PLACEMENT_AND_ROUTI
set_global_assignment -name PARTITION_COLOR 16764057 -section_id Top
set_instance_assignment -name IO_STANDARD "3.3-V LVTTL" -to led[3]
set_instance_assignment -name IO_STANDARD "3.3-V LVTTL" -to led[2]
set_instance_assignment -name IO_STANDARD "3.3-V LVTTL" -to led[1]
set_instance_assignment -name IO_STANDARD "3.3-V LVTTL" -to led[0]
set_instance_assignment -name IO_STANDARD "3.3-V LVTTL" -to led
set_instance_assignment -name IO_STANDARD "3.3-V LVTTL" -to clk

set_instance_assignment -name IO_STANDARD "3.3-V LVTTL" -to key[1]
set_instance_assignment -name IO_STANDARD "3.3-V LVTTL" -to key[0]
set_instance_assignment -name IO_STANDARD "3.3-V LVTTL" -to key
set_instance_assignment -name IO_STANDARD "3.3-V LVTTL" -to rst_n
set_location_assignment PIN_V15 -to led[3]
set_location_assignment PIN_AA24 -to led[1]
set_location_assignment PIN_W15 -to led[0]
set_location_assignment PIN_V16 -to led[2]
set_location_assignment PIN_AH17 -to key[0]
set_location_assignment PIN_AH16 -to key[1]
set_location_assignment PIN_V11 -to clk
set_location_assignment PIN_AH7 -to rst_n

set_instance_assignment -name PARTITION_HIERARCHY root_partition -to | -section_id '
```

图 4-66　描述引脚信息

4．进行全部编译

进行全部编译后，在 Pin Planner 工具中可以看到在 .qsf 文件中描述的引脚信息已经生效，如图 4-67 所示。

Node Name	Direction	Location	I/O Bank	VREF Group	Fitter Location	I/O Standard	Re
clk	Input	PIN_V11	3B	B3B_N0	PIN_V11	3.3-V LVTTL	
key[3]	Input				PIN_AA23	3.3-V LVTTL	
key[2]	Input				PIN_AC24	3.3-V LVTTL	
key[1]	Input	PIN_AH16	4A	B4A_N0	PIN_AH16	3.3-V LVTTL	
key[0]	Input	PIN_AH17	4A	B4A_N0	PIN_AH17	3.3-V LVTTL	
led[3]	Output	PIN_V15	5A	B5A_N0	PIN_V15	3.3-V LVTTL	
led[2]	Output	PIN_V16	5A	B5A_N0	PIN_V16	3.3-V LVTTL	
led[1]	Output	PIN_AA24	5A	B5A_N0	PIN_AA24	3.3-V LVTTL	
led[0]	Output	PIN_W15	5A	B5A_N0	PIN_W15	3.3-V LVTTL	
rst_n	Unknown	PIN_AH7	4A	B4A_N0		3.3-V LVTTL	

图 4-67　在 Pin Planner 中核对管脚信息

5. 程序下载

程序下载方法请参见"流水灯实验"。

6. 程序在线调试

（1）打开"Tools"菜单，点开 Signal Tap Logic Analyzer 工具，如图 4-68 所示。

（2）进入 Signal Tap 界面，找到 Signal Configuration 配置界面，在"Clock"栏右边，单击如图 4-69 所示的按钮，配置驱动时钟。

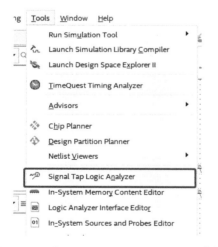

图 4-68　"Signa Tap Logil Analyzer"菜单　　　　图 4-69　配置 Signal Tap

（3）弹出 Node Finder 窗口，在 Named 文本框中输入"*cl*"，单击"list"按钮，然后选中"clk～input"，再单击">"按钮，将驱动时钟加到右边框中，单击"OK"，如图 4-70 所示。

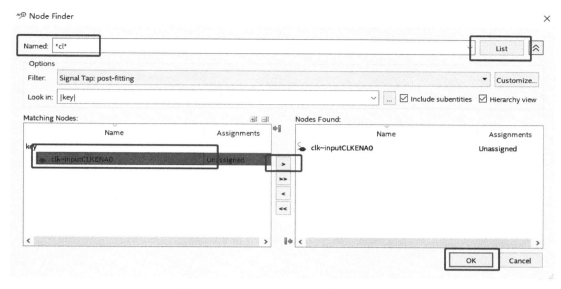

图 4-70　配置 SignalTap 中的驱动时钟

（4）选择合适的采样深度，本次实验就选默认的 128，如图 4-71 所示。

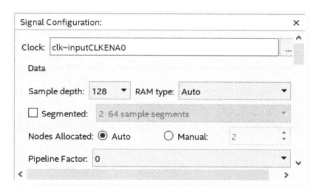

图 4-71　配置 Signal Tap 数据采样深度

（5）用同样的方法，将 led 信号，通过 Node FInder 添加到数据观察区中，如图 4-72 所示。

（6）设置完成后，软件会提示重新编译，单击快速编译按钮，如图 4-73 所示。

（7）编译结束后，需要将新生产的文件下载到 FPGA 中。选中刚生成的 sof 文件，单击下载按钮，下载程序，如图 4-74 所示。

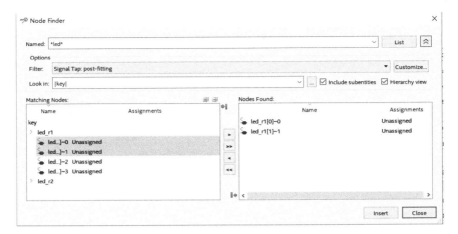

图 4-72　添加 led 信号

图 4-73　快速编译

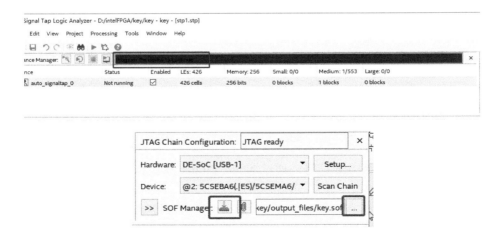

图 4-74　下载 sof 文件

（8）下载成功后，进入等待采样阶段，如图 4-75 所示。

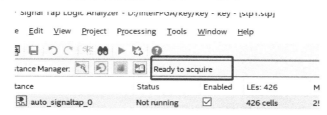

图 4-75　等待采样

（9）单击开始采样按钮进行分析调试，如图 4-76 所示。

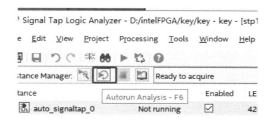

图 4-76　开始采样

（10）分析调式结果。在电路板上针对按键 1，注意按键松开和按下情况下 led 信号的值。按键 1 按下与按键 1 松开时，Signal Tap 从 FPGA 芯片中获取的 Led 信号的实际时序，如图 4-77 所示。

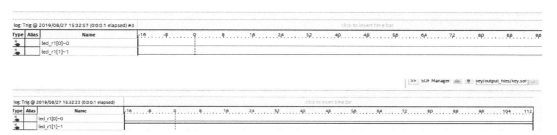

图 4-77　Signal Tap 从 FPGA 芯片获取的 led 信号时序

4.3.2.6　实验现象

程序下载到开发板以后，开发板"LED0""LED1""LED2""LED3"都处于熄灭状态，按键"KEY1"按下"LED1"亮，按键"KEY2"按下"LED2"亮。

⊙ 4.3.3 PLL 实验

4.3.3.1 实验目的

（1）熟悉 Quartus Prime 多种设计输入方法的设计方法。
（2）学习 PLL 的使用方法。
（3）掌握 Quartus Prime 中 IP 核的调用方法。

4.3.3.2 实验环境

硬件：PC 机、FPGA 实验开发平台。
软件：Quartus Prime 17.1。

4.3.3.3 实验内容

通过一个外部 50M 的时钟，分别输出 100m、150m 时钟。

4.3.3.4 实验原理

锁相环（PLL）技术非常复杂，主要实现的功能是倍频分频，FPGA 内的 PLL 是一个硬件模块（硬核），是 FPGA 中非常重要的资源，为设备提供强大的时钟管理和外部系统时钟管理及高速的 I/O 通信。通过时钟输入，产生不同相位和不同频率的时钟信号，供系统使用。

4.3.3.5 实验步骤

1. 建立新工程

按照"流水灯实验"的步骤，创建一个"key"新工程。

2. 编写代码

（1）本实验展示通过原理图输入方式完成设计，选择菜单栏中"File"下的"New"，选择"Block Diagram/Schematic File"，单击"OK"继续，如图 4-78 所示。

（2）添加 IP，在"Tools"下拉菜单中选择"IP Catalog"，在搜索栏中输入"pll"后，再选中 IP 核 Altera PLL，如图 4-79、图 4-80 所示。

（3）在弹出框添加路径和顶层文件名，选择文件类型为 Verilog，完成以后单击"OK"按钮，如图 4-81 所示。

图 4-78　创建原理图输入文件

图 4-79　打开 IP Catalog 工具

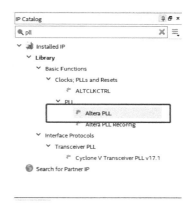

图 4-80　选择 IP 核 Altera PLL

图 4-81　保存 IP

（4）在弹出 PLL 参数配置界面中配置输入时钟频率为 50MHz，这个要与实际输入时钟频率一致。如图 4-82 所示为 PLL 框图，标出了输入输出信号，左边为输入，右边为输出，其中"refclk"是时钟输入源，"reset"是异步复位输入，"outclk0"是第一个时钟输出，"locked"是 PLL 锁定信号，表示已经稳定输出了。选择 direct 模式。

图 4-82　配置 PLL

（5）设置输出时钟路数为 3。同时，按照图 4-83 配置第一路输出时钟。配置第一路时钟输出 100MHz。

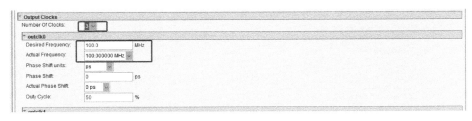

图 4-83　设置时钟

（6）配置第二路输出，频率选择 100MHz，"Phase Shift units"选择 degrees，"Phase Shift"设置为 90.0，如图 4-84 所示。

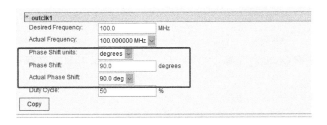

图 4-84　设置第二路时钟输出

（7）配置第三路时钟输出，频率选择 150MHz，"Phase Shift"设置为 0，没有相位偏移，如图 4-85 所示。

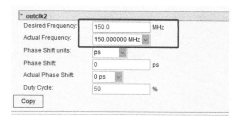

图 4-85　设置第三路时钟输出

（8）其他配置页选择默认设置，完成后单击"finish"，并显示 IP 生成过程，待进度条读完后，单击"exit"按钮，如图 4-86 所示。

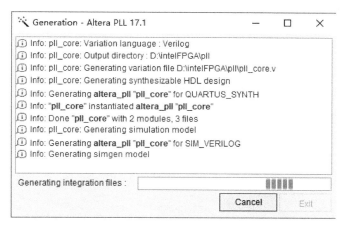

图 4-86　等待 IP 生成

（9）提示是否将 IP 添加到新工程中，这里点"Yes"按钮，回到工程中，如图 4-87、图 4-88 所示。

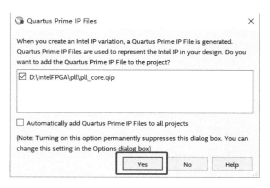

图 4-87　将 IP 添加到新工程

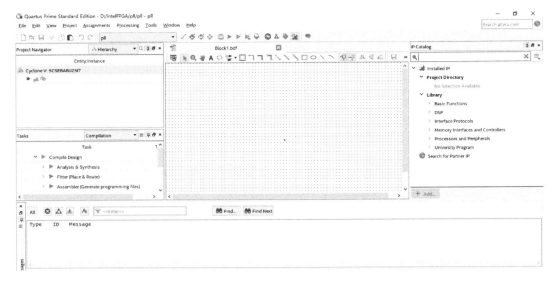

图 4-88　返回工程窗口

（10）在原理图的空白处单击鼠标右键，选择插入"Symbol"，或双击原理图空白处，如图 4-89 所示。

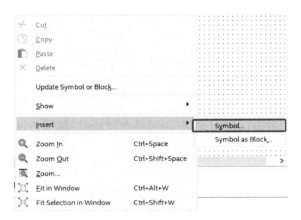

图 4-89　原理图插入"Symbol"

（11）找到工程目录下刚才生成的 pll_core，单击"OK"插入，并将该图形模块放置到原理图空白位置处，如图 4-90 所示。

（12）选中该模块，单击右键，生成输入 / 输出端口，如图 4-91 所示。

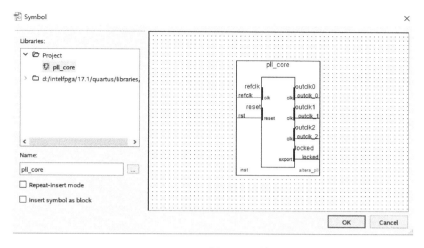

图 4-90　插入 PLL 核

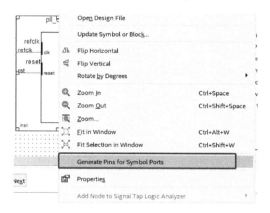

图 4-91　生成输入 / 输出端口

（13）PLL 的复位信号是高电平有效，按键常态是高电平，因此需要添加一个反向器来使常态下的 PLL 模块正常工作，如图 4-92、图 4-93 所示。

（14）保存原理图文件，如图 4-94 所示。

3. 编译、管脚分配

（1）按照按键实验的步骤，添加管脚信息。

（2）编译。编译后在 pin planner 出现如图 4-95 所示的信息。

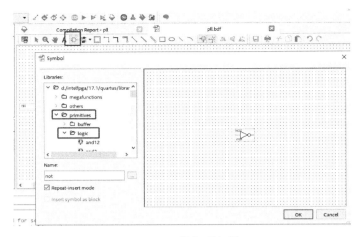

图 4-92　添加反向器

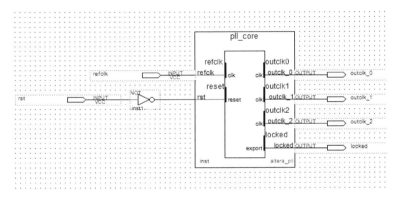

图 4-93　在复位信号线上添加方向器

图 4-94　保存原理图文件

Node Name	Direction	Location	I/O Bank	VREF Group	Fitter Location	I/O Standard	Reserved	Current Strength	Slew Rate	Differ
outclk_0	Output	PIN_V12	3B	B3B_N0	PIN_V12	3.3-V LVTTL		16mA (default)	1 (default)	
outclk_1	Output	PIN_E8	8A	B8A_N0	PIN_E8	3.3-V LVTTL		16mA (default)	1 (default)	
outclk_2	Output	PIN_W12	3B	B3B_N0	PIN_W12	3.3-V LVTTL		16mA (default)	1 (default)	
refclk	Input	PIN_V11	3B	B3B_N0	PIN_V11	3.3-V LVTTL		16mA (default)		
rst	Input	PIN_AH17	4A	B4A_N0	PIN_AH17	3.3-V LVTTL		16mA (default)		
<<new node>>										

图 4-95　pin planner 信息

4．程序下载

程序下载方法参见"流水灯实验"。

4.3.3.6　实验现象

用示波器测量到 FPGA 的对应管脚的不同频率的波形信号。

第二部分

FPGA 开发方法篇

第 5 章

FPGA 设计工具

通过第 4 章的介绍，我们已经了解使用 Quartus Prime 进行 FPGA 开发的基本流程，Quartus Prime 还提供了各种分析工具、优化工具与调试工具，这些工具将有助于更高效地实现 FPGA 的功能，提升 FPGA 工程的性能。在本章中将介绍一些常用的工具，其他未提到的工具可以参考英特尔官方提供的使用手册：https://www.intel.com/content/www/us/en/programmable/products/design-software/fpga- design/quartus-prime/user-guides.html/。

5.1 编译报告

在完成 FPGA 开发的整个过程后，可能还需要对设计进行分析或调试，Quartus Prime 这个 FPGA 开发集成工具提供了各种分析工具，包括 RTL 查看工具、状态机分析工具，以及比较重要的分析工具——编译报告。

如图 5-1 所示，在编译完成后的编译报告窗口里，编译流中的每个编译部分都会以一个文件夹表示，其中包含了与该流程关联的所有报表。这种组织编译数据的方法使得查找有关特定项目的信息变得很容易，比如设备资源使用情况、时序分析结果、I/O 输出文件以及与特定编译模块相关的任何消息，只需单击报表查看内容即可。甚至还可以在编译过程运行时查看编译报告的各个部分。一旦编译模块完成处理，就可以获得报告信息。

除在 Quartus Prime 软件查看编译报表外，还可以在 Web 浏览器中查看编译报表，如图 5-2 所示。Quartus Prime 软件默认不生成 HTML 报表，但可以在 Tools 菜单中的 Quartus Prime 选项中启用创建 HTML 报告文件。该选项可以在 Processing 类别中找到。生成的结果可以在任何 Web 浏览器中查看。

图 5-1　编译报告

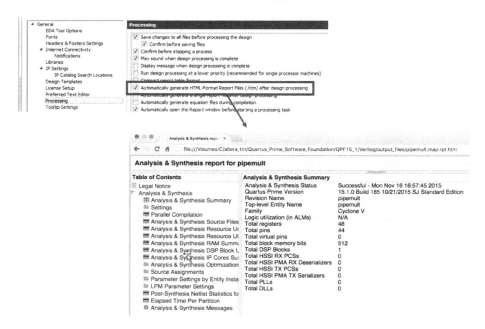

图 5-2　浏览器中查看 HTML 格式的编译报表

⊙ 5.1.1　源文件读取报告

编译报告中提供了不少不同的报告，这里先来了解 Source Files Read（原文件读取）报告（见图 5-3）。该报告是一个综合后生成的报告，报告中列出了在综合过程中读入的所有文件，包括设计文件、库文件以及由 IP 参数编辑器或 Mega Wizard 插件管理器生成的文件，可以在报表中看到文件的类型以及文件位置的路径。

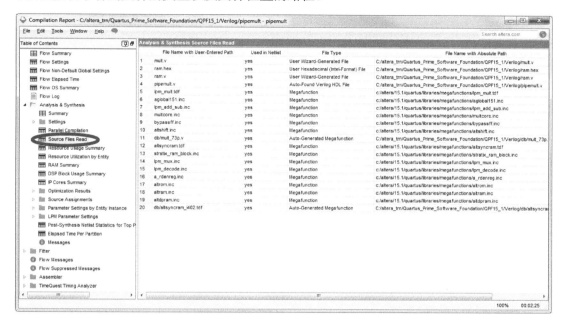

图 5-3　Source Files Read 报告

⊙ 5.1.2　资源使用报告

Synthesis（综合）和 Fitting（适配）两个过程都会生成资源使用报告，如图 5-4、图 5-5 所示，这些报告提供了设计使用的 FPGA 资源信息。综合过程是把 HDL 实现的设计综合为符合目标要求的逻辑网表，该网表没有考虑 FPGA 实际的布线资源、路由通道等信息。而且综合过程生成的资源报告，仅提供了实际使用资源的估计值，该资源报告可能会在布局布线后改变。因此，要查看设计最终使用的资源情况，需要查看 Fitter 文件夹下的编译报告。

资源使用报告用于分析使用了哪些资源来实现设计，以及分析当前设计是否与当前所选设备相匹配。查看资源报告是非常有用的，如果你有一个非常大的设计，可以在编译后查看资源使用量，如资源使用量比较高，超过目标 FPGA 的资源，就可以通过资源使用报告对占用资源不合理的模块进行资源优化。

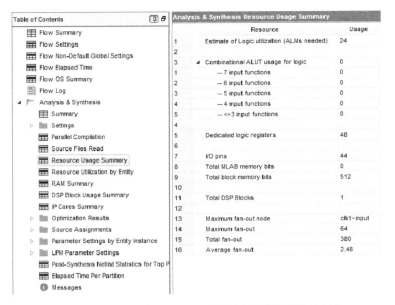

图 5-4 Analysis 与 Synthesis 过程生成的资源使用报告

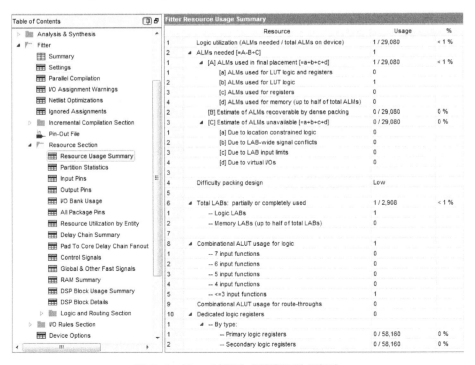

图 5-5 Fitter 过程生成的资源使用报告

⊙ 5.1.3 动态综合报告

你也可以定制编译报告内容，通过在"Processing"菜单中运行动态综合报告（Dynamic Synthesis Report）来进行报告定制，如图 5-6 所示。在这个工具中，可以在"Tasks"窗口中查找并创建报告任务，创建后可在报告窗口中查看它们。通过双击来执行任务。当你执行指定任务后，将得到一个由模块或节点名过滤的编译报告，该报告包括任何在综合过程中被删除的寄存器中，以及使用 IP 核的各种参数设置等报告信息。

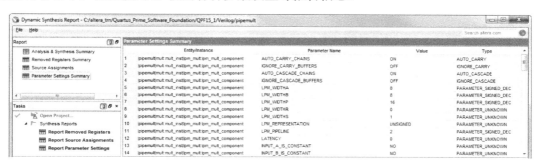

图 5-6　动态综合报告

5.2　网表查看工具

网表查看工具（Netlist Viewer）是一个图形工具，通过该工具可看到综合以及布局布线后的可视化数字电路原理图。网表查看工具主要有 RTL Viewer 和 Technology Map Viewer。

RTL Viewer，用于查看在"Analysis & Elaboration"编译后的设计原理图，它将 HDL 代码以原理图的形式展示出来，通过 RTL Viewer 可以看到 HDL 代码对应的电路是怎么样的，可以在调试阶段帮助解决遇到的一些问题。

Technology Map Viewer，用于查看在"Post-Mapping 或 Post-Fitting"编译后生成的可视化原理图，因为这个工具时钟布局布线后生成，因此它描述的网络连接比 RTL Viewers 更加精准。

这两个工具对于约束分配以及设计调试都非常有用，它们产生的方式与查看的方式都是类似的，但它们提供了两种不同的信息给我们进行分析。

⊙ 5.2.1 RTL Viewer

可以从"Tools"菜单或"Tasks"窗口打开 RTL Viewer，如图 5-7 所示。Technology Map Viewer 的外观和操作也与此非常相似。如图 5-8 所示，该工具由左边的 Netlist Navigator 和

右边的 Schematic View 组成。"Display"选项卡是默认打开的，通过这个选项卡，可以调整 schematic View，如缩短伸长对象名称、隐藏不感兴趣的某些信息等。RTL Viewer 中的任何部分都可以通过"View"菜单关闭和重新打开。

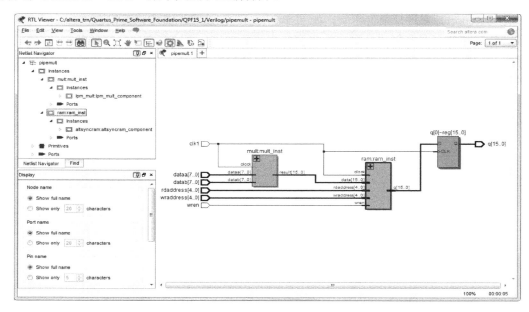

图 5-7　RTL Viewer

RTL Viewer 的原理图窗口提供了一个图形化的设计逻辑块和它们之间的连接视图，这是在"Analysis & Elaboration"编译或综合过程中根据 HDL 代码生成的 RTL 级原理图，其中可以显示 I/O 引脚、寄存器、多路复用器、组合逻辑门和逻辑运算符等。将光标放在 RTL Viewer 中的模块或节点上时，会显示一个带有模块名称的提示信息。如果点开模块中的"+"号，将显示该模块的内部原理图信息，如图 5-8 所示。

⊙ 5.2.2　Technology Map Viewer

Technology Map Viewer 与 RTL Viewer 类似，但它是基于 FPGA 器件最底层原子单元（Atoms）的原理图。在 Technology Map Viewer 中，可看到 I/O 引脚和最底层的细胞逻辑模块，以及片上内存模块和 DSP 模块，如图 5-9 所示。如果已经进行了时间分析，那么时间延迟也将显示在 Technology Map Viewer 中的所有网络中。

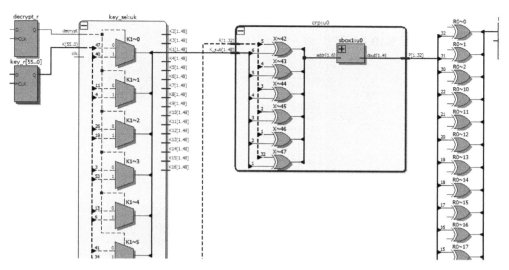

图 5-8　RTL Viewer 中的模块内原理图

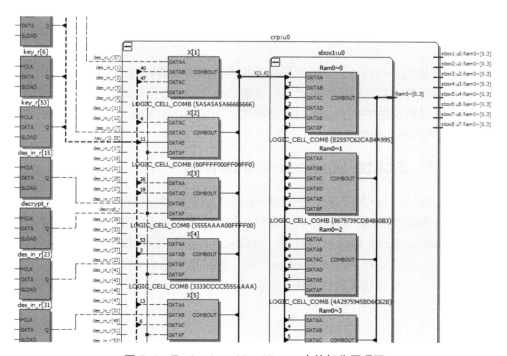

图 5-9　Technology Map Viewer 中的部分原理图

视图的 Netlist Navigator 是一种通过设计层次结构进行资源导航的方法。双击选择列表中的对象，选中示意图中的该对象，如图 5-10 所示。在这里，层次结构也将各模块进行更加细致的划分，如图 5-10 所示。

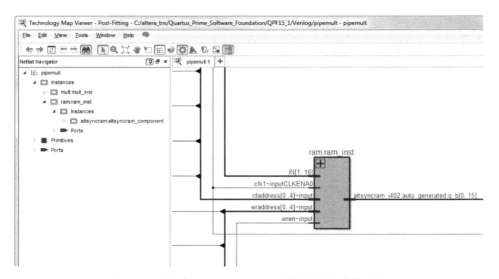

图 5-10　通过 Netlist Navigator 选择原理图中的对象

除了这里介绍的一些特性外，网表查看工具还包括许多其他特性，如鸟瞰视图对于浏览一个大的示意图非常有用，不必放大或缩小模块示意图。右击任何对象还可以打开块属性视图，可以快速查看所选块的所有扇入、扇出和连接的端口。如果选择的块是参数化的 IP 核，还可以看到为 IP 选择的参数设置。

⊙ 5.2.3　State Machine Viewer

State Machine Viewer 用于确保设计中的状态机是否按预期实现。无论是手动创建的还是使用 State Machine Viewer，编译器都会自动识别状态机编码结构。编译器找到的任何状态机都可以在 State Machine Viewer 中查看。可以从"Tools"菜单或"Tasks"窗口访问 State Machine Viewer。从顶部的"State Machine"的下拉菜单中选择设计中的状态机，单击状态流图中的状态将突出显示状态转换表中的相应条目。可以使用表底部的选项卡验证状态转换和状态编码，如图 5-11 所示。

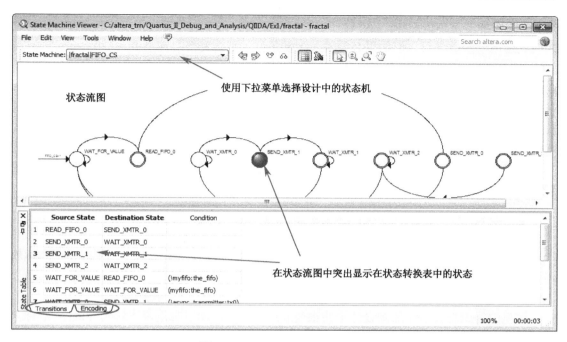

图 5-11　State Machine Viewer

5.3　物理约束

⊙ 5.3.1　物理约束设计

在我们设计完成 FPGA 后，需要对整个设计进行一些物理约束，包括 FPGA 的配置方式以及 I/O 管脚的分配与电平信息。

首先要进行设置的是配置模式和开机复位时间。这些不受 Quartus 工具的限制，而是由 FPGA 本身的模式引脚（MSEL）来设置的。原因是 Quartus 工具中的任何设置在配置开始之前都不能生效，并且必须在配置之前设置配置模式。

除了 FPGA 模式配置外，还有一个主要的约束，是针对 I/O 管脚以及 I/O 的输入输出电平的约束。应该注意的是，对于任何给定的 FPGA 设备都有一个默认的 I/O 标准，但通常需要对 I/O 的约束进行核对与修改，以避免错误的或不兼容的 I/O 约束。除此之外，管脚的电平变换率以及电流强度也是可选的配置项。

在英特尔的 Quartus Prime 中有三个工具可用来对 I/O 管脚进行分配与约束。它们分别是：Assignment Editor、Pin Planner 以及 QSF 设置文件。

Assignment Editor，即赋值编辑器，是一个获取命令语法的好工具，但是对于大量条目来说，它可能非常单调乏味。这个电子表格样式工具为每个选择都提供了下拉菜单。这种输入模式适用于少数条目，但如果必须输入大量条目，则会变得非常单调。

Pin Planner，即引脚规划器，是一个图形输入工具，可在放置 FPGA 引脚时执行实时规则检查。

QSF 设置文件，即将文本编辑器中写好的约束语句直接输入到 QSF 文件中。这通常是首选方法，尤其是重复使用之前的设计时，只需要剪切并粘贴之前工程中的所有约束即可。需要注意的是，放入 QSF 文件的语句（尤其是注释）可能会保留，也可能不会保留。因为工具在设置 Quartus 软件的过程中，可能会不断更新此文件，并且在此过程中对约束语句重新进行排序。

⊗ 5.3.2 Assignment Editor

如图 5-13 所示为 Assignment Editor 窗口截图。如前所述，它类似于电子表格，在编辑器中可以直接输入，也可以从下拉菜单中输入。从下拉菜单中，可以启用或禁用单个分配，选择约束类型并设置该约束的值。

这里的约束将会被添加到设计中的物理或逻辑端口，如引脚位置连接到 FPGA 器件上的物理端口。要获取该实体的端口名，可以直接键入它或使用节点查找器来帮助你遍历设计层次结构。打开 Assignment Editor 界面如图 5-12 所示。

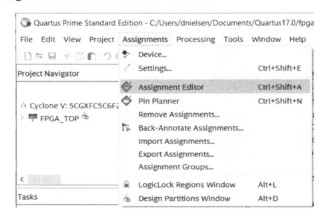

图 5-12　打开 Assignment Editor

如图 5-14 所示为节点查找器的窗口。该窗口由几个部分组成。窗口的顶部是一个允许使用通配符的搜索过滤器，它将在下面的窗口中过滤搜索结果，也可以筛选网表类型。通常在设计的这个阶段，会使用设计输入过滤器来查找源代码和 IP 中的所有逻辑实体。可以选择要引用的层次结构级别，以及包含该层次结构的子实体。

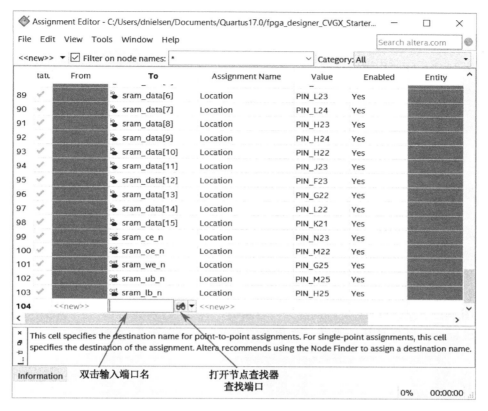

图 5-13　Assignment Editor 窗口

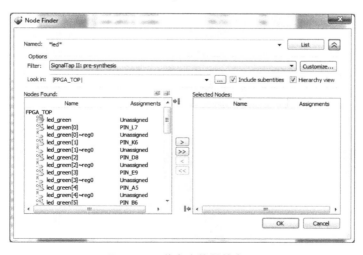

图 5-14　节点查找器的窗口

在图 5-14 左下方窗口显示设计中与所选过滤器匹配的所有节点。当找到要查找的节点时，可以单击顶部箭头将该节点移动到所选节点列表中。如要完成引脚分配时，这将是单个节点。然而，在实际应用中往往需要同时对多个节点或管脚进行分配，如为整个总线分配 I/O 标准。

综上所述，以这种方式添加物理约束可能会变得非常烦琐，而加快速度的一个方法是直接进行 QSF 文件设置。

⊛ 5.3.3 QSF 文件设置

通过 QSF 文件设置，可以快速进行管脚约束。QSF 文件可以通过文本编辑器打开与修改，该文件使用 TCL 语法，因此可以从 QSF 文件中调用其他 TCL 文件。

例如，如果将引脚分配约束放在单独的 TCL 文件中，则可以在 QSF 中调用该 TCL 脚本文件，实现引脚的分配约束。

当使用其他工具添加约束时，约束语句通常会被添加到 qsf 文件的底部。在 Quartus Prime 设置文件参考手册中，详细介绍了用户可用的所有约束。

如图 5-15 所示为 QSF 文件的部分内容示例。其中，注释部分以"#"开头，QSF 文件可以通过 source 命令调用 tcl 脚本，新更新的约束信息将更新在 QSF 文件底部。

```
# The default values for assignments are stored in the file
#        pipemult_assignment_defaults.qdf
# If this file doesn't exist, and for assignments not listed, see file
#        assignment_defaults.qdf

# Altera recommends that you do not modify this file. This
# file is updated automatically by the Quartus II software
# and any changes you make may be lost or overwritten.

set_global_assignment -name FAMILY "Cyclone II"
set_global_assignment -name DEVICE EP2C5T144C6
set_global_assignment -name TOP_LEVEL_ENTITY pipemult
set_global_assignment -name ORIGINAL_QUARTUS_VERSION 5.1
set_global_assignment -name PROJECT_CREATION_TIME_DATE "11:47:37  AUGUST 29, 2005"
set_global_assignment -name LAST_QUARTUS_VERSION 5.1
set_global_assignment -name USER_LIBRARIES "C:\\altera\\MegaCore\\nco-v2.2.2\\lib/"
set_global_assignment -name VECTOR_WAVEFORM_FILE pipemult.vwf
set_global_assignment -name SIMULATION_MODE FUNCTIONAL
set_global_assignment -name VECTOR_INPUT_SOURCE pipemult.vwf
set_global_assignment -name ERROR_CHECK_FREQUENCY_DIVISOR 1
set_instance_assignment -name DSP_BLOCK_BALANCING "LOGIC ELEMENTS" -to "mult:inst"

#  This is where my pin assignments are located
set_location_assignment PIN_91 -to clk1
set_location_assignment PIN_96 -to wren
source "location_assignments.tcl"

set_global_assignment -name PHYSICAL_SYNTHESIS_COMBO_LOGIC ON
set_global_assignment -name PHYSICAL_SYNTHESIS_REGISTER_DUPLICATION ON
set_global_assignment -name PHYSICAL_SYNTHESIS_REGISTER_RETIMING ON
```

图 5-15　QSF 文件的部分内容示例

5.3.3.1　使用 QSF 文件进行管脚分配

以下是 QSF 文件中的 tcl 语句关于管脚约束的典型示例，示例中将设计的时钟信号 clk

分配到了管脚 H12，将设计中两个按键信号 key0 与 key1 分配给了两个管脚 P11 与 P12，并为 key0 与 key1 两个信号指定了 1.2V 的标准电平。

```
#main clock
set_location_assignment PIN_H12 -to clk
set_location_assignment PIN_P11 -to key0
set_location_assignment PIN_P12 -to key1
set_instance_assignment -name IO_STANDARD "1.2 V" -to key0
set_instance_assignment -name IO_STANDARD "1.2 V" -to key1
```

需要注意的是，Quartus Prime 如何处理不同的 I/O 信号。在 Quartus Prime 工具中，所有的 I/O 信号都被视为逻辑信号，甚至差分信号也由设计中的单个逻辑端口表示，当端口分配差分 I/O 标准时，会自动生成差分引脚。

5.3.3.2　从 Excel 导入 / 导出管脚分配（CSV）

除了对 QSF 文件直接进行设置外，还可以用完成的管脚约束导出为 Excel 或 CSV 文件，以便在其他工具中使用或作为文档的一部分使用，或预留给下一个工程使用。也可以对导出的 CSV 文件进行修改，修改完成后再导入 Quartus Prime 工具中即可。导出分配表如图 5-16 所示。

需要注意的是，许多约束还被包含在其他报告文件中。例如，当 Quartus Prime 完成编译阶段时，会生成一个.pin 文件，其中包括所有引脚分配以及相关的 IO bank 电压和 VCCIO 设置。

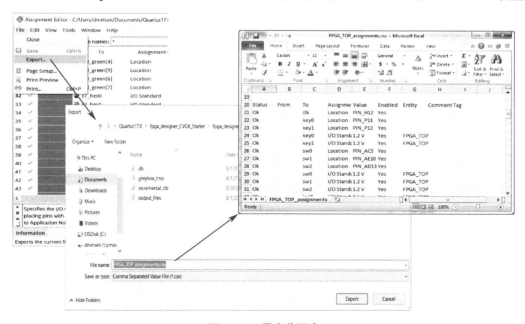

图 5-16　导出分配表

5.4　时序分析工具

现在我们将进行时序分析，可以通过两种方式启动时序分析工具 TimeQuest 工具完成时序分析，一种方式是通过 TimeQuest Timing Analyzer 提供的 GUI 图形交互界面完成时序分析与时序约束，另一种方式是使用命令行的方式进行。

⊙ 5.4.1　TimeQuest Timing Analyzer 的 GUI 图形交互界面

在这里我们主要介绍 TimeQuest Timing Analyzer 的 GUI 图形交互界面。在 Quartus Prime 的菜单栏中选择"Tool"下拉菜单中的"TimeQuest Timing Analyzer"，打开 GUI 图形交互界面。

从图 5-17 中可以看到它由四个主要小组件组成。左上角是一个包含当前报告列表的窗口，在 TimeQuest Timing Analyzer 内生成的任何报告都将在此处列出。应该注意的是，如果生成的报告与以前报告的名称相同，则以前报告将被新报告覆盖。左侧是任务窗口，显示了设置时序分析器需要执行的任务，还列出了一系列生成标准和自定义报告的快捷方式。这些标准报告是作为正常 Quartus Prime 编译过程的一部分生成的同一组报告。底部是命令控制台，命令历史记录和所有消息在此处回显给用户。右上角的大窗口是显示路径报告的位置，这里可能有几个子面板。接下来我们将详细研究这些单独的窗口。

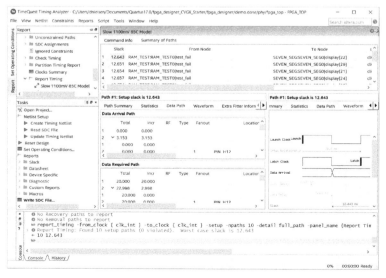

图 5-17　TimeQuest Timing Analyzer 的 GUI 图形交互界面

⊛ 5.4.2　任务窗格（Tasks）

任务窗口（Tasks）（见图 5-18）显示设置网表所需的步骤，可通过此处列出的快捷方式快速生成报告列表。生成的前三组报告是时序余度报表（Slack）、数据表（Datasheet）和器件特性报告（Device Specific），这是在正常 Quartus Prime 编译过程中生成的报告。另外，诊断报告（Diagnostic）可定位时序问题区域，自定义报告（Custom Reports）可分析特定路径的时序。

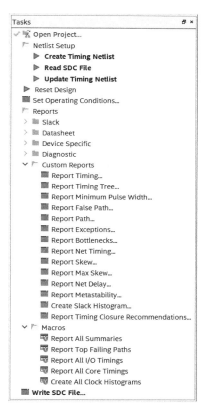

图 5-18　任务窗格

⊛ 5.4.3　创建时序数据库（Netlist Setup）

在进行任何时序分析之前，必须设置时序数据库（Netlist Setup），如图 5-19 所示，包括以下三个步骤。第一步是生成时序网表（Create Timing Netlist）。该网表的建立是基于综合后（post-synthesis）或者适配后（post-fit）编译生成的底层物理逻辑网表。

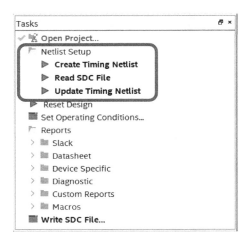

图 5-19　设置时序数据库

第二步是读取 SDC 文件（Read SDC File），处理 SDC 文件中的时序约束信息。

第三步是更新时序网表（Update Timing Netlist），将任何给定路径的时序约束应用于数据库，以使时序网表最终能用来做准确的时序分析。

要执行以上这些步骤，可以单独双击每个步骤，也可以双击最后一步，所有步骤都将按顺序执行。

⊙ 5.4.4　常用的约束报告

本节列出了一些常用的约束报告，这些约束报告非常有助于快速评估设计的时序情况。

5.4.4.1　报告无约束的路径（Report Unconstrained paths）

这是至关重要的，因为如果没有约束有意义的路径，那么时序分析是有缺陷的。如果设计中的路径无关紧要，最好使用（false path constraint）约束明确该路径无关紧要，而不是任由它们处于无约束状态。

5.4.4.2　报告忽略的约束（Report Ignored constraints）

此报告很重要，因为如果存在任何忽略的约束，则表示输入的 SDC 约束未正确形成，无法应用。如果不需要该约束，则这些约束项应该移除。

5.4.4.3　报告时钟信息（Report Clocks）

这是一个很好的回顾，是为了确保所有的时钟都被列出，并且时钟的频率正确。

5.4.4.4 报告时钟转移（Report Clock Transfers）

这也是非常有用的。该报告列出了从输入到寄存器、寄存器到寄存器或从寄存器到输出的源时钟与目标时钟的信号传输路径。这是一个很好的报告，可以检查时钟域的交叉点，并确保所有的交叉点都是用户所期望的。

5.4.4.5 报告所有摘要（Report all summaries）

它将对所有的时序余量（slack）报告生成一个摘要。这通常是进行时序分析的第一步，因为通过这个报告通常可以直接发现是否有时序问题。

⊛ 5.4.5 报告窗格（Report Pane）

报告窗格列出了此会话中生成的所有当前报告，如图 5-20 所示。如果对约束进行了更改，则所有当前生成的报告都将显示为黄色背景。黄色背景表示报告已过期，并且约束因报告产生而发生了改变。

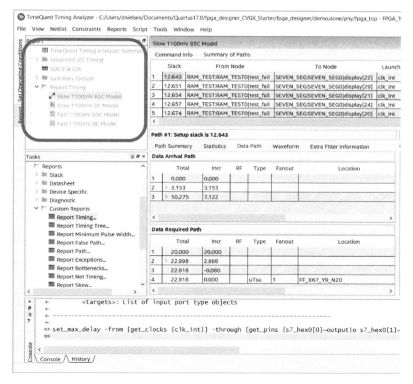

图 5-20　报告窗格

如果更改约束，则无须单独重新生成每个报告，可以右键单击报告窗格中的任何一个报告，然后选择更新所有过期报告。

需要注意的是，如果要清除所有约束报告，无须关闭并重新打开报告，只需在"Task"窗口或"Netlist"菜单中选择重置设计。

⊙ 5.4.6　时序异常（Exceptions）

当你在查看时序报告时，可能会发现在时序报告中有一些时序异常（Exceptions），包括多周期路径、多个逻辑时钟的路径、错误路径、最小延时问题与最大延时问题。解决的办法通常是仅分配一个时钟或者对路径上的节点进行点对点分配。

5.4.6.1　伪路径（False Paths）

可以设置伪路径约束来标记无关的路径。例如，因为驱动 LED 的路径时序不重要，所以可将其约束为伪路径路径。由于它已被设置为伪路径，因此 Quartus Prime 工具将不会浪费时间来尝试优化该路径的时序。

又如，两个异步时钟同时在路径当中，Quartus Prime 工具在编译时会尽可能地使这两个异步时钟同时满足时序需求，从而导致异常编译。在这种情况下，通常不能直接约束这两个异步时钟之间的时序，但可以将这两个异步时钟之间的任何传输路径都设置伪路径，如此 Quartus Prime 工具在编译时将不会考虑这两个异步时钟之间的时序问题。需要注意的是，这两个异步时钟可能会对设计带来隐患时，需要使用其他方法来解决该问题，如使用同步寄存器、FIFO 或用于在两个异步时钟之间传递数据的其他方法。

命令：set_false_path
选项：

➢ -from <clock,pin,port,cell,net>

➢ - to <clock , pin, port, cell, net>

例子：

➢ set_false_path -to [get_ports LED1]

➢ set_false_path -from [get_clocks SYSCLK] \

➢ to [get_clocks REFCLK]

5.4.6.2　最小 / 最大延迟

对 Max 延时和 Min 延迟进行约束。我们看两个例子，一个是定义 IO 时序，另一个是内部时钟传输路径。

命令：set_max_delay & set_min_delay

选项：

➢ -from <clock,pin,port,cell,net>

➢ - to <clock , pin, port, cell, net>

➢ <net>

例子：

➢ set_max_delay -from [get_ports DQ [*]] -to [get_clocks sys_clk] 2.0

➢ set_min_delay -from [get_clocks SYSCLK] -to [get_clocks clkdiv2reg] 0.0

5.4.6.3 多周期路径

异常约束还有一种是多周期路径约束。当有一个很长的时序路径时，如果需要多个时钟周期来完成此操作，而设计适应这种情况并允许忽略这里的无效周期，则此时可以多周期约束。多周期路径约束成对出现。第一个是设置约束，并设置多周期路径所需的时钟周期数。第二个是多周期保持约束，用于确定约束是移动窗口还是固定窗口。如果是移动窗口，意味着数据传输仍然在每个时钟周期发生，并且多周期约束告诉工具所需的时钟周期数。这通常不是多周期约束的意图。通常，多周期约束固定窗口。在这种情况下，允许逻辑处理多个周期，因为每个多周期只发生一次传输。例如，如果多周期设置为 3，则仅每三个时钟传输一次数据。

命令：set_multicycle_path

选项：

➢ -from <clock,pin,port,cell,net>

➢ - to <clock , pin, port, cell, net>

➢ -start | -end

➢ -setup | -hold

➢ <多周期因子>

例子：

➢ set_multicycle_path -start -setup \

➢ -from [get_clocks SYSCLK] -to [get_clocks clkdiv2reg] 2

➢ set_multicycle_path -start -hold \

➢ -from [get_clocks SYSCLK] -to [get_clocks clkdiv2reg] 1

5.4.6.4 多周期波形示例

多周期路径是一个重要的概念，让我们通过一个例子来更仔细地看一下，如图 5-21 所示。假设我们需要三个时钟的多周期设置，即图中的蓝色箭头，默认保持边沿将是零边沿或设置边缘后面的一个时钟。但在这种情况下，如果没有进行约束，则告诉该工具的是数据必须在蓝色边缘之前到达，但实际上它在之前的时钟编译就已经到达，Quartus Prime 工具在编译时就会按错误的时钟边缘去优化布线。这就是异常的来源。

因此，如果我们想要一个打开的窗口，实际上是给电路三个时钟要做到这一点，就需要进行多周期约束。

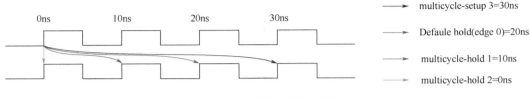

图 5-21　多周期波形示例

5.4.6.5　异常优先级

关于时间异常，还需要注意的是，它们按显示的优先顺序排列。设置的"fasle paths"具有最高优先级，然后是设置最小和最大延迟，最后是多周期路径。因此，当正对一个路径同时进行"fasle paths"约束与"multicycle paths"约束时，将先按"fasle paths"约束进行优化，优先级顺序如下：①set_false_path；②set_max_delay & set_min_delay；③set_multicycle_path。

⊛ 5.4.7　关于 SDC 的最后说明

应该指出的是，在这里，我们只讨论了基本的时间约束，这些约束涵盖了常见的时序分析场景。我们不要将时序约束问题置之不理，因为它们通常是实验中出现的许多问题的根源。

5.5　功耗分析工具

⊛ 5.5.1　功耗考虑因素

可以使用 Intel Quartus Prime 功率估计和分析工具来估计功耗并指导 PCB 板和系统设计。需要较准确地评估设备的功耗，以制定适当的功率预算，包括设计电源、电压调节器、散热器和冷却系统等。在运行编译或创建任何源代码之前，可以使用 Early Power Estimator（EPE）电子表格来估计功耗，然后可以使用 Intel Quartus Prime Power Analyzer 在设计完成后执行分析。

需要注意的是，由于功耗在很大程度上取决于实际设计和环境条件，因此需要在设备运行期间对实际功耗进行验证。

⊛ 5.5.2 功耗分析工具比较

动态功耗估算的关键应该集中在获取所有 FPGA 内部网络信号的电平翻转率上。静态功率取决于器件本身的工作条件，即使在设计流程的早期阶段，也很容易建模。

Early Power Estimator（EPE）电子表格是一种基于电子表格的分析工具，可根据器件和封装选择、工作条件和器件资源的使用率来进行早期的功耗评估。EPE 电子表格具有非常精确的功能组件模型，但由于 EPE 在 RTL 设计之前使用，因此缺少关键信息，如逻辑配置、布局和布线，这就限制了其整体精度。然而，我们可以使用 EPE 作为其主要功率估算工具，因为它在设计的早期就可以提供功率估算。

Power Analyzer 是一种更加详细的功率分析工具，因为它是根据实际设计的布局、布线和逻辑配置等信息进行功耗评估，并且它还可以使用仿真波形来更加准确地评估动态功率。总的来说，Power Analyzer 可以为实际功耗提供±15%的准确度评估。

以上两种功耗分析工具的比较如图 5-22 所示。

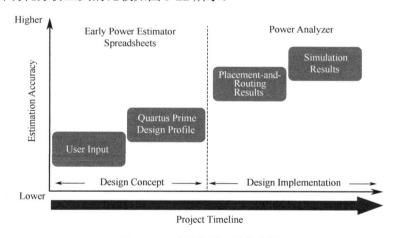

图 5-22　功耗分析工具的比较

⊛ 5.5.3　EPE 电子表格

Early Power Estimator（EPE）电子表格是一个基于电子表格的分析工具，如图 5-23 所示。它允许对设计进行电源功耗评估，在设计早期对电源功耗进行评估可以有效避免在 PCB 电路板设计时可能遇到的一些不可预料的问题。

EPE 电子表格可以从英特尔网站下载，通常特定于 FPGA 系列。例如，Cyclone V 将具有单个电子表格。电子表格的最后一页是报告页面。此页面包含每个电源的列表以及每个电源的最小电流要求。应该注意的是，电源的最低要求包括动态和静态功率以及电源可见的任何浪涌（inrush）电流。在设计电源时，要考虑报告页面上列出的最低电流要求。EPE 电子表格下载链接为：https://www.intel.com/content/www/us/en/programmable/support/support-resources/operation-and-testing/power/pow-powerplay.html/。

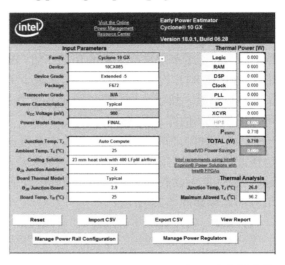

图 5-23　Early Power Estimator（EPE）电子表格

⊙ 5.5.4　Power Analyzer

在完成设计后，可以使用 Quartus Prime 工具中的 Power Analyzer，如图 5-24 所示。它比 Early Power Estimator（EPE）电子表格能够更准确地进行功耗估计，因为它是基于设计

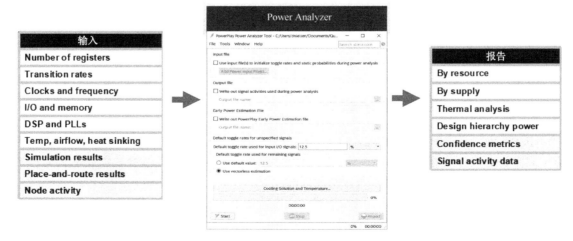

图 5-24　Power Analyzer

完成后的布局、布线信息及资源配置信息进行评估的。**Power Analyzer** 非常易于使用，只需很少的用户输入。大多数输入直接来自 **Quartus Prime** 工具，除仿真输入外。此外，还有一个内置的电源优化顾问，可以提供有关设计更改的建议，从而降低整体功耗。

5.6　片上调试工具

为了调试 FPGA 内部的复杂设计，我们需要能够提供对器件内部节点测试的工具。英特尔提供了一套这样的工具。它围绕虚拟 JTAG 集线器构建，允许 JTAG 链"看到" FPGA 内的多个虚拟 JTAG 器件。

这些工具包括从低级硬件调试工具（如 **SignalTap** 逻辑分析仪）到高度抽象的软件调试工具（用于分析嵌入式处理器中的代码性能）等各种功能。这些工具可以同时运行，以允许协调使用并解决复杂的调试方案。

这些工具通过标准 JTAG 接口与 FPGA 通讯，与此同时，一个 JTAG 接口可以同时支持多个调试功能，如图 5-25 所示。

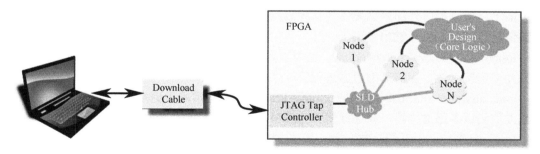

图 5-25　上板调试

⊙ 5.6.1　Quartus Prime 软件中的片上调试工具

根据各种调试需要，**Quartus Prime** 集成开发环境中提供了多种片上调试工具，如下所示为硬件设计人员可用的英特尔调试工具列表。

（1）**SignalTap Ⅱ 逻辑分析仪**：

① 捕获并显示硬件事件与时序；

② 增量创建触发条件并添加信号以进行查看；

③ 使用片内 RAM 存储捕获到的信号数据。

（2）**Signal Probe Pin**：

① 快速将内部节点布线到引脚以进行观察；

② 由于工具的性质，不需更改设计内容，即可实现内部节点的监测。

（3）In-system memory content editor：

① 显示片上存储器的内容；

② 允许在正在运行的系统中修改内存内容。

（4）logic analyzer interface：

① 使用外部逻辑分析仪查看内部信号；

② 动态切换内部信号到输出。

（5）In-system sources and probes：

无须使用片上 RAM 即可激励和监控内部信号。

最常见的也是最强大的调试工具是 SignalTap Ⅱ逻辑分析仪。这是一款功能齐全的逻辑分析仪，可以完全嵌入到可编程逻辑器件的内部。它能够实时捕获数百个信号，并存储到片上存储器中，然后将捕获的信号数据上传到与之连接的 PC 计算机进行分析。在这个过程中因为使用 FPGA 片上的存储器存储信号，因此如需使用 SignalTap Ⅱ这个工具，需要在 FPGA 设计中预留一些片上存储器资源。

Signal Probe Pin，是一个实用的工具，可以快速将任何内部信号布线到备用引脚，以便使用如示波器一类的外部测试设备进行观察，它无须对设计进行任何更改，即可将 FPGA 内部的信号连接到 FPGA 输出管脚上。

In-system memory content editor，这个工具允许在系统运行时从 PC 查看片上内存内容，并且允许直接对片上存储器的内容进行修改。

logic analyzer interface，类似于 Signal Probe Pin，通常用于更宽的接口，并提供可以动态更改的测试多路选择器，以选择将哪些信号布线到预定义的测试引脚。

In-system sources and probes，该工具在 FPGA 运行时，可以通过 JTAG 接口写入和读取在 FPGA 中添加的源与探针等信息。它类似于 SignalTap Ⅱ工具，可以获取 FPGA 运行时内部的信号变量。与此同时，还可以通过虚拟的开关控制 FPGA 中的内部信号值。

下面将重点关注 Signal Probe Pin 和 SignalTap Ⅱ嵌入式逻辑分析仪，因为它们是 FPGA 设计调试中常用的工具。其他工具的使用相对简单，这里不做介绍。

⊙ 5.6.2　Signal Probe Pin（信号探针）

Signal Probe Pin（见图 5-26）用于将内部节点输出到器件引脚，以供外部测试设备进行测试。这些测试节点可以位于层次结构设计的任何位置，但必须位于 FPGA 架构中。Signal Probe Pin 添加后，将在现有设计中增量布线，因此对现有设计的性能或时序的影响很小或没有影响。如果需要同步访问，还可以将寄存器添加到输出路径上。

可以从 Quartus Prime 中的工具菜单访问 Signal Probe Pin 对话框，如图 5-27 所示。

在此对话框中，可以添加、删除、更改、启用或禁用 Signal Probe Pin。

添加 Signal Probe Pin 时的第一个选项是指定引脚位置。这里指定的 FPGA 管脚必须是未被使用的管脚，如此 Signal Probe Pin 添加管脚时，不会影响工程中已经指定好的其他 IO 管脚，如图 5-28 所示。

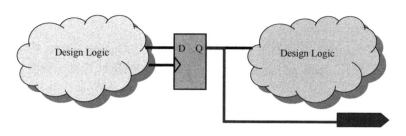

图 5-26　Signal Probe Pin

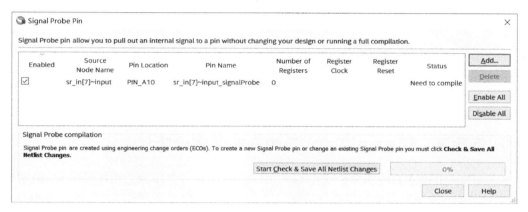

图 5-27　Signal Probe Pin 对话框

图 5-28　Signal Probe Pin 添加管脚

第二个选项是寄存探针。如果需要同步输出，则还需指定要使用的时钟和使用的寄存器级数。

对探针设置完成后，需要保存更改并使用新探针更新设计。单击"start check and save all netlist changes"按钮即可完成此操作。这样将开始执行增量布局布线，保留原始设计并在该设计之上添加新探针。

可以在更改（change）管理器中查看状态，也可以从 Quartus Prime 中"View"菜单的"Utility windows"打开"change manager"窗口查看添加的探针管脚，如图 5-29 所示。

图 5-29　　"change manager"窗口

⊙ 5.6.3 SignalTap Ⅱ嵌入式逻辑分析仪

SignalTap Ⅱ嵌入式逻辑分析仪是 Quartus Prime 工具中迄今为止功能最强大、最常用的调试工具，是一款功能齐全的逻辑分析仪。它支持多种触发选项，包括高级的触发指令，还支持存储限定符，以及外部的输入与输出触发。它还有一个数据记录功能，允许存储多个触发事件和数据捕获，然后在不同的机器上进行分析，如此可使你释放一部分测试工作，将更多的精力用在解决问题上面。它具有以下特点。

（1）全功能软逻辑分析仪。具有多种触发选项，包括存储限定符等，具有数据记录功能，可以记录多次触发视觉和捕获的数据，然后进行数据分析。

（2）可以对大多数内部信号进行数据采集，硬核 IP 模块的内部信号除外。

（3）可以同时进行大量信号的数据采集，同时采集 500～700 个信号。

5.6.3.1　SignalTap Ⅱ资源使用

正如前面提到的，SignalTap Ⅱ嵌入式逻辑分析仪是由 FPGA 架构中的软逻辑构建而成的，主要使用的资源是 FPGA 片上的逻辑资源以及片上的存储资源。SignalTap Ⅱ使用的资源取决于几个因素，包括要捕获与采集的信号数量、触发器启用中包含的信号数量、触发电平数量以及捕获采集数据的深度。通常，限制捕获信号数量的因素不是逻辑资源而是片上的存储资源，尤其是在需要捕获的数据较大的情况下。

例如，在这样一个设计中，SignalTap Ⅱ实例具有 169 个信号，其中 11 个用于触发，并且配置为 4K 样本的捕获深度，编译后使用资源 2500 LE（506 个 ALM，1460 个 FF，85 个 M10K），其使用的逻辑资源不到 2%，但使用的内存却占用了 20%。

5.6.3.2　Signal Tap Ⅱ 存储条件

为了使有限的内部存储器更有效，SignalTap Ⅱ允许设置存储条件。这意味着只有在满足某些条件时，样本才会存储在捕获存储器中。

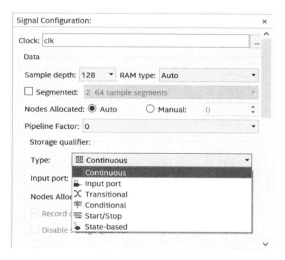

图 5-30　SignalTap Ⅱ

如图 5-30 所示，SignalTap Ⅱ支持六种条件设置模式，默认为"Continuous"模式。在此模式下，将存储全部捕获到的数据。这是最常用的模式。

"Input port"模式，仅在外部信号为高电平时存储捕获数据。使用 FPGA 外部管脚进行控制，不容易实现实时捕获，因此很少使用此模式。

"Transitional"模式，仅在信号电平改变时存储数据，可以有效地节省存储资源，但没有保留时间标签信息。

"Conditional"模式，当指定条件为"True"时，才开始存储数据。

"State/Stop"模式，可以设置开始存储捕获数据与结束存储捕获数据的条件。

"State-based"模式，是基于状态的模式触发。这是一项高级功能，允许构建自定义状态机来控制分析仪的触发和数据存储。

5.6.3.3 采集缓冲区类型

控制存储的另一种方法是更改缓冲区类型。SignalTap II中有两种类型的采集缓冲区，默认值为循环缓冲区，如图 5-31 所示。在此模式下，分配给 SignalTap II的整个存储空间用作数据存储的单个缓冲区。还有一种类型是分段缓冲区，如图 5-32 所示。在此模式下，允许将分配的存储空间拆分为多个大小均匀的段，并对每个段定义触发条件。当捕获的信号长时间无活动时，会使用分段缓冲区来捕获突发信号数据。例如，来自网络接口的数据包流量，可以在每个缓冲区中捕获一个数据包，并忽略数据包之间的死区时间（dead time）。

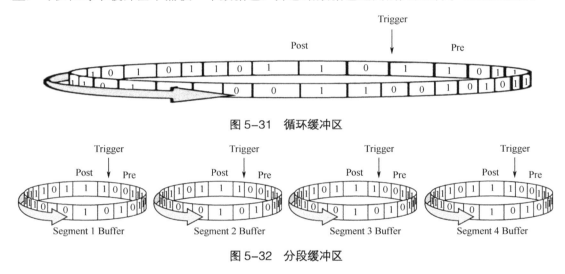

图 5-31 循环缓冲区

图 5-32 分段缓冲区

5.6.3.4 使用 SignalTap II 的步骤

首先，必须创建 SignalTap II文件或 STP 文件。这包括设置用于捕获或采集数据的时钟、要捕获的信号、捕获或采集数据的深度，以及启动捕获信号的触发条件。然后保存 STP 文件并编译。编译完成后就可以将设计加载到硬件中并开始调试。具步骤如下。

（1）创建 STP 文件（Tools -＞ SignalTap II Logic Analyzer）：

① 分配采样时钟；

② 设置分析器（采样深度，缓冲类型等）；

③ 添加要捕获的信号。

（2）保存 STP 文件。

（3）编译设计。

（4）程序下载。

（5）获取数据。

5.6.3.5　SignalTap Ⅱ窗口——设置

如图 5-33 所示为 SignalTap GUI 的窗口。"Instance Manager"是设置分析器的区域。如果设计中有多个 SignalTap Ⅱ实例，还可以通过它选择正在使用的 SignalTap Ⅱ实例。

如果 JTAG 链上有多个器件，则可以在"JTAG Chain Configuration"中选择要使用的 FPGA 器件。"SignalTap Configuration"用于选择时钟、缓冲区类型和深度。最后，左侧的大窗口有两个选项卡，可以在此选择要查看的信号以及它们是否作为触发源启用，也可以在此设置触发电平及触发条件。

图 5-33　SignalTap GUI 窗口

5.6.3.6　SignalTap Ⅱ窗口——数据

如图 5-34 所示为 SignalTap Ⅱ中的数据波形视图，可以在"Waveform Viewer"中看到捕获信号的图；"Time Bars"有助于对波形进行测量，并标记波形中的重要事件。

窗口底部是数据日志。如果要将波形捕获保存在文件中以供将来参考，可通过单击数据日志按钮将其记录在此处。还可以命名日志，以便更容易记住捕获的内容。

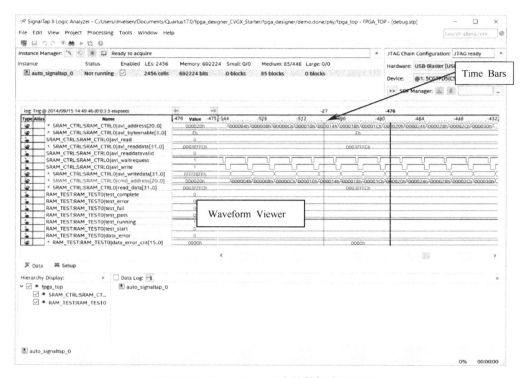

图 5-34　SignalTap Ⅱ中的数据波形视图

第6章

基于英特尔 FPGA 的 SOPC 开发

· 6.1　SOPC 技术简介 ·

　　SOPC 的英文全称是 System On a Programmable Chip，也就是可编程片上系统，它采用可编程逻辑技术（这里指的就是 FPGA）把整个系统集成到一个硅芯片上。SOPC 技术最早是由 Altera 公司（现已被英特尔公司收购）提出来的，是基于可重构 SOC（System On Chip，片上系统）技术，将处理器、I/O 口、存储器以及各种控制、各种接口协议模块等集成到一个系统中，用单片 FPGA 实现这个系统的所有功能，如图 6-1 所示为典型的 SOPC 系统。

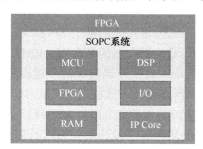

图 6-1　典型的 SOPC 系统示意图

　　SOPC 是基于 FPGA 解决方案的 SOC，与 ASIC 的 SOC 解决方案相比，SOPC 系统及其开发技术具有更多的特色，其技术特点与优势如下。

　　（1）提高了系统集成度，提高了可靠性，减少了面积，降低了功耗。

　　（2）自定义指令，方便加速特定算法设计。

　　（3）自定义相应总线接口的 IP Core，自定义功能及寄存器，提高了应用的针对性。

　　（4）硬件可重配置，降低了硬件设计风险。

　　（5）灵活应用 DSP Builder 等软件实现硬件加速设计。

　　SOPC 是现代计算机应用技术发展的一个重要成果，也是现代处理器应用的一个重要的发展方向。SOPC 设计包括以 32 位 Nios Ⅱ软核处理器为核心的嵌入式系统的硬件配置、硬件设计、硬件仿真、软件设计、软件调试等。SOPC 系统设计的基本工具包括 Quartus Prime、Platform Designer、Nios Ⅱ IDE。其中，Quartus Prime 软件用于开发 FPGA 逻辑端的程序，Platform Designer 在原版中为 SOPC Builder 或 Qsys 搭建 SOPC 系统，Nios Ⅱ IDE 是基于 eclipse 软件定制的用于 Nios 处理器软件端的程序开发工具。

6.2 IP 核与 Nios 处理器

IP 核就是知识产权核或知识产权模块的意思。在半导体产业中，通常将其定义为："用于 ASIC 或 FPGA 中的预先设计好的电路功能模块"。其主要分为软核与硬核。

硬核在 EDA 设计领域指经过验证的设计版图；具体在 FPGA 设计中指布局和工艺固定、经过前端和后端验证的设计，设计人员不能对其修改。

软核是指未被固化在硅片上，使用时需要借助 EDA 软件对其进行配置并下载到可编程芯片（如 FPGA）中的 IP 核。软核最大的特点就是可由用户按需要进行配置。

简单地说，硬核就是事先设计好的 IP 核，其功能已经固化好，用户不能改变；而软核就是用户可以根据自己的需求，使用 EDA 工具修改其功能。

⊛ 6.2.1 基于 IP 硬核的 SOPC

构建 SOPC 的方式有两种。这里首先介绍基于 FPGA 嵌入 IP 硬核的 SOPC 系统，该方案是指在 FPGA 中预先植入处理器。最常用的是含有 ARM32 位知识产权处理器核的器件。为了到达通用性，必须为常规的嵌入式处理器集成诸多通用和专用的接口，但增加了成本和功耗。如果将 ARM 或其他处理器以硬核方式植入 FPGA 中，利用 FPGA 中的可编程逻辑资源，按照系统功能需求来添加接口功能模块，既能实现目标系统功能，又能降低系统的成本和功耗。这样就能使得 FPGA 灵活的硬件设计与处理器的强大软件功能有机地结合在一起，高效地实现 SOPC 系统。但将 IP 硬核直接植入 FPGA 存在以下不足之处。

（1）由于此类硬核多来自第三方公司，FPGA 厂商通常无法直接控制其知识产权费用，从而导致 FPGA 器件价格相对偏高。

（2）由于硬核是预先植入的，设计者无法根据实际需要改变处理器的结构，如总线规模、接口方式、指令形式，更不可能将 FPGA 逻辑资源构成的硬件模块以指令的形式嵌入硬件加速模块（如 DSP）。

（3）无法根据实际设计需要在同一 FPGA 中集成多个处理器。

（4）无法根据需要裁剪处理器硬件资源以降低 FPGA 成本。例如，即使对系统性能要求不高，硬核中的很多资源用不着，但是也不能将其裁剪掉。换句话说就是硬件资源或不用，它都在那里。如果不能配置，就增加了系统的成本。

（5）只能在特定的 FPGA 中使用硬核嵌入式处理器。例如，更换 FPGA 型号后，里面带有的硬核可能会改变，这样使得设计工程通用性不高。

如图 6-2 所示为英特尔 FPGA 部分器件基于 ARM 硬核处理器构建的 SOPC 框架示意图，详细介绍可参见 SOC 的相关章节。图 6-2 中，已经预植入了双核 ARM Cortex-A9 硬核处理器以及相关的总线与接口驱动资源，如需要更多核心的硬核处理器，可以更换为面向高端应用的 Stratix 10 系列 FPGA 器件。在这些资产硬核处理器的 FPGA 芯片当中，还可以添加基于 IP 软核的 Nios Ⅱ 处理器。在实际应用中，可以根据实际需求选择合适的 FPGA 器件。

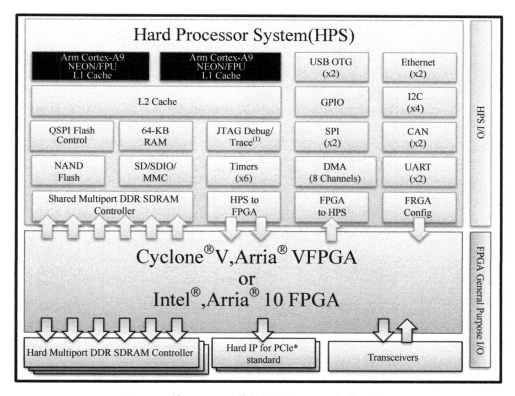

图 6-2 基于 ARM 硬核处理器的 SOPC 架构示意图

⊙ 6.2.2 基于 IP 软核的 SOPC

另一种构建 SOPC 的方式是基于 IP 软核的构建方式，使用 IP 软核处理器能有效克服使用 IP 硬核带来的问题，它可以根据用户需求，灵活配置整个系统。

目前，最有代表性的软核处理器是英特尔的 Nios Ⅱ 处理器和当前流行的 RISC V 处理器，这些处理器都可以作为软核引入 SOPC 系统中。当前对于 SOPC 系统，使用 Nios Ⅱ 处理器，能很好地解决上述五方面的问题。

英特尔的Nios Ⅱ处理器使用户可随意配置和构建英特尔提供的32位嵌入式处理器IP核。在费用方面，由于Nios Ⅱ是由英特尔公司直接提供而非第三方厂商产品，故用户通常无须支付知识产权费用，Nios Ⅱ处理器的使用费用仅仅是其占有FPGA逻辑资源的费用。

如图6-3所示为基于Nios Ⅱ软核处理器的SOPC架构示意图，图中的Nios Ⅱ处理器与总线架构及其相关部件及驱动都是基于FPGA实现的，完全可定制化。通过Platform Designer工具，可以很方便地进行配置，可以灵活配置多核Nios Ⅱ处理器，可以添加与裁剪系统的功能模块，并且可以方便地移植到英特尔的其他FPGA器件上，包括面向CPLD市场的MAX 10系列FPGA器件。

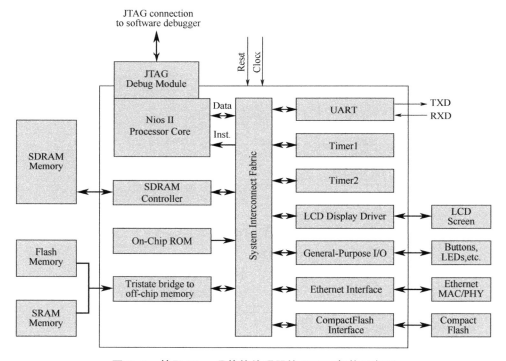

图6-3 基于Nios Ⅱ软核处理器的SOPC架构示意图

6.3 构建SOPC系统

6.3.1 Platform Designer

前文提到了进行SOPC设计的意义，但在实际应用中，如要搭建这样一个系统是相当困难的。如图 6-4 所示为典型的 SOPC 结构框架图，在系统中有不同的设备，有不同接口，它们之间需要彼此通讯才能使系统工作。在设计过程中需要针对不同的接口进行定制设计，然后把各种逻辑连接到系统中成为一个整体。这部分定制接口与控制逻辑的设计不会为系统增加很大的价值，但又是系统不可缺少的一部分。设计者必须解决不同接口之间的各种数据、控制与状态信号的时序问题及访问冲突问题，才能确保系统正常工作。

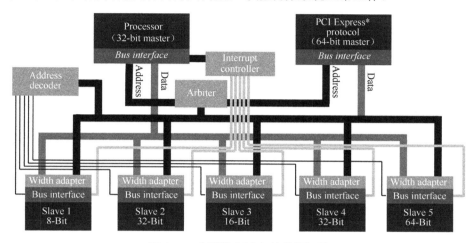

图 6-4　典型的 SOPC 结构框架图

为解决这些问题，Platform Designer 应运而生。英特尔公司将主处理器、数字信号处理模块、存储模块及控制模块，以及各种接口协议等模块，通过硬件描述语言实现并封装为 IP 核。在设计 SOPC 时可以在 Platform Designer 中直接调用这些 IP 核，并通过 Platform Designer 提供的接口互联方式快速地将各个模块组合为一个 SOPC 系统，保存该系统后，则会自动生成对应功能的逻辑电路或 HDL 文件，如图 6-5 所示。

在使用 Platform Designer 设计系统时，Platform Designer 会构建一个自定义的互连结构（interconnect），以确保各个系统组件之间进行通讯。这个操作可以将传统的类似于手工精细信号互联的操作过程抽象化、自动化，可以让用户将更多的精力集中在功能模块的设计上，如图 6-6 所示。

Platform Designer 的前身是 Qsys，在更早期的 Quartus Prime 版本中是 SOPC Builder。因此，当我们看到"Qsys"与"SOPC Builder"时，要知道它实际上就是这里所说的 Platform Designer。

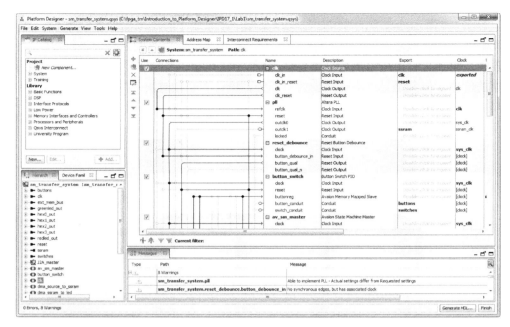

图 6-5　Platform Designer 接口互联图

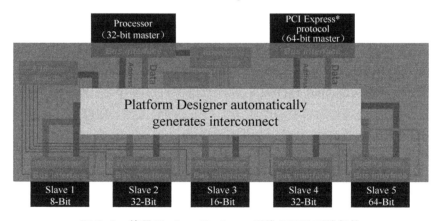

图 6-6　使用 Platform Designer 后的 SOPC 系统架构

⊙ 6.3.2　SOPC 设计工具

SOPC 的设计包括硬件开发与软件开发两个部分，需要用到的软件工具为 Quartus Prime、Platform Designer、Nios Ⅱ Software Build Tools for Eclipse 等。

Quartus Prime 软件是英特尔公司针对其 FPGA/CPLD 产品推出的开发工具。首先我们需要通过该软件建立 FPGA 工程与顶层模块。另外，在 SOPC 设计中如用硬件描述语言直接实现逻辑电路，也是需要该软件来实现的。

然后我们使用集成工具 Platform Designer 搭建一个自定义的 SOPC 系统，系统可以包含 Nios Ⅱ 处理器、RAM 存储器等外设模块 IP 核。这些模块我们可以使用英特尔官方提供的 IP 核，也可以使用第三方提供的 IP 核，还可以使用用户自己定制的 IP 核。SOPC 系统构建好之后，会生成 Qsys 文件与 HDL 文件，我们使用 Quartus Prime 软件把 Platform Designer 设计的 SOPC 系统集成到 FPGA 工程当中，并将其与硬件描述语言实现的逻辑连接起来。最后将整个设计映射到 FPGA 芯片当中，得到 SOPC 系统的硬件电路。

最后我们使用工具 Nios Ⅱ Software Build Tools for Eclipse 来完成软件部分的开发。针对 Nios Ⅱ 处理器的软件开发都在该工具中完成，该工具基于 Eclipse 软件开发，具有 Eclipse 软件的通用性，软件工程师可以轻松地在该工具下编写、编译与调试程序。软件程序调试完成后会生成可执行文件（后缀名为.elf），将该可执行文件下载到 SOPC 系统的硬件电路中运行。

6.4 SOPC 开发实战

前文介绍了与 SOPC 设计相关的基础知识，本节将基于一个具体的实例来说明 SOPC 开发流程。我们使用的实例是搭建一个最基本的 SOPC 系统，然后在里面实现各种编程中最简单也是最经典的入门实例 "Hello，Word！"。结合该实例，可快速掌握 SOPC 的整个开发流程，包括 SOPC 系统硬件设计过程与 Nios 软件开发过程。

⊙ 6.4.1 SOPC 系统设计

在设计之前，我们首先来了解要设计的系统结构。如图 6-7 所示，是基本的 Nios Ⅱ 处理器的最小硬件系统，在这里我们使用的处理器是 Nios Ⅱ 处理器，使用的存储器 RAM 与

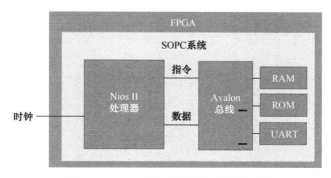

图 6–7　Nios Ⅱ处理器的最小硬件系统

ROM 是基于 FPGA 片上的存储资源，通过 Avalon 总线将 Nios Ⅱ 处理器与存储器 RAM 与 ROM 连接起来。这里的 Avalon 总线用来传输指令与数据，另外我们使用 UART 串口作为 Nios Ⅱ 处理器的标准输入与输出口。

⊗ 6.4.2　SOPC 硬件设计

SOPC 硬件设计的具体步骤如下。

（1）创建 Quartus Prime 工程，选择 FPGA 芯片型号。

（2）在 Platform Designer 工具中，选择需要的 IP 核并设置其参数，搭建 Qsys 嵌入式系统。

（3）将 Qsys 系统集成到 Quartus Prime 工程的定制模块中。

（4）给顶层模块使用到的输入输出信号分配引脚，然后编译整个工程。

（5）将编译生成的 sof 文件或 pof 文件下载到 FPGA 开发板上。

6.4.2.1　创建 Quartus Prime 工程

打开 Quartus Prime 软件，在 "File" 菜单下选择 "New Project Wizard"，将出现如图 6-8 所示的窗口，这里将该工程名命令为 sopc_hello。创建工程后，设置芯片器件，如图 6-9 所示。在这个案例中使用的软件版本是 Quartus Prime Standard Edition 18.1，使用的器件是 Cyclone V 系列器件 CSXFC6D6F31C6。

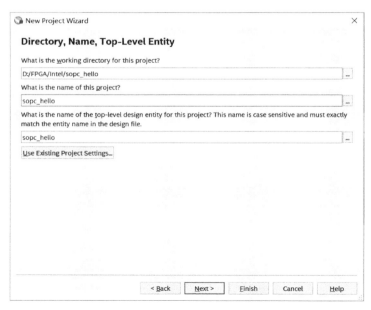

图 6-8　创建 Quartus Prime 工程

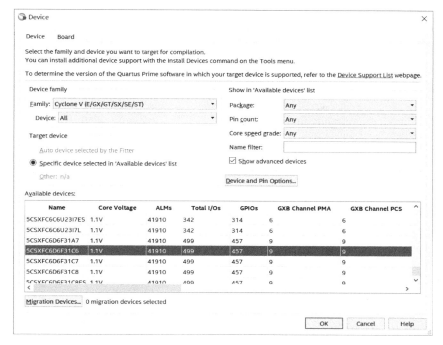

图 6-9　设置芯片器件

6.4.2.2　构建 Qsys 嵌入式系统

在 Quartus Prime 软件主界面的"Tools"菜单中，打开选项"Platform Designer"，将打开 Platform 的初始设计界面，如图 6-10 所示。标签页"IP Catalog"中包含了各种类别的 IP 核，英特尔公司提供了大量可用的 IP 核，可快速帮助用户实现功能，另外自定义的 IP 核也可加入"IP Catalog"中供使用，"HLS"为高层次综合设计 HLS 生成的自定义 IP 核。我们可以将这些 IP 核加到标签页"System Contents"中实现 SOPC 系统的构建。

1. 设置时钟 IP

如图 6-11 所示，在"System Contents"中已经包含一个名为"clk_0"的时钟 IP 核。双击该时钟 IP 核，可以设置时钟频率，默认时钟频率为 50Mhz，这里为提高 Nios Ⅱ处理器的运行频率，更改为 100000000Hz，如图 6-11 所示。接下来还需要添加 Nios Ⅱ处理器、RAM 存储器、ROM 存储器以及 jtag uart 串行收发器。

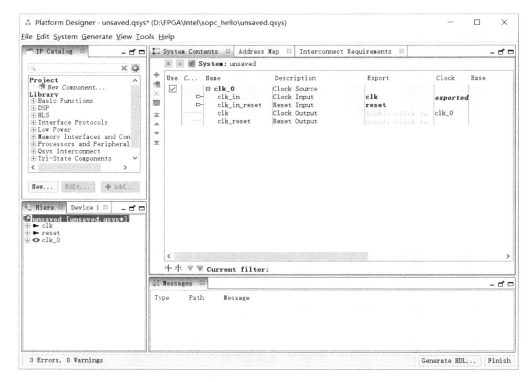

图 6-10 Platform Designer 的初始设计界面

图 6-11 时钟 IP 核设置界面

2. 添加 Nios Ⅱ处理器

在"IP Catalog"的搜索框中输入"Nios",在下方的搜索结果中找到"Nios Ⅱ Processor"选项,如图 6-12 所示。

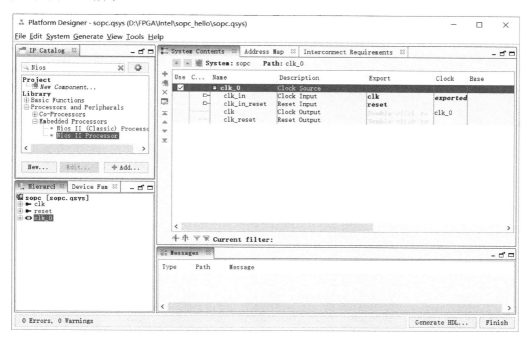

图 6-12 在"IP Catalog"中查找 IP 核

双击"IP Catalog"中的 IP 核"Nios Ⅱ Processor",会出现配置界面,如图 6-13 所示。默认配置是使用"Nios Ⅱ/f"内核,该内核是经过性能优化的 32 位 RISC 处理器,支持硬件乘法器、硬件除法器、ECC RAM Protectin 等功能。

通常在添加 Nios Ⅱ处理器时,使用默认配置即可,如需修改也可以在添加处理后再进行配置修改,配置完成后,单击"Finish"键,Nios Ⅱ处理器将被添加到"System Contents"中,如图 6-14 所示。在图中,我们看到存在 5 个错误,是因为还未对必要的信号进行连接,还未给 Nios Ⅱ处理器配置内存,这里暂时忽略,在 IP 都添加后再进行处理。

3. 添加 RAM 存储器

添加 RAM 存储器与添加 Nios Ⅱ处理器的步骤相同,如图 6-15 所示。在"IP Catalog"中搜索"ram",在搜索结果中选择 IP 核"On-chip Memory"。

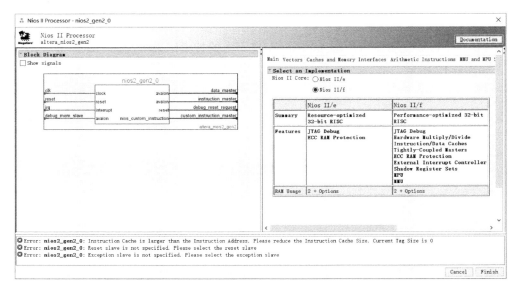

图6-13　Nios Ⅱ处理器配置界面

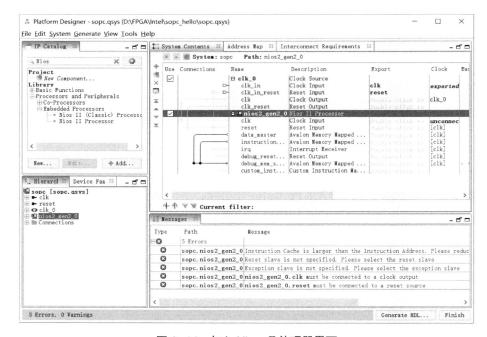

图6-14　加入 Nios Ⅱ处理器界面

　　如图 6-16 所示，双击"On-chip Memory"选项，在配置页面将该片上存储器 IP 核配置为 RAM 存储器。在"Type"选项处将存储器类型设置为"RAM（writable）"，然后在"Total

Memory size" 处将存储空间设置为 20 KB，即图中的 20 480byte，其他选项保持默认配置即可，单击 "Finish" 键。

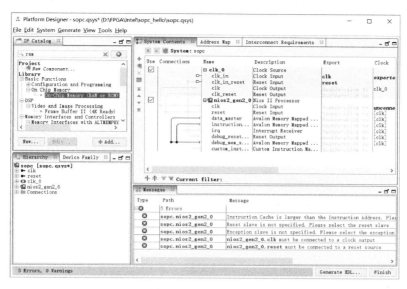

图 6-15　搜索 "On-chip Memory" 选项

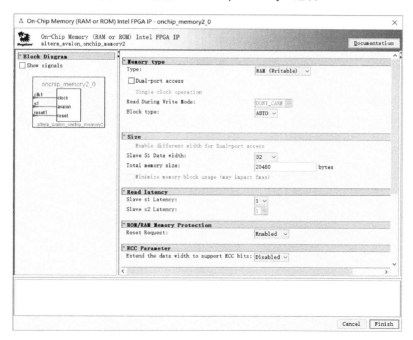

图 6-16　配置 RAM 存储器

4. 添加 ROM 存储器

添加 ROM 存储器与添加 RAM 存储器类似，在"IP Catalog"中选择存储器 IP 核"On-Chip Memory"，如图 6-17 所示，将其配置为 ROM（Read-only）存储器，存储空间大小配置为 10240bytes，其他选项为默认配置，不做修改，单击"Finish"键。

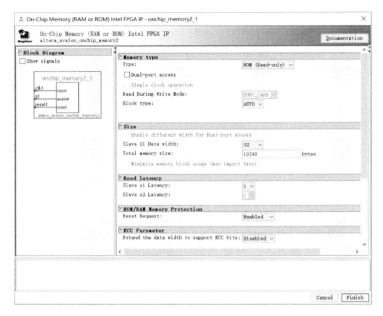

图 6-17　配置 ROM 存储器

5. 添加 jtag uart 串行收发器

接下来添加通信接口 JTAG UART IP 核，在"IP Catalog"中搜索"jtag uart"，如图 6-18 所示。

图 6-18　搜索接口 JTAG UART IP 核

双击"JTAG UART Intel FPGA IP",将会弹出该 IP 核的配置界面,如图 6-19 所示,这里我们不需要做任何修改,单击"Finish"键将该 IP 添加到"System Contents"中。

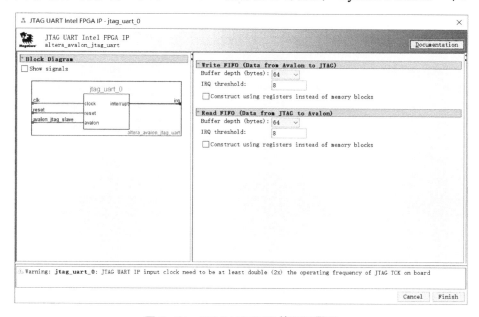

图 6-19　JTAG UART IP 核配置界面

6. 重命名 IP 核

在添加完所有 IP 核后,为了更直观地区分各 IP 核功能,我们可以对添加到"System Contents"中 IP 核进行重命名。重命名时,建议把每个 IP 核都命名为一个容易理解的名称,因为这些名称在软件程序中很可能被用到。

首先在"System Contents"选项卡的"Name"这一列找到各 IP 核的名称,用鼠标单击选中需要重命令的 IP 核名称,然后单击右键,在右键菜单中选择"Rename",或者按快捷键 Ctrl+R,光标将出现在 IP 核的名称处,此时可进行重命名操作,如图 6-20 所示。

各 IP 核重命名后,如图 6-21 所示。

7. IP 核互连

把所需的 IP 核添加到"System Contents"后,再把各 IP 核连接起来。刚开始接触这一步时可能毫无头绪,容易连错或漏连。但实际上它是有规则可循的。首先我们将时钟 IP 核的时钟信号"clk"和复位信号"clk_reset"与其他 IP 核的时钟信号与复位信号连接起来。当我们连接信号时,在"Connections"列中找到对应的连接点,鼠标单击这个空心的节点,空心的节点会变为实心的节点,同时相应的连线会由灰色变为黑色,如图 6-22 所示。

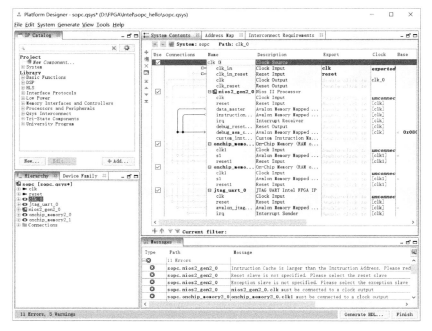

图 6-20　修改 IP 核名称

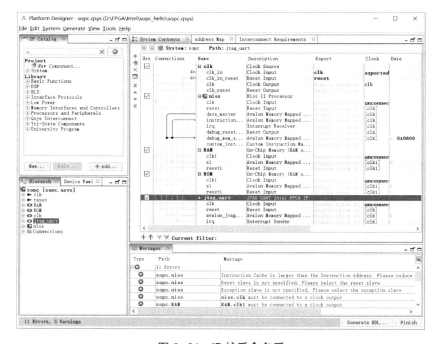

图 6-21　IP 核重命名后

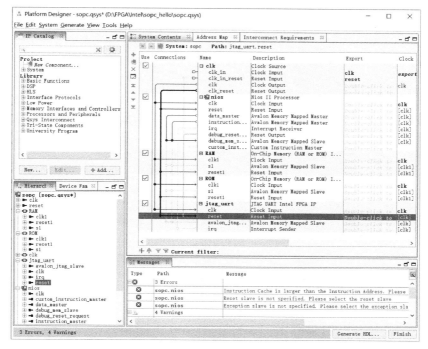

图 6-22　连接时钟信号与复位信号

其次，我们从 Nios Ⅱ处理器的 Avalon 总线开始连接，可以看到图 6-23 中 Nios Ⅱ的 Avalon 总线为 Master 类型，而其他 IP 的总线类型为 Slave 总线。我们可以把 Master 总线与 Slave 总线相连接，如此 Nios Ⅱ处理器作为 Master 可以访问 Slave 这类的从设备。对于 Nios Ⅱ处理器而言，有两组 Avalon Memory Mapped Master 总线，一组为 data_master，另一组为 instruction_master，即处理器的数据主端口与指令组端口。其连接规则是：数据主端口需要与所有外设 IP 核连接，而指令主端口只连接存储器 IP 核。因为在这里运行的程序将从存储器中读取指令与数据。

如此，IP 核的连接基本结束。如图 6-23 所示，还有部分管脚未连接，其中时钟 IP 还有 clk 与 clk_in_reset 两个信号，在 Export 列可以看到这两个信号的输出接口。Export 列中的信号被指定为硬件接口，为 SOPC 系统的输出接口，在 SOPC 系统内部不需要连接。其中还有 Nios Ⅱ处理器中的与 debug 相关的信号，在 debug 时会使用这些信号，主要为 debug 时的复位信号，连接也比较简单。其中 jtag_uart IP 核有一个 irq 信号，如 uart 串口在软件编程中使用中断模式，将需要连接该信号；如在软件编程中使用查询模式，则不需要连接该信号。当然连接该信号后，软件端将同时支持中断与查询两种模式，图 6-23 中该信号的连接只有一个去处，可以根据需要选择是否进行连接。最终的连接图如图 6-24 所示。

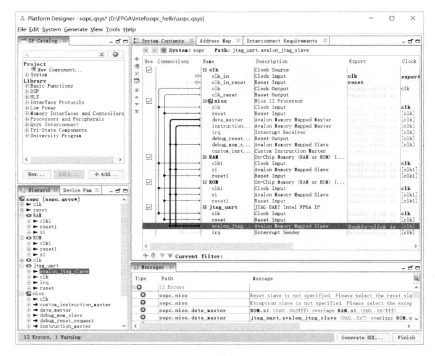

图 6-23　连接数据与指令端口

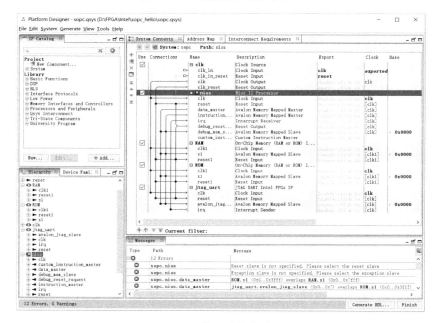

图 6-24　接口连接完成界面

8. 最后的配置

IP 核加入完成及各 IP 核接口连接完成后，还需要解决标签页 Message 中的错误信息，见图 6-24，这里的错误信息都是与 Nios Ⅱ处理器、与总线有关的。

（1）Nios Ⅱ处理器配置。

首先对于 Nios Ⅱ处理器还需要设置复位地址与异常地址。双击 Nios Ⅱ IP 核，在标签页"Parameters"的子标签中选择"Vectors"，如图 6-25 所示。

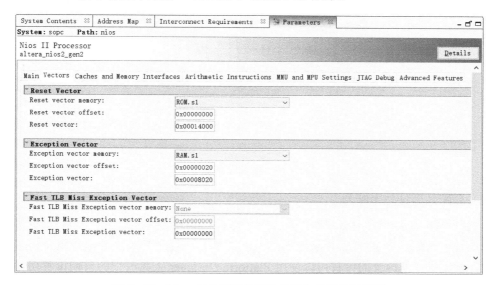

图 6-25　Nios Ⅱ处理器的复位地址与异常地址设置

在"Reset Vector"栏目中，我们需要指定存储复位代码的存储器与异常地址。通常情况下我们选择如 ROM 存储器一类的非易失存储器来存储复位代码，因此这里选择 ROM 存储器。

在"Exception Vector"栏目中，我们指定存储异常代码的存储器及其地址。通常情况下我们选择读写速度较快的存储器（多数是易失性的 RAM 存储器）来存储异常代码。如程序在运行时出现异常，程序将从该异常地址开始运行。

此外，我们还可以在"Arithmetic Instruction"栏目中选择硬件除法器来提高运算性能，如图 6-26 所示，选择了"SRT Radix-2"方式来实现硬件除法器。在"Summary"栏中，可以看到其实现的性能参数与对应指令，从图中可以看到这里实现 32 位的除法器使用了 35 个时钟周期。

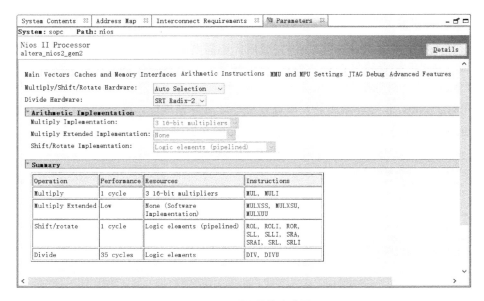

图 6-26 配置硬件除法器

（2）分配基地址与中断号。

在"System Contents"中的 Base 这一列，显示了总线的基地址，即 Nios Ⅱ 处理器需要这些基地址去访问这些 IP 设备，从图 6-27 中可以看到，这里的基地址都是相同的，那必然会导致访问冲突。基地址的设置可以使用 Platform Designer 工具提供的自动设置功能，在菜单栏中单击菜单"System"，然后在下拉菜单中单击选项"Assign Base Address"完成基地址的自动分配。当然自定义基地址也是可行的，双击"Base"列的 IP 地址，即可完成修改，修改后单击灰色的"锁"这个符号，如此在单击选项"Assign Base Address"时，该地址将不会被重新分配。

在 Platform Designer 工具中还有一个常用的功能是"Assign Interrupt numbers"，同样在 Platform Designer 的菜单"System"中。当使用多个中断源连接到 Nios Ⅱ 处理器时，可以通过该工具进行配置，该选项自动为 IP 核分配中断号。对于中断的优先级，在连接中断时会自动分配，我们可以在标签页"System Contents"的"IRQ"列查看，也可以直接在"IRQ"列修改优先级顺序。如图 6-27 所示，到这里，"Message"栏目中的错误信息已全部解决，SOPC 构建完成。

最后，我们需要将设计的 SOPC 系统（或 Qsys 系统）转换为硬件，添加到 Quartus Prime 当中。单击图 6-27 最下方的"Generate HDL..."，将弹出系统的设置界面，通常情况下默认设置即可，如图 6-28 所示，再单击"Generate"，等待 SOPC 硬件生成完成即可，如图 6-29 所示。

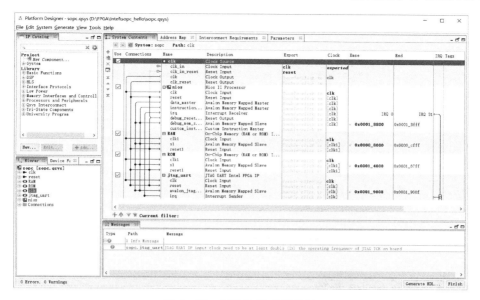

图 6-27　分配各 IP 的基地址

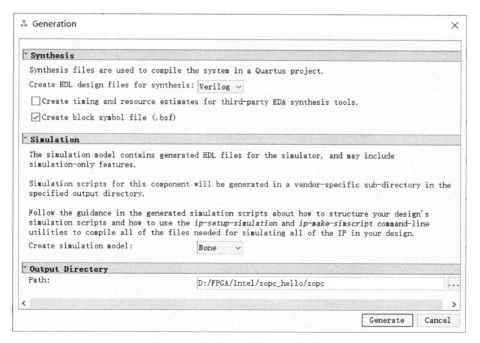

图 6-28　将 SOPC 设计生成为硬件

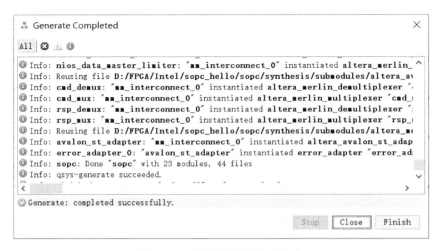

图 6-29　SOPC 硬件生成完成

6.4.2.3　集成 Qsys 系统

在 SOPC 设计完成且成功生成硬件后，将会生成 IP 核。需要手动将 IP 核添加到 Quartus Prime 工程，正如 SOPC 设计完成后，Quartus Prime 软件这边的提示信息一样，如图 6-30 所示，在该实例中"generation_directory"在 SOPC 生成硬件的配置中被设置为 D:/FPGA/Intel/ sopc_hello/sopc。

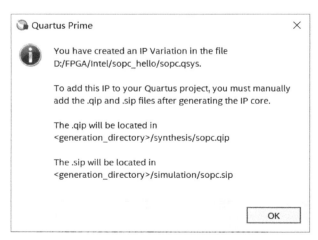

图 6-30　提示信息

首先我们把生成的 IP 核添加到工程当中，Quartus Prime 支持的 IP 文件后缀名为：*.qsys、*.qip、*.ip、*.sip，这里可将 sopc.qsys 文件添加到工程目录中，如图 6-31 所示。

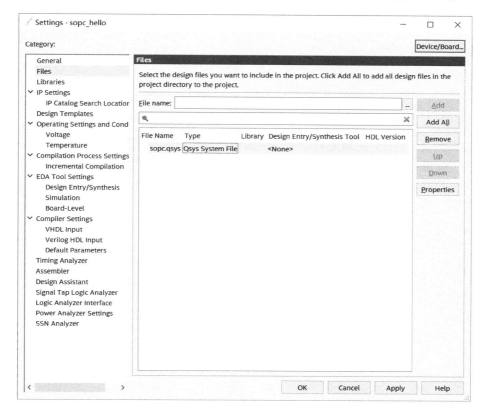

图 6-31　将生成的 IP 核添加到 FPGA 工程

　　对该 IP 核的调用，可以参考 sopc 目录下生成的 sopc_inst.v 文件。在这里 FPGA 工程比较简单，除这个 qsys 文件外，仅使用了一个 PLL 时钟锁相环 IP 核，用于将 FPGA 外部时钟倍频到 Qsys 系统设计时指定的 100MHz，最终得到的顶层文件原程序如下：

```verilog
module sopc_hello (
    clk,
    reset
    );
    input       clk;
    input       reset;
    wire clk100m;
    wire resetn;
    pll pll0(
        .refclk(clk),          //refclk.clk
        .rst(reset),           //reset.reset
        .outclk_0(clk100m),    //outclk0.clk
```

```
        .locked(resetn)              //locked.export
    );
    sopc sopc(
        .clk_clk        (clk100m),  //clk.clk
        .reset_reset_n (resetn)     //reset.reset_n
    );
endmodule
```

　　顶层文件设计完成后，需要对顶层模块的输入输出信号分配管脚，在分配管脚之前我们需要对该工程进行分析与综合。打开"Assignments"菜单下的"Pin Planner"工具，对管脚进行分配。再对工程进行一次全编译，编译完成后会生成 sof 文件与 pof 文件，将 FPGA 的配置文件下载到 FPGA 电路板上，SOPC 的硬件设计部分完成，如图 6-32 所示。

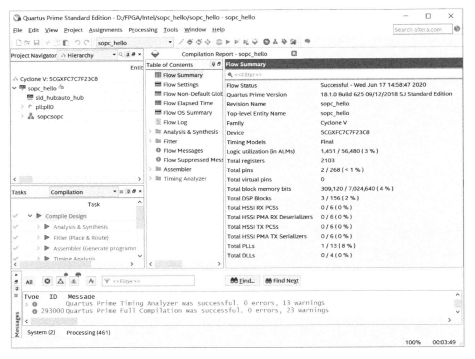

图 6-32　编译自定义 SOPC 的 FPGA 工程

　　通过在 FPGA 上设计 SOPC，完成了一个定制的 SOPC 系统，包括 Nios Ⅱ处理器、RAM 存储器、ROM 存储器以及 jtag uart 串行收发器。还可以在此基础上扩展各种功能模块，利用 FPGA 的硬件特性自定义各种外设的硬件驱动模块以及功能算法模块。硬件部分设计好之后，可以使用提供的工具 Nios Ⅱ Software Build Tools for Eclipse 进行软件编程，软件编程的程序将可以运行在这个 SOPC 之上。

⊙ 6.4.3 SOPC 软件设计

SOPC 硬件部分设计完成后，我们将开始基于 Nios Ⅱ 处理器的软件设计流程，与硬件的设计流程相比，该过程比较简单。

（1）通过在 Quartus Prime 软件中的"Tools"菜单中打开"Nios Ⅱ Software Build Tools for Eclipse"软件，在弹出的窗口中设置软件的目录，如图 6-33 所示。

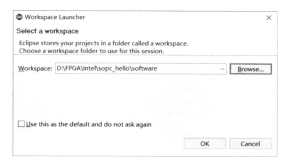

图 6-33　为 SOPC 的软件环境创建 Workspace

（2）设置好软件"Workspace"后，单击"OK"键进入 Nios Ⅱ Software Build Tools for Eclipse 软件的主界面，如图 6-34 所示。

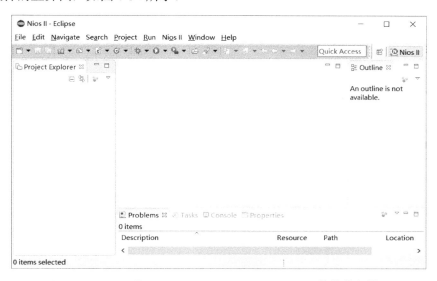

图 6-34　Nios Ⅱ Software Build Tools for Eclipse 软件的主界面

（3）创建软件模板与 BSP，如图 6-35 所示。

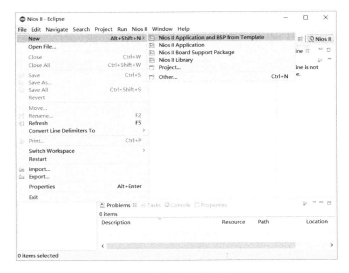

图 6-35　创建软件模板与 BSP

（4）在这里指定 Nios Ⅱ的目标硬件（在 qsys 中搭建的处理器系统），并设置好工程名，然后单击"Next"和"Finish"键，如图 6-36 所示。工具将针对设计的 SOPC 硬件生成 BSP（Board support package），以及软件示例。

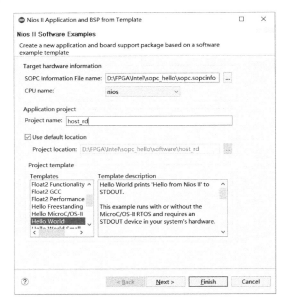

图 6-36　指定 Nios Ⅱ目标硬件工程界面

（5）工程创建完成，如图 6-37 所示。在此基础上，可以根据需要实现功能。图 6-37 中，在"Project Explorer"栏中的 BSP 部分包括了所定制的 SOPC 的软件驱动程序，如需对特定 IP 核进行访问，可在这里查看相关的使用方法。

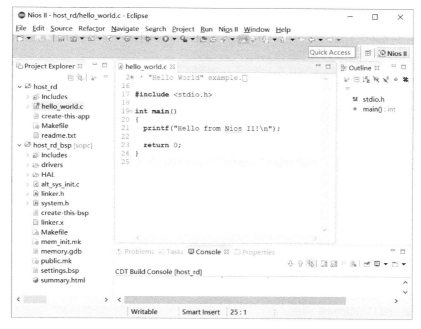

图 6-37　工程创建完成

在使用 Nios Ⅱ处理器时，有一个选项可以用来减少程序运行的代码量，从而减少软件占用的存储空间。鼠标移动到"Project Explorer"栏的 BSP，单击右键，在菜单中选择 Nios Ⅱ，然后在子菜单中单击 BSP Editor，在弹出的窗口中勾选"enable_small_c_library"与"enable_reduce_device_drivers"，如图 6-38 所示。

勾选"enable_small_c_library"可以减少代码量，是因为完整的 ANSI C 标准库通常不适于嵌入式系统，BSP 提供了裁剪版本的 ANSI C 标准库，所占用资源会更少。

勾选"enable_reduce_device_drivers"可以减少代码量，是因为 BSP 为处理器提供了两个版本的驱动库，默认使用执行速度更快。但对于代码量比较大的版本，这里的选项将使用另一个更小封装的驱动库。

如图 6-38 所示，设置 Nios Ⅱ处理器的标准输入输出口也在这个界面。在 SOPC 硬件设计过程中我们添加了 jtag_uart 这个 IP 核，在这里可以看到默认的标准输入设备 stdin 与标准输出设备 stdout 都指向了 jtag_uart。所谓标准输入输出设备，在编程中是指，使用"printf"这里标准的 C 语言输入输出函数时将使用的设备。在该例中，我们使用了"printf"这个函数来打印字符串"Hello from Nios Ⅱ!"，这个字符串将通过 jtag_uart 输出。

图 6-38　BSP 配置界面

编译后下载到 SOPC 硬件当中，可以在 Nios Ⅱ console 窗口中看到输出结果，如图 6-39 所示（这里使用的是 Debug 功能）。

图 6-39　软件从 SOPC 硬件上输出结果

第 7 章

基于英特尔 FPGA 的 HLS 开发

7.1　HLS 的基本概念

近几年崛起的机器学习、深度学习、人工智能、工业仿真等领域，对计算性能的需求越来越高，已经远远超过了 CPU 等传统处理器所能提供的上限。CPU 等传统处理器本身也存在一些计算性能瓶颈，如并行度不高、带宽不够、时延高等。在这种情形下，利用特定的硬件对特定的应用进行加速，成为众多计算密集型应用的首选。而利用硬件进行应用的加速的工作，不可避免地会传递到硬件工程师／逻辑工程师的手中。面向传统的计算领域，硬件工程师／逻辑工程师足以应付，但是，如果遇到上述所说的诸如深度学习等复杂的算法，则难以应对，从算法的实现上，不易实现；从开发的时间成本上，难以缩短。解决这两个难题的需求，便是 HLS 诞生的契机。

HLS，全称高层次综合设计（High-Level Synthesis），其主要目的就是使用高级编程语言，实现对硬件的功能模块开发。其主要核心思想就是利用高级编程语言（C/C++）实现硬件描述语言（HDL）难以描述的算法，并应用到硬件开发当中——目前主要应用在 FPGA 开发领域。HLS 的主要特点是利用高级软件编程语言，如 C/C++，甚至于 Python，实现算法核心，以此解决问题和节省开发时间。

利用 HLS，可以利用算法（软件）工程师娴熟的算法实现能力，快速地开发和实现 FPGA 的功能模块，并且集成到 FPGA 工程当中，这样做的好处，可以聚焦在算法的快速迭代和功能实现上，在软件的环境下直接实现了功能的仿真的测试，并且可以和硬件仿真进行无缝的衔接，极大地缩短了整个硬件工程的开发周期。

但是，需要注意的是，HLS 虽然加快了硬件工程的开发周期，一定程度上降低了硬件工程的开发难度，但是，HLS 并不能取代全部的硬件工程，因为 HLS 的生成结果是硬件代码以及 IP Core，不是可以直接在硬件上运行的可执行文件。因此，HLS 只能作为硬件 FPGA 工程的补充和模块，无法作为完整的工程进行使用。

7.2 HLS 的基本开发流程

英特尔 HLS 实际上是扩展版本的 C/C++，因此，利用英特尔 HLS 编写的代码，可以直接使用 GCC/GCC-C++进行 CPU 端的编译、执行和仿真，方便 FPGA 工程的核心代码的开发和调试。在确认核心代码在 CPU 端执行的结果没有问题之后，再利用英特尔 HLS 的编译工具 i++进行编译，最终可以生成硬件工程代码或者对应的 IP Core。利用英特尔 HLS 生成的硬件代码，可以达到或者接近 RTL 代码相同的性能，但是资源占用只会多出 10%～15%。因此，在面对复杂算法的快速开发和迭代时，英特尔 HLS 越来越成为工程应用的首选。英特尔 HLS 的基本开发流程大致如下。

（1）使用 C/C++编写核心算法模块，并且包含 main 函数。

（2）使用普通的 GCC/GCC-C++编译器进行编译，或者使用英特尔 HLS 编译器指定参数进行编译，进行功能验证。

（3）使用英特尔 HLS 编译器指定参数进行编译，生成硬件代码或者 IP Core，以及对应的编译报告。

（4）根据编译报告，对核心算法模块进行优化，最终优化到一个比较满意的结果。

（5）生成最终的硬件代码或者 IP Core，并且与 FPGA 工程进行整合。

➢ 7.2.1 HLS 的安装

工欲善其事，必先利其器。在使用英特尔 HLS 加速 FPGA 硬件模块开发之前，需要先安装英特尔 HLS 工具集，才可正常使用。英特尔 HLS 工具集包含在英特尔 Quartus Prime 开发套件当中，将 Quartus Prime 套件安装完成之后，即可使用英特尔 HLS 工具集。由于英特尔 HLS 需要使用 C/C++编译器，因此，通常使用 Linux 作为英特尔 HLS 的承载环境。简短的安装过程如下。

（1）安装 CentOS7.4。安装完成之后，还需要安装必要的依赖软件，如下所示：

```
yum install -y glibc.i686 glibc-devel.i686 libX11.i686 \
             libXext.i686 libXft.i686 libgcc.i686 libgcc.x86_64 \
             libstdc++.i686 libstdc++-devel.i686 ncurses-devel.i686 \
             qt.i686
```

（2）下载 Quartus Prime 套件：https://fpgasoftware.intel.com/18.1/?edition=lite&platform=linux/。

（3）解压 Quartus Prime 套件压缩包，并安装。

（4）设置环境变量。安装的过程不再赘述。假设 Quartus Prime 安装在/opt/intelFPGA_lite，则环境变量的设置如下所示：

```
export
    PATH=$PATH:/opt/intelFPGA_lite/18.1/quartus/bin/:/opt/
    intelFPGA_lite/18.1/modelsim_ase/bin/
source /opt/intelFPGA_lite/18.1/hls/init_hls.sh
```

完成上述安装和配置之后，就可以使用英特尔 HLS 编译器 i++进行接下来的开发编译了。

下面以一个简单的实例介绍 HLS，并说明 HLS 的基本开发流程。我们选用的例子是，实现两个数的加法，并返回其结果。

⊙ 7.2.2 核心算法代码

针对上述要求，使用普通的 C/C++进行编写，其大致代码如下所示：

```
int adder(int a, int b)
{
    return a + b;
}

int main(int argc, char * argv[])
{
    int res = adder(4, 8);
    printf("The result of adder is %d\n", res);
    return 0;
}
```

⊙ 7.2.3 功能验证

利用英特尔 HLS 进行核心硬件代码的生成，首先必须确保算法的正确性。如何确保算法的正确性，对于运行在 CPU 上的程序而言，并不是难事，只需要将该代码进行编译，然后执行即可。

```
gcc -Wall -o test test.c
```

通常情况下，如果没有特殊的需求，也可以使用英特尔 HLS 进行编译，生成 CPU 端的测试程序，进行仿真测试。

```
i++ -o test test.c -march=x86-64
```

上述操作仅仅是从 CPU 的角度来解释或者验证我们所需要的核心算法是否运行正常，可以得到预期的值。

执行的操作大致如下所示：

```
./test
```

如果执行的结果和我们的预期相匹配，即按上述源码，编译之后得到的结果是 res 为 12，可说明核心代码的功能是正确的，接下来就可以进行硬件代码的生成了。

⊙ 7.2.4　生成硬件代码

要生成 FPGA 硬件代码，只能使用英特尔 HLS 的编译器进行操作。不过，在编译之前，需要对上述示例代码进行细微的修改。修改之后的代码大致如下所示：

```
#include "HLS/hls.h"
int adder(int a, int b)
{
    return a + b;
}

int main(int argc, char * argv[])
{
    int res = adder(4, 8);
    return 0;
}
```

在上述代码中，我们添加了 HLS 的头文件，并且删除了部分代码。需要注意的是，删除的代码对于生成硬件代码并没有影响。代码修改完成之后，利用英特尔 HLS 编译器可以针对选用的 FPGA 器件包进行对应器件的 FPGA 硬件代码的生成。假设现在选取的 FPGA 器件是 CycloneV 系列的器件，则编译的指令大致如下所示：

```
i++ -o test test.c --component adder -march=CycloneV
```

需要注意上述指令的特殊点，因此多使用了以下几个参数。

--component：表示需要被编译成 FPGA 硬件模块代码或者 IP Core 的 C/C++函数。

-march：表示针对的 FPGA 器件系列。

有时在一个 C/C++的源文件当中可能包含多个需要被编译成 FPGA 硬件模块代码的函数，如果按照上述编译指令，需要添加多个--componet 指令参数，这显然太方便。因此，还有另外一种编写和编译的方式。修改之后的代码如下所示：

```
#include "HLS/hls.h"

component int adder(int input_a, int input_b)
{
        return input_a + input_b;
}

int main(int argc, char * argv[])
{
        int result = adder(4, 5);
        return 0;
}
```

同样，针对上述代码，编译的指令也需要进行部分修改，修改之后的编译指令如下所示：

```
i++ -o test test.c --march=CycloneV
```

生成硬件代码的编译指令，编译之后生成的结果产物与功能验证的结果产物是完全不同的，如图 7-1 所示。其大致生成的结果产物如下。

（1）可执行文件。

（2）FPGA 硬件模块代码。

（3）编译报告。

（4）验证代码。

（5）Quartus Prime 工程。

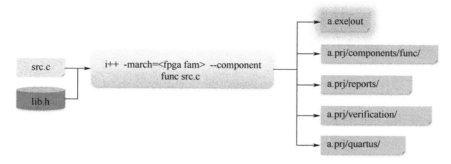

图 7-1　编译之后生成的结果产物

以上述代码为例，最终编译生成的结果产物大致如图 7-2、图 7-3 所示。

图 7-2　生成 FPGA 硬件代码的结果产物

以图 7-2 为例，test 为编译生成的可执行仿真文件；而核心算法的硬件代码实现，则是放在了 test.prj/components/func 当中。以上述代码为例，核心算法 adder 生成的硬件核心代码，其位置在 test.prj/components/adder 当中。图 7-3 中，reports 是生成的硬件代码的性能和资源评估报告，后续的算法 / 代码优化，以及性能优化所需要采取的策略，都需要以此为参考进行合理的方法和手段的选择；verfication 是用于从 FPGA 硬件工程的角度验证核心算法所生成的硬件模块代码的合法性和合理性；而 quartus 则是生成了核心算法的硬件模块的顶层设计文件，同样是用于验证 FPGA 硬件模块代码的正确性的。

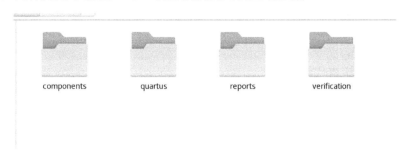

图 7-3　生成 FPGA 硬件代码的结果产物（test.prj 内部）

⊙ 7.2.5　模块代码优化

FPGA 硬件模块代码的优化，依赖于从编译报告当中获取性能分析，然后根据性能瓶颈，采取合适的优化措施。

在 HLS 编译生成硬件代码后，编译目录下会生成一个 report 的目录，该目录保存的是 HLS 的编译报告。英特尔 HLS 的编译报告是以 Web 页面的形式存在的，只需用网页浏览器打开，即可查看。编译报告主要分为以下几类。

7.2.5.1　报告总览

总体上，分析生成的硬件代码，包括编译的指令、资源的消耗等，如图 7-4 所示。

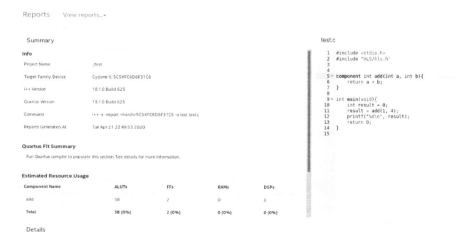

图 7-4　编译报告总览

7.2.5.2　循环与瓶颈分析

具体到 HLS 代码（C/C++），分析代码的影响以及性能，如图 7-5 所示。

图 7-5　循环与瓶颈分析

在多数情况下，代码的优化以及修改，都是主要依赖于该部分报告所给出的数据的。而这部分报告，也通常是开发人员关注的重点。

7.2.5.3　资源分析

资源分析，则是深入到每一行代码，查看其代码所占用的加法器、逻辑资源等，如图 7-6 所示。

根据每一行代码的资源的分析，开发者可以按照这些相关的提示以及建议，进行代码级别的优化，从而提高性能。

7.2.5.4　模块分析

模块分析，则是使用图示的方式，将代码或者程序的执行过程比较直观地显示出来，如图 7-7 所示。

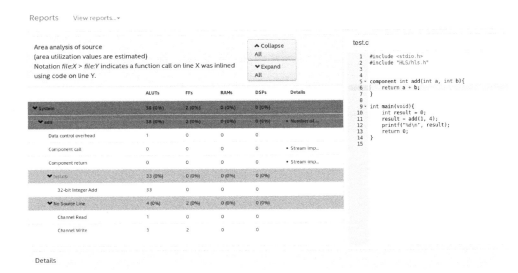

图 7-6　资源分析

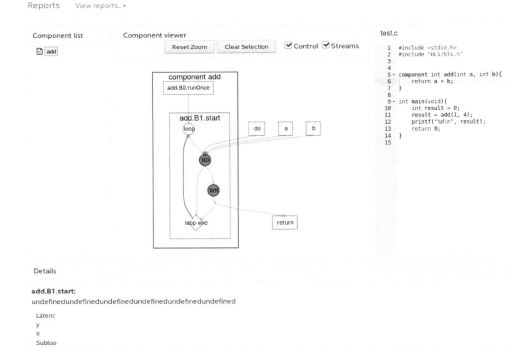

图 7-7　模块分析

模块的图示分析可以比较清晰明了地将模块执行过程中的存取操作、瓶颈部分分析出来，便于开发人员及时而直接地发现代码当中可能存在的性能瓶颈，并提出优化建议。

⊙ 7.2.6 HLS 的 Modelsim 仿真

在 HLS 编译生成硬件代码后，在编译目录下会生成一个 Verification 目录，该目录保存了 HLS 仿真验证相关的文件。每当执行 HLS 编译器，就会生成 Verification 目录。

当执行编译 FPGA 程序生成的可执行文件 test-fpga.exe 时，编译器会自动完成仿真，并输出校验结果。这个过程看上去与软件执行相同，但实际上是调用了 Modelsim 执行了仿真这个过程的，并通过 Modelsim 的 DPI 接口完成了仿真数据的交互，最后校验结果的正确性。这与纯软件的仿真结果操作不同。

当然，我们也可以打开 Modelsim 查看仿真过程中生成的仿真波形。默认情况下，仿真波形是没有保存的，所以是不能通过 Modelsim 打开的，如需查看波形，要在 i++ 编译时加 -ghdl 标签，以使 HDL 信号在仿真后完全可视化。

在使用 -ghdl 标签完成 i++ 编译后，在 Verification 目录下会生成 vsim.wlf 文件，文件所在位置为：a.prj/verification/vsim.wlf。

紧接着便可以使用 Modelsim 打开 vsim.wlf 文件查看波形了，使用如下命令即可打开波形文件：vsim a.prj/verification/vsim.wlf。HLS 编译仿真过程中的时序图示例如图 7-8 所示。

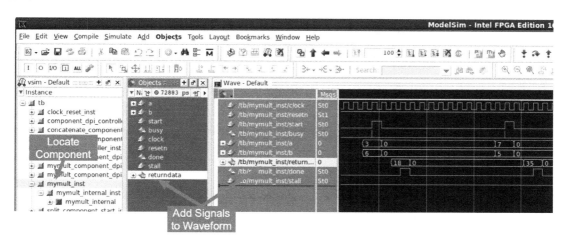

图 7-8　HLS 编译仿真过程中的时序图示例

⊙ 7.2.7 集成 HLS 代码到 FPGA 系统

在 HLS 开发流程中，集成 HLS 到工程中是开发流程的最后一步。在进行详细介绍前，先来回顾一下 HLS 的开发流程，如图 7-9 所示。首先，在 C 环境下创建代码，main 函数的内容对应 Testbench，HLS 部分内容对应 Component 函数。其次，使用 g++或 i++命令调用编译器把代码生成为 x86 端的可执行文件，运行该文件进行程序的功能验证。再次，在使用 i++命令编译时，添加-march=<FPGA fam>选项，该编译过程把 HLS 代码转换为 Verilog HDL 代码，并生成 FPGA 的 IP 核，该过程还会生成 reports 报告，除此之外运行该编译过程生成的可执行文件，将调用 Modelsim 对结果进行仿真验证。最后，将 HLS 代码集成到 FPGA 系统当中。

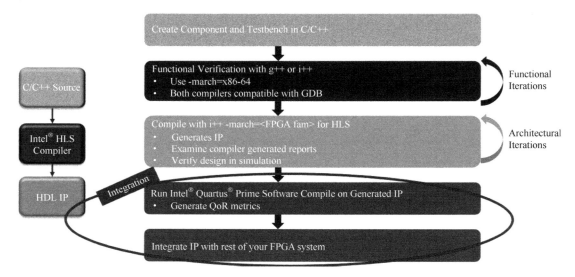

图 7-9 HLS 开发流程图

在编译过程中，会生成 components 目录，该目录包含 HLS 集成达到 FPGA 系统的所有文件，可以把该目录拷贝到工程目录中，以方便集成。将 HLS 代码集成到 FPGA 系统中有两种方式，一种是以传统 FPGA 模块的实例化方式加入 FPGA 系统当中，另一种是通过 IP 的方式加入 FPGA 系统当中。

⊙ 7.2.8 HDL 实例化

将 HLS 代码进行 HDL 实例化的过程，首先是将 component 文件夹下的 IP 文件添加到 Quartus Prime 软件当中。Quartus 支持的 IP 文件后缀名为：*.qsys、*.qip、*.ip、*.sip，在标准版 Quartus Prime 中使用 *.qsys 文件，在专业版 Quartus 中使用 *.ip 文件。

Quartus Prime 中使用传统的添加文件的方式添加 IP 文件到工程中，如图 7-10 所示为添加 qsys 文件。

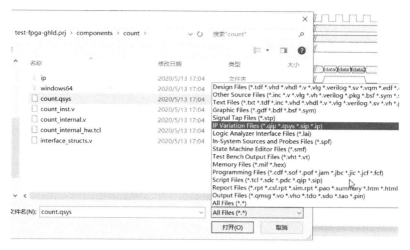

图 7-10　Quartus 中添加 qsys 文件

编译生成的文件夹 components 目录下面，有个*_inst.v 文件，该文件为 HDL 例化的参考文件，在 FPGA 系统中可以参考该文件将 HLS 的代码进行 HDL 实例化。

```verilog
dut dut_inst (
  // Interface: clock (clock end)
  .clock    ( ), // 1-bit clk input
  // Interface: reset (reset end)
  .resetn   ( ), // 1-bit reset_n input
  // Interface: call (conduit sink)
  .start    ( ), // 1-bit valid input
  .busy     ( ), // 1-bit stall output
  // Interface: return (conduit source)
  .done     ( ), // 1-bit valid output
  .stall    ( ), // 1-bit stall input
  // Interface: returndata (conduit source)
  .returndata( ), // 32-bit data output
  // Interface: a (conduit sink)
  .a        ( ), // 32-bit data input
  // Interface: b (conduit sink)
  .b        ( ) // 32-bit data input
);
```

⊙ 7.2.9　添加 IP 路径到 Qsys 系统

添加 IP 路径到 Qsys 系统同样使用的是 components 目录中的 IP 文件，如图 7-11 所示。其操作流程如下：

（1）打开 Platform 或 Qsys。

（2）添加 IP 路径：Tool→Options 下添加 components 目录：.prj/components/**/*。

图 7-11　添加 IP 路径

（3）添加 IP 路径后，将在 IP 核列表里列出目录下的 HLS 模块，双击 IP 核可以将 IP 核加到 Qsys 系统，如图 7-12 所示。

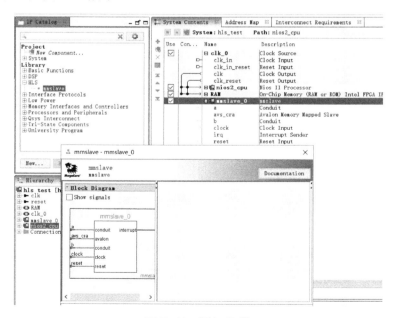

图 7-12　添加 IP 核

（4）设置端口总线与接口，如图 7-13 所示。在实际应用中，可根据实际情况灵活控制 HLS 的接口。

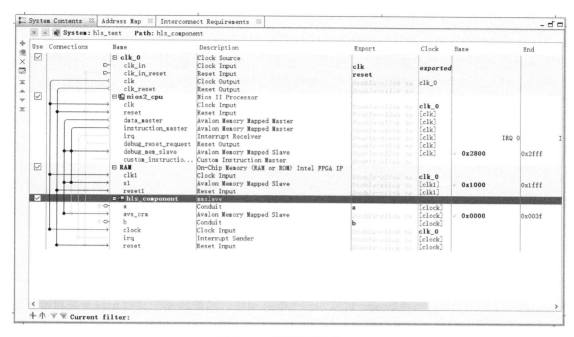

图 7-13　设置总线和接口

7.3　HLS 的多种接口及其使用场景

HLS 中所谓的接口，实际上就是上面我们提到的包含核心算法的函数的定义形式。不同的定义形式，对应不同的接口类型；不同的接口类型，应对不同的应用场景，相对应的，也会带来不同的收益。接下来将以一些简单的示例来说明常见接口的使用方式与场景。

英特尔 HLS 的 C/C++代码最终生成的 FPGA 硬件代码，主要是使用英特尔 FPGA 的 Avalon 接口进行通信和数据交互的。通常情况下，除了默认的标准接口之外，常见的 Avalon 接口包含以下两类。

（1）Avalon Streaming 接口：数据流单向，接口灵活简单。

（2）Avalon Memory Mapped 接口：基于内存地址的读 / 写接口，可以使用典型的主从连接。

⊙ 7.3.1　标准接口

以如下代码为例：

```
component int add(int a, int b)
{
    return a + b;
}
```

在上述代码当中，函数传递的参数中没有使用任何其他特殊的标识符，也没有使用如C/C++中常用的指针等数据类型，这种形式的函数定义对应的就是默认的接口。这种形式的英特尔 HLS 最终生成的硬件代码，其电路结构大致如图 7-14 所示。

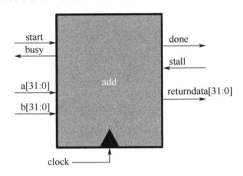

图 7-14　默认接口生成的电路接口

图 7-14 中，HLS 将函数 add 封装为一个电路模块，函数传递的参数 a 与 b 被封装为这个电路模块的数据接口，其余的信号为辅助控制参数传递的时序控制信号。

每一个 HLS 代码都会生成这样的 FPGA 硬件模块接口，都会包含 start、busy、done 和 stall 这几个信号。其中，start 和 busy 在被调用的阶段生效，而 done 和 stall 则是在模块组件调用完成的返回阶段生效。其时序比较简单，如图 7-15 所示。

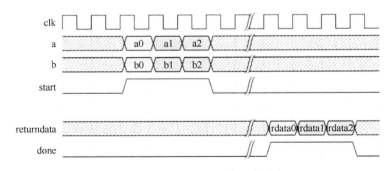

图 7-15　默认接口生成接口的时序图

图 7-15 中标准接口相对简单，其使用场景就是把 HLS 代码直接作为 FPGA 的常规编程模块使用，该方式为最常用的接口方式。HLS 的 component 代码编译完成后将生成以 IP 核的形式存在的 Verilog HDL 代码，将该代码复制到工程目录下，使用传统的 Verilog HDL 编

程语言例化该 IP 核即可。

⊙ 7.3.2 隐式的 Avalon MM Master 接口

如果将上述代码修改一下，将其中的一个参数修改为指针类型，修改之后的代码大致如下所示：

```
component int dut(int a, int *b, int i)
{
    return a * b[i];
}
```

该函数所生成的硬件代码，其最终的电路结构可能如图 7-16 所示。

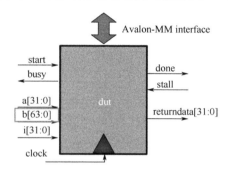

图 7-16　最终的电路结构

图 7-16，对比标准接口可以发现，电路结构中多了一个 Avalon Memory Mapped 接口（以下简称 Avalon MM 接口）。使用指针数据类型作为函数的参数或者返回值，会隐式地多生成 Avalon MM 接口，而且模式是 Avalon MM Master（主模式）接口。在这里，接口 b 在 component 的函数中是用指针的类型描述的，指针的实质是一个存储区的初始地址，在电路结构中 b 也表示类似的一个地址，地址宽度默认为 64 位。Avalon MM Master 接口需要连接到支持 Avalon MM Slave 接口的类似 RAM 存储区的设备，该电路模块通过 Avalon 总线与 RAM 模块联通，如图 7-17 所示。

因此，在这里，当通过 i 的变换来索引 b 指针的数据时，在电路中将通过 Avalon MM 接口去访问 RAM 中的数据。如图 7-18 所示为 Avalon-MM 时序图，b 端口输入一个 RAM 的初始地址，Avalon 总线通过该初始地址 b 与地址偏移 i，获取 slave 设备（如 RAM 存储器）对应的数据 b[i]，然后在运算完成后返回运算值。对比标准接口的时序，这里仅增加了一组 Avalon MM 总线，如该总线直接与存储器连接，那么其时序也不需要注意了。

图 7-17　Avalon 总线与 RAM 模块联通

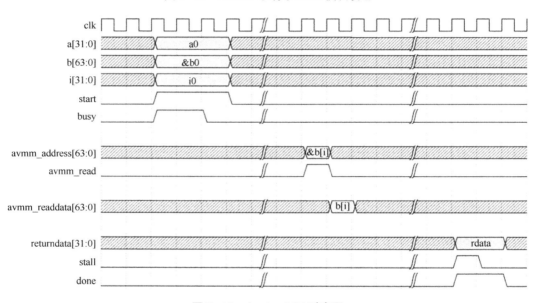

图 7-18　Avalon MM 时序图

在实际应用中，除指针类型会生成 Avalon MM 接口外，全局标量与数组类型也会生成 Avalon MM 接口，将这几种情况进行汇总，如表 7-1 所示。另外，在这里，由于在程序中没有指明使用 Avalon MM Master 接口，但实际生成了这个接口，因此我们把它称为隐式的 Avalon MM Master 接口。对比标准接口的使用场景，使用 Avalon MM Master 接口可以直接对内存数据进行访问，当需要大量数据参与运算，数据已缓存到存储设备时，使用 Avalon MM Master 接口有明显的优势。

表 7-1　数据类型对应

C/C++数据	HDL 接口
标量数据	与 start/busy 相关联的默认管道
指针	Avalon MM 接口
全局标量和数组	Avalon MM 接口

⊙ 7.3.3　显式的 Avalon MM Master 接口

除了隐式地使用 Avalon MM Master 接口之外，也可以显式地使用。显式的接口通常可以更好地对资源和参数进行控制，在某些对数据有明确要求的情况下，显式的 Avalon MM Master 接口是一个不错的选择。其基本示例如下所示：

```
component int dut(
ihc::mm_master<int> &a,
ihc::mm_master<int> &b, int i)
{
    return a[i] * b[i];
}
```

通过与指针的方式进行对比可知，该程序的内容同样使用了矩阵运算，参数 a 与参数 b 没有直接使用指针的方式定义，而是使用了 ihc 类别的新的数据类型定义。该程序生成的显示的 Avalon MM Master 如图 7-19 所示，同样会比标准接口多出一个 Avalon 总线接口，但接口的位宽却不像直接使用指针的方式一样占用了 64bit 的宽度，这就是显式的 Avalon MM Master 接口的一个好处，可以避免不必要的位宽浪费。

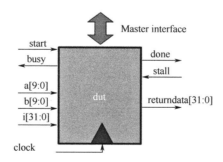

图 7-19　显式的 Avalon MM Master 接口电路图

显式的 Avalon MM Master 接口需要使用以下表达式进行定义：

```
ihc::mm_master<datatype, /*template arguments*/>
```

datatype 表示参数的数据类型。除此之外，该表达式还可以接收更多的参数，以期对数据实现更加细粒度的控制。可选的参数及其相关说明如表 7-2 所示。

表 7-2　显式的 Avalon MM Master 接口的属性

参　　数	有　效　值	默　认　值	描　　述
ihc::dwidth	8,16,32,...,1024	64	数据总线宽度
ihc::awidth	1-64	64	地址总线宽度
ihc::aspace	>0	1	地址空间
ihc::align	>default	type	地址空间对齐
ihc::latency	>=0	1	确定的读数据延迟
ihc::maxburst	1—1024	1	读写的最大传输速率

关于显式的 Avalon MM Master 接口的基本使用，可以参考下例：

```
    component int dut(ihc::mm_master<int, ihc::aspace<1>,
ihc::dwidth<32>>&a,
    int b, int i)
    {
    return a[i] * b;
    }

    int main(void)
    {
    int A[1000];
    ihc::mm_master<int, ihc::aspace<1>, ihc::dwidth<32> > mm_A(A,
sizeof(int)*1000);
    ...
    dut(mm_A, 6, 4);
    return 0;
    }
```

显式的 Avalon MM Master 接口的应用场景与隐式的 Avalon MM Master 接口相同，但隐式的 Avalon MM Master 接口的数据位宽与地址位宽都是 64 位，而实际往往不需要那么大，会浪费大量地址空间。显式的 Avalon MM Master 接口则可以更加准确地定义 Avalon 接口的数据位宽、地址位宽，避免不必要的浪费，更方便我们合理利用资源。

⊙ 7.3.4　Avalon MM Slave 接口

除了使用 Avalon MM Master 这种主模式的接口之外，也可以在英特尔 HLS 当中使用 Avalon MM Slave（从模式）接口。Avalon MM Slave 接口的引入，使 HLS 编程得到的模块接口总线化，这使 HLS 的使用场景从传统的 FPGA 接口访问方式转向了总线的接口方式，可快速地使 HLS 的程序集成到 SOPC 或 SOC 系统中实现更复杂的功能。

在 HLS 中 Avalon MM Slave 接口的定义，其实质是把接口信号总线化，使用场景是为

HLS 模块提供 Avalon MM Slave 接口，供 Master 设备访问。常用的 Master 设备包括 Nios Ⅱ 软核处理器与 ARM 硬核处理器。HLS 使用 Avalon MM Slave 接口后，Nios Ⅱ 软核处理器与 ARM 硬核处理器便可以使用 Master 的接口直接与 HLS 模块进行直接的数据交互。

在 HLS 开发过程中，采用 Avalon MM Slave 来定义 HLS 的接口的方法比较简单，共有三种定义方式，其针对的场景如下。

MM Slave component：针对整个 HLS 编程模块，将时序控制信号及函数返回值总线化。

MM Slave Register Argument：将 HLS 编程模块的参数总线化，Master 设备通过访问寄存器的形式访问参数。

Slave Memory Argument：针对 HLS 编程模块的参数为矩阵的场景，Master 设备通过总线可对 memory 部分进行读写操作。

7.3.4.1 定义 component 为 Slave 接口

定义 component 为 Slave 接口，是把 HLS 模块 component 函数相关的控制信号接口定义为 Avalon 总线接口，如 start、busy 及 returndata。与 Avalon MM Master 接口相比，Slave 接口不再直接使用 start、busy 信号，而是使用组件控制和状态寄存器的方式，对上述信号进行替换。定义方式只需要在 component 前加 hls_avalon_slave_component，如下所示：

```
hls_avalon_slave_component
component int dut_slave(...)
{
    return a * b;
}
```

上述代码经过编译之后生成的硬件代码，对应的电路结构如图 7-20 所示，start 信号、done 信号以及函数的返回值 returndata 被总线化，通过 Avalon MM 总线可以对其进行访问，而 component 的端口参数 a 与 b，因没有被定义为总线，而继续保持标准接口的方式。

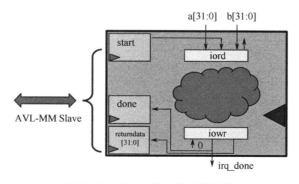

图 7-20　Slave 接口的电路结构

　　如图 7-21 所示，在 Qsys 系统设计中，使用 Nios Ⅱ软核处理器这样的 Master 设备，可以对 Avalon MM Slave 接口的 HLS 模块进行直接访问。图中，接口 a 与 b 因未被定义为总线形式，所以以分离的形式存在，在 Qsys 系统中，可将这两个信号 Export 到外部端口。

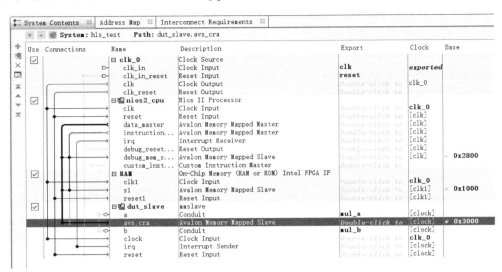

图 7-21　Slave 接口的访问

　　对于如何通过总线接口进行 Slave 接口的访问，在 HLS 编译过程中会产生一个头文件 <component_name>_csr.h，在头文件中可以查看要访问数据的地址偏移，Master 设备通过访问对应的地址对接口进行访问与读写。在本例中，通过头文件可以看到有五个寄存器地址，分别为 busy、start 及 returndata 信号对应的寄存器，另外还有中断使能寄存器与中断状态寄存器。这里，component 模块的 Avalon Memory Slave 总线分配到的首地址为 0x3000，返回值 returndata 寄存器的偏移是 0x20，则 Nios Ⅱ处理器读取 0x3020 这个地址的数据即可得到 component 模块的返回值。

```
/* Byte Addresses */
#define DUT_SLAVE_CSR_BUSY_REG (0x0)
#define DUT_SLAVE_CSR_START_REG (0x8)
#define DUT_SLAVE_CSR_INTERRUPT_ENABLE_REG (0x10)
#define DUT_SLAVE_CSR_INTERRUPT_STATUS_REG (0x18)
#define DUT_SLAVE_CSR_RETURNDATA_REG (0x20)

/* Argument Sizes (bytes) */
#define DUT_SLAVE_CSR_RETURNDATA_SIZE (4)
```

7.3.4.2　定义参数为 Slave Register 接口

在 MM Slave component 的定义中，可以看到 component 模块的参数 a 与 b 并没有在 Avalon 总线的定义中，如在实际的使用场景中需要把参数 a 或 b 也添加到 Master 可以访问的寄存器中，则可以使用 MM Slave Register Argument 来完成定义。在实际应用中，可以根据需求仅定义 a 或仅定义 b，也可以同时定义所有的参数，其使用示例如下：

```
hls_avalon_slave_component
component int dut_slave(int a, hls_avalon_slave_register_argument int b)
{
return a * b;
}
```

示例中使用了 MM Slave component 定义 component，这三个信号，即 start、done、returndata 被定义为总线可以访问的寄存器。使用 MM Slave Register Argument 定义了参数 b，使参数 b 也被定义为可以通过总线访问的寄存器。这里因参数 a 没有使用总线定义，所以模块的 a 接口依然是一个独立的信号接口。Slave 寄存器的电路结构如图 7-22 所示。

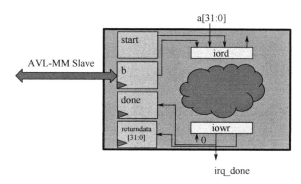

图 7-22　Slave 寄存器的电路结构

7.3.4.3　定义参数为 Slave Memory 接口

前两节的 Slave 接口定义可以把原标准接口的所有信号都以寄存器的形式加入 Avalon 总线当中，能够满足大多数使用场景，但在需要让 HLS 的 component 模块传递一定量的数据时或在需要 HLS 模块缓存一定数据量的参数的使用场景中，则需要将接口定义为 Memory 的形式。针对这类数据量比较大的场景，Slave 提供了专门的接口进行处理，具体的示例如下：

```
component int dut(int a,
    hls_avalon_slave_memory_argument(2500 * sizeof(int)) int * b, int i)
{
```

```
        return a * b[i];
    }
```

Slave Memory 接口对于大数据的处理，通常是使用片上内存实现的，比较适用于指针和引用数据类型，特别适宜大数据量的数组或者数据。Slave Memory 接口电路如图 7-23 所示。在图中可以看到参数 b 调用了片上的 M20K 存储模块，并支持 Avalon 总线的访问。因为在该示例中仅将 b 定义为 Slave 总线的形式，而 component、参数 a 与参数 i 没有定义为 Slave 总线的形式，所以除了参数 b 的访问可以通过 Avalon 总线进行访问外，其余信号依然为 FPGA 的标准接口。

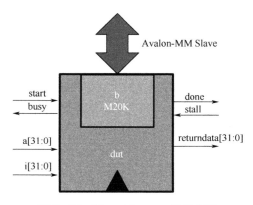

图 7-23　Slave Memory 接口电路

⊗ 7.3.5　Avalon Streaming 接口

除 Avalon MM Master 接口与 Avalon MM Slave 接口外，还有一种在英特尔 HLS 当中被广泛使用的总线接口是 Avalon Streaming（流式）接口。与标准接口和 Avalon MM 接口不同，通常情况下，Avalon Streaming 接口会将参数变成 HDL 模块上的流水线输入输出端口，并且会创建 valid 和 ready 信号。简单的示例如下：

```
component int dut(ihc::stream_in<unsigned char> &a,
ihc::stream_out<unsigned char> & b)
{
    for(int i=0;i<N;i++)
    {
        unsigned char input = a.read();
        input = 255 - input;
        b.write(input);
    }
}
```

与示例中的程序一样，输入端口必须绑定使用 stream_in 修饰符，而输出端口则必须绑定 stream_out 修饰符。在使用 Avalon Streaming 接口时，函数当中对应参数不再是直接使用，而是必须通过 read/write 进行读写操作。Avalon Streaming 接口生成的电路结构如图 7-24 所示。

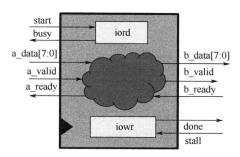

图 7-24　Avalon Streaming 接口生成的电路结构图

在默认情况下，Avalon Streaming 接口属于阻塞式，当出现如下情形时，可能会导致对应的硬件模块在运行时一直处于等待状态。

（1）尝试读取空的缓冲区，或者没有收到 valid 信号。

（2）尝试向已经满的缓冲区继续写入数据。

针对以上情况，英特尔 HLS 也提供了非阻塞式的 Avalon Streaming 接口。非阻塞式的 Avalon Streaming 接口大致如下：

```
T tryRead(bool &success)
bool tryWrite(T data)
```

非阻塞式的 Avalon Streaming 接口的使用方式大致如下：

```
component void dut(ihc::stream_in<int>&a,
    ihc::stream_out<int>&b)
{
    bool success_in = false, success_out = false;
    int input = a.tryRead(success_in);
    if(success_in)
    {
        int result = input * 255;
        success_out = b.tryWrite(result);
        if(sucess_out) .....
    }
}
int main(void)
{
    ihc::stream_in<int> a;
    ihc::steram_out<int>b;
```

```
        a.write(100);
        dut(a, b);
        int res = b.read();
        return 0;
    }
```

7.4　HLS 简单的优化技巧

英特尔 HLS 的主旨是以软件开发的思想 / 思维，来开发 FPGA 硬件核心模块，最终的结果是生成 FPGA 硬件的模块代码或者 IP Core。因此，在使用英特尔 HLS 时，还是存在一些限制的。

（1）不支持 system calls。一些依赖操作系统的函数是不能被综合的，如 printf，还有文件操作函数 open()、time()、sleep()等。

（2）不支持动态内存分配，如 malloc()、alloc()、free()。

（3）禁止使用递归函数。

（4）指针的限制：通常不支持指针类型强制转换（pointer casting），指针数组必须指向一个大小一定的空间。

（5）不支持标准模板库（standard templatelibraries），因为模板库中常常包含递归函数和动态内存分配。

第 8 章

基于英特尔 FPGA 的 OpenCL 异构技术

8.1 OpenCL 基本概念

8.1.1 异构计算简介

近几年崛起的机器学习、深度学习、人工智能、工业仿真等领域,对计算性能的需求越来越高,已经远远超过了 CPU 等传统处理器所能提供的上限;而 CPU 等传统处理器本身也存在一些计算性能瓶颈,如并行度不高、带宽不够、时延高等。在这种情形下,并行计算如火如荼地发展了起来。

计算依赖于处理器。CPU 更多注重的是控制,难以承载大量的并行计算。而 FPGA 以及其他异构芯片与 CPU 不同,这些芯片拥有更多的核心,本身就是一个庞大的计算阵列,因此,FPGA 以及其他异构芯片,天然地就具备了高并行性的基础。但是,这些芯片毕竟不是专门为了进行中央控制而生的,因此,它们只适合这种大数据量的高速并行计算,对于控制逻辑,并不擅长。

因此,使用 CPU 做控制,FPGA 或者其他异构芯片做计算,就成为一种提高计算性能的必然选择。通常,在一个系统中,既有 CPU,又有 GPU,或者 FPGA 或者专有芯片,这种系统我们称之为异构计算系统。

异构计算系统将 CPU 从繁重的计算工作当中解放出来,集中于控制层面,其他异构芯片接替了简单但是繁重的计算工作,发挥出自身的并行性优势,从整体上提高了应用程序的计算和处理能力。这种架构,是大数据、云计算、人工智能时代的必然选择。

CUDA 是异构并行计算中的翘楚,尤其是在图形图像以及人工智能领域,已经是名副其实的业界翘楚。但是,CUDA 是 Nvidia 公司的商业产品,并且严格地与 Nvidia 的 GPU 系列产品进行了深度绑定,无法适用于其他设备。微软的 C++ AMP 以及 Google 的 Render

Script，也都是针对各自的产品制订的方案，不具备普适性。如果每个厂商对异构计算都有不同的解决方案或者整合框架，对于实际应用以及工业界而言，这是一个灾难。

OpenCL 的诞生就是为了解决这个问题的。OpenCL 全称是 Open Computing Language，即开放计算语言，是一套异构计算的标准化框架，它最初由 Apple 公司设计，后续由 Khronos® Group 维护，覆盖了 CPU、GPU、FPGA 以及其他多种处理器芯片，支持 Windows，Linux 以及 MacOS 等主流平台。它提供了一种方式，让软件开发人员尽情地利用硬件的优势，来完成整体产品的运行加速。

总体说来，OpenCL 框架有以下特点。

（1）高性能：OpenCL 是一个底层的 API，能够很好地映射到更底层的硬件上，充分发挥硬件的并行性，以获得更好的性能。

（2）适用性强：抽象了当前主流的异构并行计算硬件的不同架构的共性，又兼顾了不同硬件的特点。

（3）开放开源：不会被一家厂商控制，能够获得最广泛的硬件支持。

（4）支持范围广：从普通的 CPU、GPU 到 FPGA 等芯片，从 Nvidia 到 Intel 等广大厂商，都对 OpenCL 进行了支持。

另外，各个半导体厂商，包括 Intel、AMD、ARM、Nvidia 等，都不同程度地提供了对 OpenCL 的支持，软件巨头 Adobe、华为等也都不同程度地使用了 OpenCL，为 OpenCL 的发展添加助力。OpenCL 的生态发展良好。

由于硬件的并行度越来越高，需要处理的数据量越来越大，因此对实时性的要求也越来越高，OpenCL 在多个领域得到了广泛重视和大规模的推广。

⊗ 8.1.2 OpenCL 基础知识

OpenCL 本质上是为异构计算（并行计算）服务的，和其他的计算系统存在一些区别。整个 OpenCL 的大体结构如图 8-1 所示。

（1）异构设备（芯片）由上下文连接。

（2）OpenCL 分为程序（主机端）和内核（设备端）。

（3）主机和设备之间可以通过一定的机制进行内存的相互访问。

（4）执行的指令通过命令队列发送到 OpenCL 设备进行执行。

为了简单地描述 OpenCL 的结构和执行流程，通常将 OpenCL 的执行划分为三个模型：平台模型、执行模型和存储模型。

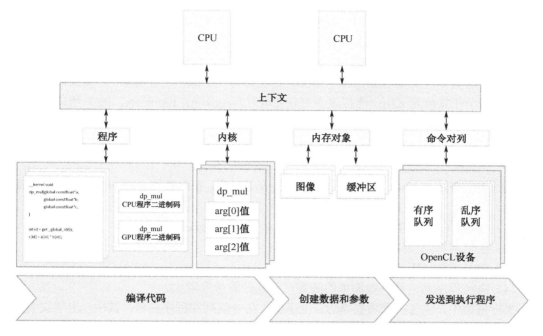

图 8-1 OpenCL 架构图

8.1.2.1 平台模型

OpenCL 的平台模型是由一个主机和若干个设备组成的，也就是一个 Host 加多个 Device 的组织形式，如图 8-2 所示。这些设备可以是 CPU、GPU、DSP、FPGA 等。这种多种处理器混合的结构，组成了异构并行计算平台。在这些 Device 中又包含了一个或者多个计算单元（Computing Units，CU），每个计算单元中可以包括若干个处理单元（Processing Elements，PE），内核程序（kernel）运行在这些 OpenCL 上，使用了设备上的计算单元来实现功能，每个计算单元会调用若干个处理单元来完成各子任务。

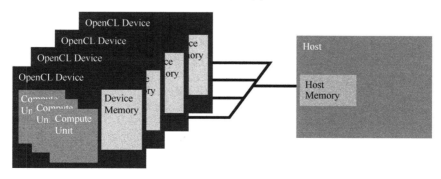

图 8-2 平台模型

平台模型是应用开发的重点，是关于 OpenCL 如何看待硬件的一个抽象描述。OpenCL 平台模型由主机及其相连的一个或多个 OpenCL 设备组成。通常，主机表示包含 X86 或者 ARM 处理器的计算平台，OpenCL 设备可以是 GPU、DSP、FPGA 或者有硬件商提供、OpenCL 开发商支持的其他任何处理器。每个 OpenCL 设备有一个或多个计算单元（Compute Units，CU），而每个计算单元又由一个或多个处理单元（Processing Elements，PE）组成，处理单元是设备上执行数据计算的最小单元。

8.1.2.2　执行模型

执行模型表示 OpenCL 在执行过程中的定义。通常，执行模型分为两个部分：主机端和设备端。

（1）OpenCL 程序包含主机端程序和设备端内核（kernel）程序。

（2）主机端将内核提交到设备端，并承担 IO 操作。

（3）设备端在处理单元执行计算。

（4）内核程序通常是一些简单的函数，但是计算量非常大。

执行模型中，包含三个重要概念：上下文、命令队列和程序内核。其中，上下文负责关联 OpenCL 设备、内核对象、程序对象和存储器对象；命令队列提供主机和设备的交互，包括程序内核的入队、存储器入队、主机和设备间的同步、内核的执行顺序等；程序内核则是真正执行任务的实体。

（1）OpenCL 运行时，主机发送命令到设备上执行，系统会创建一个整数索引空间（NDRange），对应索引空间的每个点，将分别执行内核的一个实例。

（2）执行内核的每个实例称为一个工作项（work-item），工作项由它在索引空间的坐标来标识，这些坐标就是工作项的全局 id（global id）。

（3）多个工作项组织成工作组（work-group），工作项在工作组中存在一个 id，这个 id 称为局部 id（local id）。

（4）工作组 id 和局部 id 可以唯一确定一个工作项的全局 id。

索引空间如图 8-3 所示。

假设一个 2 维的 NDRange 空间为 12×12（gx，gy），被划分成 3×3（wx，wy）工作组，工作组的组成为 4×4（Lx，Ly），那么，现在在工作组（1，1）项中，局部坐标为（2，1）的工作项的全局 id 为（6，5），其计算公式如下：

```
gx = wx × Lx +lx
gy = wy × Ly + ly
```

NDRange kernel 影响到每个计算单元，影响 kernel 的执行效率。

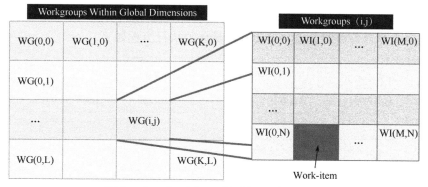

Total number of work-items=(N+1)*(M+1)*(K+1)*(L+1)

图 8-3　索引空间

8.1.2.3　存储模型

存储模型表示 OpenCL 的执行过程中设备和主机之间的内存交互。OpenCL 总共定义了五种不同的内存区域。

（1）宿主机内存：仅对宿主机（host）可见。

（2）全局内存：该区域的内存允许读写所有工作组当中的所有工作项。

（3）常量内存：在执行一个内核期间保持不变，对于工作项是只读的内存区域。

（4）局部内存：针对局部工作组，可用于工作组之前的内存共享。

（5）私有内存：单独工作项的私有区域，对于其他工作项不可见。

这些内存区域关系图如图 8-4 所示。

⊗ 8.1.3　OpenCL 语言简介

OpenCL 实际上是主机端和设备端配合运行的模式，因此 OpenCL 语言分为两部分程序：主机端程序和设备端程序。主机端程序运行在 CPU 上，使用 C/C++语言进行编写，按照 OpenCL 的规则对设备端进行管理与调度。设备端程序为 OpenCL 异构部分的程序，运行在如 FPGA、GPU 的设备端上，采用 OpenCL C 语言进行编写，处理来自主机端的数据，并将处理完成的数据送回到主机端。

8.1.3.1　主机端程序

OpenCL 程序开发的第一步就是选择 OpenCL 平台。OpenCL 平台指的是 OpenCL 设备和 OpenCL 框架的组合。不同的 OpenCL 厂商属于不同的 OpenCL 平台。一个异构计算平台可以同时存在多个 OpenCL 平台。例如，在一台 Linux 服务器上，可以同时存在英特尔的 CPU、Nvidia 的 GPU 以及英特尔 FPGA 或者其他异构芯片。因此，在使用 OpenCL 进行开发的时候，必须显式地指定所需要使用的 OpenCL 平台。指定 OpenCL 平台后，按照一定的流程就可以完成对设备端的管理与调度了。具体的执行流程如下。

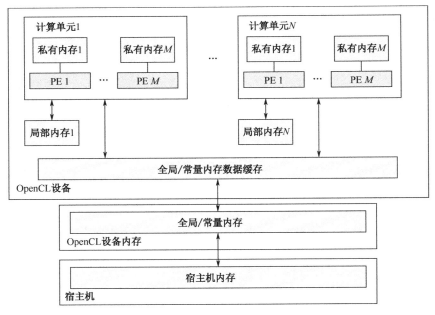

图 8-4　OpenCL 内存区域关系图

（1）搜索并选择 OpenCL 平台。

（2）搜索并选择 OpenCL 设备。

（3）创建主机和设备通信的上下文和命令队列。

（4）创建程序对象和内核对象。

（5）将内核对象送入设备进行执行。

（6）获得执行结果并清理环境。

8.1.3.2　设备端程序

OpenCL 设备端使用 OpenCL C 语言进行编写。

OpenCL C 语言专门用于编写 OpenCL 内核（设备）程序，和其他语言相比，主要有如下特点。

（1）基于 C99 标准，并在 C99 规范上进行了扩展。

（2）语法结构和 C 语言相似，支持标准 C 的所有关键字和大部分的语法结构。

一段简单的 OpenCL C 代码如下：

```
_kernel void adder(_global float * a,
```

```
        _global float * b, _global float * result)
    {

        int tid = get_global_id(0);
        result[tid] = a[tid] + b[tid];
    }
```

与 C 语言不同的是，OpenCL C 语言扩展了 C99 标准，并且添加了很多关键字和保留字，每一段 OpenCL C 代码的写法也不太一样，具体如下。

（1）OpenCL C 内核函数必须以 _kernel 或者 kernel 关键字为函数的修饰符。

（2）所有的 OpenCL C 内核函数，必须没有返回值，统一以 void 作为函数的返回类型。

（3）函数的执行结果，通过传递的函数参数，以指针的方式传递。

除了以上规则之外，OpenCL C 还有其他一些重要的关键字和修饰符。

（1）地址空间修饰符。

执行一个内核的工作项可以访问四个内存区域，这些内存区域可以指定为类型限定符。类型限定符可以是 _global 或者 global（全局）、_local 或者 local（本地）、_constant 或者 constant（常量）、_private 或者 private（私有）。

如果内核函数的参数声明为指针，则这样的参数只能指向 _global、_local 以及 _constant 这三个内存空间。

全局地址空间（_global 或者 global），表示从全局内存分配的内存对象，使用该标识符修饰的内存区，允许读写一个内核的所有工作组的所有工作项。全局地址空间的内存对象可以声明为一个标量、矢量或者用户自定义结构的指针，可以作为函数参数，以及函数内声明的变量。但是需要注意的是，如果全局地址空间只能在函数内部使用，函数内部不能在全局地址空间中申请内存。

```
    _kernel void my_kernel(_global float * a, _global float * res)
    {
        global float *p;           // 合法
        global float num;          // 非法

    }
```

常量地址空间（_constant 或者 constant）和 C 语言的常量类型（const）类似，可以用于修饰函数参数，也可以直接申请和分配，OpenCL C 中的字符常量也是存储于常量地址空间的。其用法基本和 C 语言的常量（const）一致。以下是常量地址空间的简单使用。

```
    _kernel void my_kernel(_constant float * a, _global float * res)
    {
        _constant float *p = a;         // 合法
        _constant float b;              // 非法
        _constant float r = 9.0;        // 合法

    }
```

局部地址空间（_local 或者 local），即在局部内存中分配的变量。这些变量由执行内核的工作组的所有工作项共享。通常，读取局部内存的方式比读取全局内存的方式要快，因此，在 OpenCL 性能优化的时候，经常会使用局部地址空间对代码进行一些优化。

局部地址空间可以作为函数的参数以及函数内部的变量声明，但是变量声明必须在内核函数的作用域当中；声明的变量不能直接初始化。下面是局部地址空间的简单实用示例。

```
_kernel void my_kernel(_local float * a, _global float * res)
{
    _local float c = 1.0;   // 非法，不能直接初始化
    _local float b;         // 合法
    b = 9.0;
}
```

私有地址空间（_private 或者 private），是针对某一个工作项私有的变量，这些变量不能在任何工作项或者工作组之间共享。

（2）访问限定符。

除了以上地址空间关键字之外，OpenCL C 语言还扩展了访问限制符，用于限制对于参数的各种操作。OpenCL C 的访问限定符只有三类。

① 只读限制：_read_only 或者 read_only。

② 只写限制：_write_only 或者 write_only。

③ 可读可写：_read_write 或者 read_write。

这类修饰符通常被使用于图像类型的参数。

8.2　基于英特尔 FPGA 的 OpenCL 开发环境

8.2.1　英特尔 FPGA 的 OpenCL 解决方案

英特尔公司针对异构计算提供了一套完整的 OpenCL 解决方案，如图 8-5 所示，OpenCL 开发可以分为两大部分。

一部分是主机端程序（OpenCL Host Program），采用标准的 C/C++语言进行开发。在传统的 C/C++程序中加入 OpenCL 库文件（Intel FPGA OpenCL Libraries），参考 OpenCL 语言标准即可完成主机端程序的开发，使用 C/C++编译器（Standard C Compiler）编译后生成可执行文件，运行在 CPU 上。

另一部分是设备端程序（OpenCL Kernels），采用 OpenCL 语言进行开发，然后使用英特尔针对 FPGA 的专用 Kernel 编译器进行编译，编译将生成 FPGA 的二进制程序文件，下载到 FPGA 加速卡上后将在 FPGA 上运行。

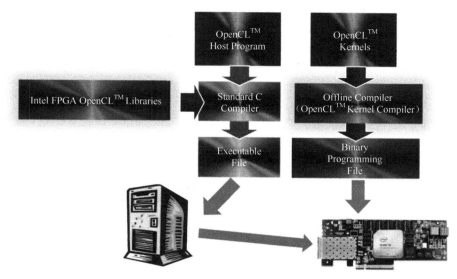

图 8–5　英特尔 FPGA 的 OpenCL 架构

本书中，我们针对的是英特尔 Arria10 FPGA，这里先对其开发环境的搭建进行简单介绍。详细的介绍可以参考英特尔官方的介绍，包括各种文档介绍以及 demo，网址如下：
https://www.intel.com/content/www/us/en/programmable/products/design-software/embedded-software-developers/opencl/support.html/。

这里对官方的 demo 进行了汇总与简单的说明，如表 8-1 所示。结合文档与参考 demo，可以逐渐掌握基于 FPGA 的 OpenCL 开发方法以及优化方法。

表 8-1　英特尔官方的 OpenCL demo 说明

类　别	名　称	描　述
基础	Hello World	Hello World 基本示例
	Vector Addition	简单加法运算示例
	Multithread Vector Operation	OpenCL 多线程开发方式示例
	OpenCL Library	将 RTL 代码作为 OpenCL 库添加到 OpenCL 程序中，包含两个示例：Library_example1 与 Library_example2
	Loopback - Host Pipe	OpenCL 的 Pipe 方式示例
优化相关	Channelizer Design Example	OpenCL 的 Channel 方式示例，包含多个 kerntel。实现的功能有 FIR 与 FFT
	Double_buffering	使用双 buffer 方式提高数据吞吐率的示例
	Sobel Filter	图像卷积处理方式示例，利用了 Pipeline 方式提高运算性能
	TdFIR	FIR 滤波器示例，可以参考时间序列相关算法
	Matrix Multiplication	矩阵乘，该示例有两个版。老版更简单，更容易理解，也更能体现 FPGA 的特点。新版本采用脉动矩阵处理架构，性能得到更大的提升

续表

类　别	名　称	描　述
优化相关	Finite Difference Computation (3D)	使用了 3D 有限元差分计算模型的示例,采用了滑动窗复用的处理方式
	FFT (1D)	快速傅立叶变换算法的 OpenCL 实现示例,采用了滑动窗复用的处理方式
	FFT Off-Chip (1D) FFT (2D)	快速傅立叶变换算法,对大数据量的算法处理进行了优化
应用	Video Downscaling	图像降采样处理算法的 OperCL 实现示例
	JPEG Decoder	JPEG 图像解码解决方案
	Document Filtering	Bloom 滤波器,文档过滤
	Gzip Compression	高性能的 gzip 压缩算法的 OperCL 实现
	Mandelbrot Fractal Rendering	Mandelbrot 算法的 OperCL 实现
	OPRA FAST Parser Design Example	证券交易常用的 FAST 解码实例
	Asian Options Pricing	亚洲期货价格计算的 OperCL 案例

⊛ 8.2.2　系统要求

在 OpenCL 开发中,可以使用以下已经过测试的服务器与操作系统进行环境配置。

服务器:

(1) Dell* R640;

(2) Dell R740xd;

(3) Dell R740;

(4) Dell R840;

(5) Dell R940xa。

操作系统:

(1) Red Hat Enterprise Linux (RHEL) 7.4, Kernel version 3.10;

(2) CentOS 7.4, Kernel version 3.10;

(3) Ubuntu 16.04, Kernel version 4.4。

这里使用的环境是 CentOS 7.4 x64,Kernel 版本为 3.10,安装的软件包是:a10_gx_pac_ias_1_2_pv_dev_installer.tar.gz。

最新的软件下载地址以及安装环境说明可参考如下网址:https://www.intel.com/content/www/us/en/programmable/products/boards_and_kits/dev-kits/altera/acceleration-card-arria-10-gx/getting-started.html/。

⊚ 8.2.3　环境安装

从英特尔官网下载安装包后，进行解压，解压后运行解压目录下的安装脚本 setup.sh，操作如下所示：

```
tar -zxvf a10_gx_pac_ias_1_2_pv_dev_installer.tar.gz
cd a10_gx_pac_ias_1_2_pv_dev_installer
./setup.sh
```

该安装包包含 Quartus、OPAE、HLS、OpenCL 等软件及相关驱动，在安装时会一并进行安装。如图 8-6 所示为部分环境安装流程。

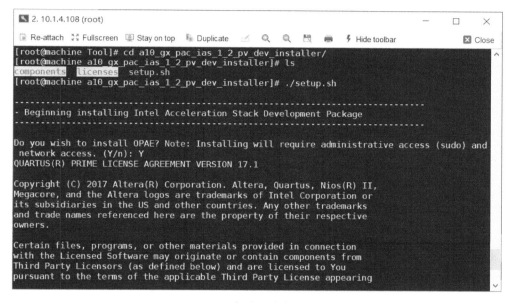

图 8-6　部分环境安装流程

⊚ 8.2.4　设置环境变量

软件与驱动安装完成后，如需启动软件功能，需要设置如下环境变量。这里的环境变量指向的脚本包含了支持英特尔 FPGA OpenCL 开发的一整套工具与驱动，包括 Quartus、SDK、OpenCL BSP 等。

```
source   /root/inteldevstack/init_env.sh
source   /root/inteldevstack/intelFPGA_pro/hld/init_opencl.sh
export   ALTERAOCLSDKROOT=$INTELFPGAOCLSDKROOTs
```

⊙ 8.2.5 初始化并检测 OpenCL 环境

当 FPGA 加速卡第一次使用时,需要先下载 FPGA 初始化文件。初始化文件就是在安装目录下的 FPGA 二进制下载文件 hello_world.aocx 文件。使用 aocl 命令进行下载。下载完成后可以使用 aocl diagnose 命令进行环境初步测试,命令操作如下所示:

```
aocl program acl0 /root/inteldevstack/a10_gx_pac_ias_1_2_pv/opencl/
hello_world.aocx
aocl diagnose
```

在使用 aocl diagnose 命令后,将会打印出环境测试信息,如图 8-7 所示。

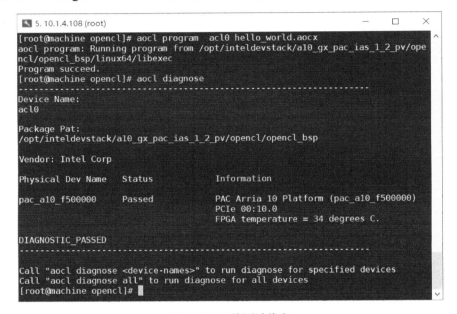

图 8-7 环境测试信息

与此同时,我们还可以使用 aocl diagnose all 命令对 FPGA 加速卡进行一个更详细的测试,测试命令如下:

```
aocl diagnose all
```

输入命令后,aocl 工具将进行一个完整的测试,同时会对 PCIe 的吞吐率进行一个测试,如图 8-8 所示。

另外,在我们不清楚软硬件环境支持哪些设备时,可以使用 aoc 命令进行查询,如下所示:

```
aoc -list-boards
```

输入命令后,可以看到终端打印出来的设备列表及对应的 BSP 路径,如图 8-9 所示。

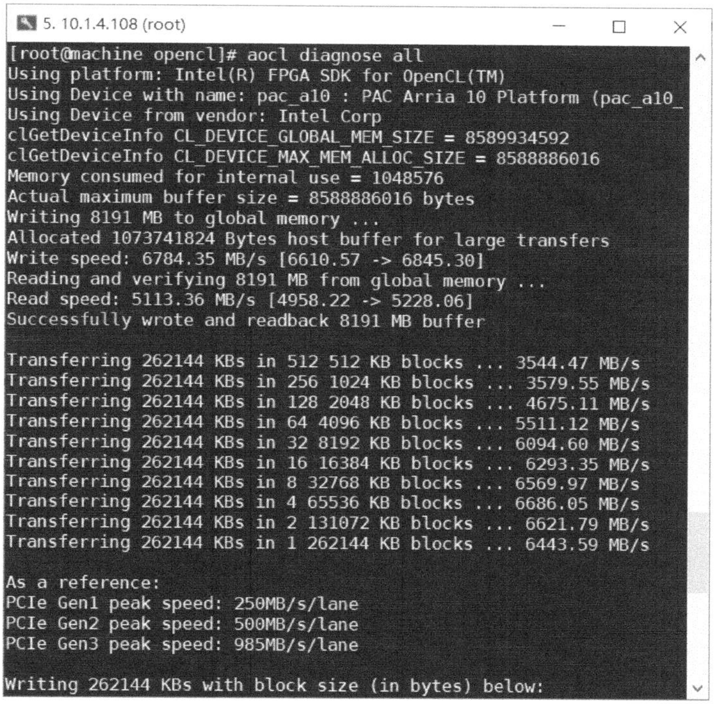

```
5. 10.1.4.108 (root)                                    —    □    ×
[root@machine opencl]# aocl diagnose all
Using platform: Intel(R) FPGA SDK for OpenCL(TM)
Using Device with name: pac_a10 : PAC Arria 10 Platform (pac_a10_
Using Device from vendor: Intel Corp
clGetDeviceInfo CL_DEVICE_GLOBAL_MEM_SIZE = 8589934592
clGetDeviceInfo CL_DEVICE_MAX_MEM_ALLOC_SIZE = 8588886016
Memory consumed for internal use = 1048576
Actual maximum buffer size = 8588886016 bytes
Writing 8191 MB to global memory ...
Allocated 1073741824 Bytes host buffer for large transfers
Write speed: 6784.35 MB/s [6610.57 -> 6845.30]
Reading and verifying 8191 MB from global memory ...
Read speed: 5113.36 MB/s [4958.22 -> 5228.06]
Successfully wrote and readback 8191 MB buffer

Transferring 262144 KBs in 512 512 KB blocks ... 3544.47 MB/s
Transferring 262144 KBs in 256 1024 KB blocks ... 3579.55 MB/s
Transferring 262144 KBs in 128 2048 KB blocks ... 4675.11 MB/s
Transferring 262144 KBs in 64 4096 KB blocks ... 5511.12 MB/s
Transferring 262144 KBs in 32 8192 KB blocks ... 6094.60 MB/s
Transferring 262144 KBs in 16 16384 KB blocks ... 6293.35 MB/s
Transferring 262144 KBs in 8 32768 KB blocks ... 6569.97 MB/s
Transferring 262144 KBs in 4 65536 KB blocks ... 6686.05 MB/s
Transferring 262144 KBs in 2 131072 KB blocks ... 6621.79 MB/s
Transferring 262144 KBs in 1 262144 KB blocks ... 6443.59 MB/s

As a reference:
PCIe Gen1 peak speed: 250MB/s/lane
PCIe Gen2 peak speed: 500MB/s/lane
PCIe Gen3 peak speed: 985MB/s/lane

Writing 262144 KBs with block size (in bytes) below:
```

图 8-8　Diagnose 诊断 pcie 吞吐率

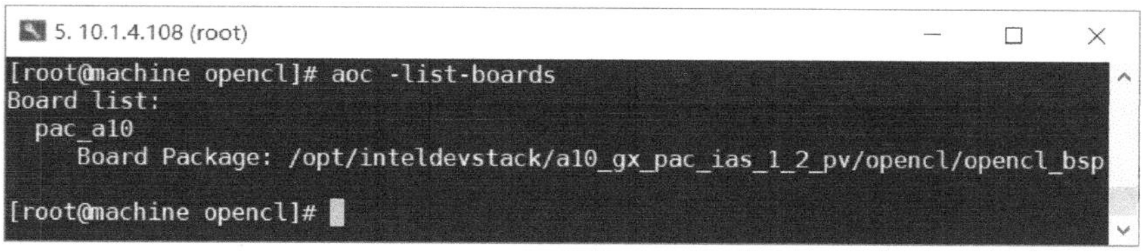

```
5. 10.1.4.108 (root)                                    —    □    ×
[root@machine opencl]# aoc -list-boards
Board list:
  pac_a10
    Board Package: /opt/inteldevstack/a10_gx_pac_ias_1_2_pv/opencl/opencl_bsp

[root@machine opencl]#
```

图 8-9　BSP 的路径

8.3　主机端 Host 程序设计

⊙ 8.3.1　建立 Platform 环境

在 OpenCL 中，Host 端首先需要通过建立 Platform 环境，获知当前支持的平台、支持的设备。通过 clGetPlatformIDs 函数查询或指定要使用的平台。

8.3.1.1　建立平台——Platform

一台服务器可以有 GPU、FPGA 等多个平台，每个平台可以有多个 Device，使用 clGetPlatformIDs 函数可以获取平台的 ID。

```
cl_int clGetPlatformIDs(cl_uint num_entries,
                        cl_platform_id *platforms,
                        cl_uint *num_platforms)
```

函数中第一个参数用来指定第二个参数返回的平台列表个数。第二个参数是一个指向 cl_platform_id 的指针，它是一个 OpenCL 平台的列表；第三个参数是可用平台的总数。OpenCL 异构平台模型图例如图 8-10 所示。

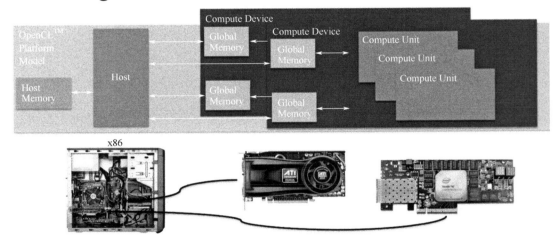

图 8-10　OpenCL 异构平台模型图例

8.3.1.2　创建设备——Device

通过平台 ID 可获得设备个数，每个平台可以有多个 Device，通过 clGetDeviceIDs 函数可查看该平台的设备，并指定要使用的设备。OpenCL 平台对多设备的支持图例如图 8-11 所示。

```
cl_int clGetDeviceIDs(cl_platform_id platform,
                      cl_device_type device_type,
                      cl_uint num_entries,
                      cl_device_id *devices,
                      cl_uint *num_devices)
```

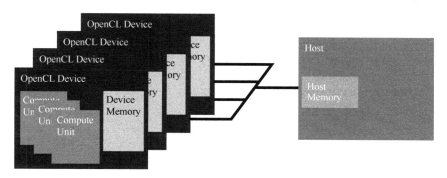

图 8-11　OpenCL 平台对多设备的支持图例

8.3.1.3　创建上下文环境——Context

上下文可以指定一个或多个设备作为当前的操作对象，上下文 context 用来管理 command-queue、memory、program 和 Kernel，以及指定 Kernel 在上下文中的一个或多个设备上执行。OpenCL 平台上下文示意图如图 8-12 所示。

```
cl_context clCreateContext(cl_context_properties *properties,
                           cl_uint num_devices,
                           const cl_device_id *devices,
                           void CL_CALLBACK *pfn_notify (
                               const char *errinfo,
                               const void *private_info,
                               size_t cb,
                               void *user_data),
                           void *user_data,
                           cl_int *errcode_ret)
```

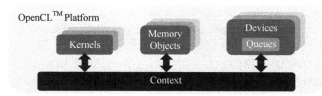

图 8-12　OpenCL 平台上下文示意图

8.3.1.4　建立 Platform 环境程序示例

创建平台环境的过程，主要实现的是选择 Host 端的平台，查看指定平台上的设备，在所选设备上创建上下文关系，建立软件与硬件的交互环境。程序示例如下。

```
//Get the first platform ID
cl_platform_id myp;
```

```
err=clGetPlatformIDs(1, &myp, NULL);

// Get the first FPGA device in the platform
cl_device_id mydev;
err=clGetDeviceIDs(myp, CL_DEVICE_TYPE_ACCELERATOR, 1, &mydev, NULL);

//Create an OpenCL™ context for the FPGA device
cl_context context;
context = clCreateContext(NULL, 1, &mydev, NULL, NULL, &err);
```

⊙ 8.3.2 创建 Program 与 Kernel

8.3.2.1 创建 program 对象

创建 OpenCL 的 Platform 环境后，主机端初步打通了对设备端的控制。接下来还需要让主机端知道什么程序文件（Program 对象）将会运行在设备端，以及设备端的什么功能（Kernel 对象）将要运行起来。

因此，这里首先要使用 createProgramFromBinary 函数创建 Program 对象。在 FPGA 设备中，createProgramFromBinary 函数指定了 FPGA 的二进制程序文件 aocx，Host 端将通过 aocx 文件对 FPGA 设备进行配置。

在 OpenCL 标准中创建 Program 后还需要使用 clBuildProgram 对程序进行编译。但对于 FPGA 而言这一步只是让程序符合 OpenCL 的标准，实际没有什么必要。该过程可以参考如下程序：

```
void main()
{
...
//Read aocx file into unsinged char array
FILE *fp = fopen("program.aocx", "rb");  //Open aocx file for binary read
fseek(fp, 0, SEEK_END);
size_t length=ftell(fp);                //Determine size of aocx file
unsigned char* binaries = (unsigned char*)malloc(sizeof(char) * length);
rewind(fp);
fread(binaries, length, 1, fp);
fclose(fp);
// 1. Create then build the program
cl_program program=clCreateProgramWithBinary(context, 1, &myDevice,
&length, (const unsigned char**)&binaries, &status, &err);
err = clBuildProgram(program, 1, &myDevice, "", NULL, NULL);
```

8.3.2.2　创建 kernel 对象

主机端通过创建 Program 指定程序文件后，还需获知程序文件中有哪些 Kernel 程序，才能完成对设备端 Kernel 程序的访问。当然如有多个 Kernel 存在于 Program 中，Host 端可以对任意指定 Kernel 进行访问。

创建 Kernel 的过程可以参考如下程序：

```
void main()
{
...
// 1. Create then build the program
    cl_program program = clCreateProgramWithBinary(...);
err = clBuildProgram(...);

// 2. Create kernel from the program
cl_kernel kernel = clCreateKernel(program, "increment", &err);

// 3. Allocate and transfer buffers on/to device
// 4. Set up the kernel argument list
// 5. Launch the kernel
// 6. Transfer result buffer back
}
```

该示例中创建的 Kernel 名为 increment，即在 aocx 文件中存在一个名为 increment 的 Kernel 程序。Kernel 程序如下所示：

```
_kernel void increment ( _global float *a, float c, int N)
{
int i;
for (i = 0; i < N; i++)
a[i] = a[i] + c;
}
```

⊙ 8.3.3　Host 与 Kernel 的交互

在建立 Platform 环境，并指定 Program 程序与程序中的 Kernel 后，在本小节将介绍主机 Host 端与设备 Kernel 端（FPGA 端）的交互方式。

8.3.3.1　命令队列（Command Queue）

命令队列在 OpenCL 中是一个比较重要的概念，是一种主机请求设备动作的机制。它具有如下特点。

（1）每个设备（Device）有一个或多个命令队列（Command Queue）。

（2）每个命令队列关联一个设备。

（3）主机向指定的命令队列提交命令。

（4）提交给命令队列的命令将按照顺序在设备端执行，这里的设备指的是FPGA。

命令队列通过操作上下文、内存和程序对象来管理设备的所有操作。每个设备可能有一个或多个命令队列。在大多数情况下，命令队列中的命令将按顺序操作，如图8-13所示为一个简单的命令队列示例图，通过"Write to Device"命令参数从主机端传递到设备端，然后在设备端执行Kernel，最后从设备端读取运行完成后的数据。

图8-13　简单的命令队列功能示意图

通常情况下，设备仅支持顺序执行的命令队列。但对于FPGA而言，FPGA本身是可以脱离主机端控制独立运行的，因此在英特尔的OpenCL开发中，通过添加flag等操作，可以实现乱序执行或流水线并行执行等更加复杂的操作。

创建命令队列的方式如下所示，命令队列基于设备与上下文创建，在命令中也有体现。需要注意的是，在OpenCL 2.2版本中，需要使用clCreateCommandQueueWithProperties函数来替换该方式，使用方式类似。

```
cl_command_queue clCreateCommandQueue(
                    cl_context context,
                    cl_device_id device,
                    cl_command_queue_properties properties,
                    cl_int *errcode_ret)
```

8.3.3.2　创建 Kernel 端内存空间

在Kernel端需要创建一个内存空间来接收来自Host端的数据。使用如下函数定义完成：

```
cl_mem clCreateBuffer(cl_context context,
                    cl_mem_flags flags,
                    size_t size,
                    void *host_ptr,
                    cl_int *errcode_ret)
```

使用示例如下：

```
cl_mem = clCreateBuffer(context, CL_MEM_READ_WRITE, size,void *,status);
```

该函数的意义与C语言中创建空间的方式一致，因此在host端的内存空间构建，可以采用如下方式，当然在 Host 端简单创建矩阵空间也是可以的：

```
    unsigned int *in_buf_0 = (unsigned int *) aligned_alloc(64, n *
sizeof(unsigned int));
    unsigned int *out_buf_0 = (unsigned int *) aligned_alloc(64, n *
sizeof(unsigned int));
```

8.3.3.3　将 Kernel 端数据空间与 kernel 建立联系

以下分别将 in_0 与 out_0 关联到 Kernel 的第 1 个参数与第 2 个参数：

```
    status = clSetKernelArg(kernel_0, 0, sizeof(cl_mem), &in_0);
    status = clSetKernelArg(kernel_0, 1, sizeof(cl_mem), &out_0);
```

如此，Kernel 端的第一参数将从板卡上 DDR 的 in_0 获取数据，第二个参数将把数据写到板卡上 DDR 的 out_0。

8.3.3.4　将 Host 端内存输入到 Kernel 端内存

将 Host 端内存输入到 Kernel 端内存或将 Kernel 端 DDR 数据读取到本地 DDR 中。示例分别如下。

（1）将 Host 端的数据空间写入到 Kernel 端的数据空间，使用如下函数完成。

```
    cl_int clEnqueueWriteBuffer(cl_command_queue command_queue,
                                cl_mem buffer,
                                cl_bool blocking_write,
                                size_t offset,
                                size_t cb,
                                void *ptr,
                                cl_uint num_events_in_wait_list,
                                const cl_event *event_wait_list,
                                cl_event *event)
```

使用示例如下，示例中实现的功能是将 Host 端的内存数据 in_buf_0 写入到 Kernel 端内存 in_0 中。

```
    clEnqueueWriteBuffer(queue0[0], in_0, CL_TRUE, 0, n * sizeof(unsigned int),
in_buf_0, 0, NULL, NULL);
```

（2）Host 将 Kernel 端的数据空间读出存储到 Host 端的数据空间，使用如下函数完成。

```
    cl_int clEnqueueReadBuffer(cl_command_queue command_queue,
                               cl_mem buffer,
                               cl_bool blocking_read,
                               size_t offset,
                               size_t cb,
                               void *ptr,
                               cl_uint num_events_in_wait_list,
```

```
                              const cl_event *event_wait_list,
                              cl_event *event)
```

使用示例如下，示例中实现的功能是将 Kernel 端的内存 out_0 读出到 Host 端内存 out_buf_0 中。

```
    status = clEnqueueReadBuffer(queue0[0], out_0, CL_TRUE, 0, n *
sizeof(unsigned int), out_buf_0, 0, NULL, NULL);
```

⊗ 8.3.4 OpenCL 的内核执行

OpenCL API 提供了两个执行内核程序的 API，一般使用标准的 clEnqueueNDRange Kernel 函数来实现，使用方式如下所示：

```
    cl_int clEnqueueNDRangeKernel (cl_command_queue command_queue,
                cl_kernel kernel,
                cl_uint work_dim,
                const size_t *global_work_offset,
                const size_t *global_work_size,
                const size_t *local_work_size,
                cl_uint num_events_in_wait_list,
                const cl_event *event_wait_list,
                cl_event *event))
```

（1）work_dim：表示执行全局工作项的维度，其取值通常只有 1、2 和 3。一般来说，该值最小为 1，最大为 OpenCL 设备 CL_DEVICE_MAX_WORK_ITEM_DIMENSIONS。在英特尔 FPGA OpenCL 平台，work_dim 最大值为 1。

（2）golobal_work_offset：全局工作 id 的偏移量，大多数情况下，设置为 NULL。

（3）global_work_size：指定全局工作项的大小。

（4）local_work_size：指定一个工作组当中的工作项的大小。

该函数是 OpenCL 内核执行的最常用的函数。另一种是仅针对单工作项的方式的 clEnqueueTask 函数，该函数因不需要设置工作项，所以更加简单。

```
    cl_int clEnqueueTask(cl_command_queue command_queue,
                        cl_kernel kernel,
                        cl_uint num_events_in_wait_list,
                        const cl_event *event_wait_list,
                        cl_event *event)
```

其使用示例如下：

```
        void main()
        {
            …
            cl_program program = clCreateProgramWithBinary(...);
            err = clBuildProgram(...);
```

```
          cl_kernel kernel = clCreateKernel(program, "increment", &err);
          …
          err = clSetKernelArg(…)
          …
          // 5. Launch the kernel
          err = clEnqueueTask(queue, kernel, 0, NULL, NULL);

          // 6. Transfer result buffer back
      }
```

⊗ 8.3.5　Host 端程序示例

通过如上描述，我们知道 Host 端程序的设计主要为四部分内容，分别是创建 Platform 环境、创建 Program 与 Kernel、Host 与 Kernel 的内存数据交互以及 Kernel 内核的执行。整个流程如下：

```
void main()
{   ...
      // 1. Create then build program
      cl_program program = clCreateProgramWithBinary(…);
      err = clBuildProgram(program, 1, &device, NULL, NULL, NULL);

      // 2. Create kernel from the program
      cl_kernel kernel = clCreateKernel(program, "increment", &err);

      // 3. Allocate and transfer buffers on/to device
      float* a_host = ...
      cl_mem a_device = clCreateBuffer(..., CL_MEM_COPY_HOST_PTR,
          a_host, ...);
      cl_float c_host = 10.8;

      // 4. Set up the kernel argument list
    err = clSetKernelArg(kernel,0,sizeof(cl_mem),(void*)&a_device);
      err = clSetKernelArg(kernel, 1, sizeof(cl_float), (void *)
&c_host);

      err = clSetKernelArg(kernel, 2, sizeof(cl_int), (void *)
          &NUM_ELEMENTS);
          …
      // 5. Launch the kernel
      err = clEnqueueTask( queue, kernel, 0, NULL, NULL);
```

```
// 6. Transfer result buffer back
    err = clEnqueueReadBuffer( queue, a_device, CL_TRUE, 0,
    NUM_ELEMENTS*sizeof(cl_float),a_host, 0, NULL, NULL);
}
```

8.4　设备端 Kernel 程序设计流程

Kernel 的开发分为四个流程：Kernel 设计、功能验证、静态分析、动态分析，如图 8-14 所示。

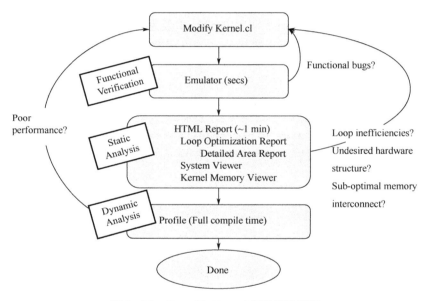

图 8–14　OpenCL Kernel 端编译流程图

⑧ 8.4.1　Kernel 编译

8.4.1.1　AOC 命令

设备端程序设计完成后，需要使用 aoc 命令对设备端 Kernel 程序进行编译，完成编译后生成 FPGA 专用的二进制程序文件，文件后缀名为 aocx。以 vector_add 这个官方 demo 为例，常用方法如下。

（1）基本方法

```
aoc device/vector_add.cl -o bin/vector_add.aocx
```

（2）附加 report 报告

```
aoc  device/vector_add.cl  -o  bin/vector_add.aocx  -v  -report
```
编译命令打印的资源预估示例如图 8-15 所示。

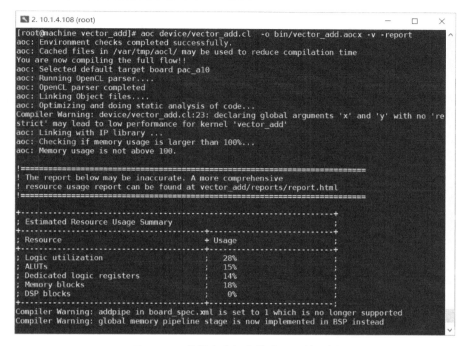

图 8-15　编译命令打印的资源预估示例

（3）指定 board 的编译方式如下。

查询支持的 board：

```
aoc -list-boards
```
编译时指定 board：

```
aoc -board=pac_a10  device/vector_add.cl  -o  bin/vector_add.aocx
```
（4）快速编译选项：

```
-fast-compile
```
该选项节省 40%～90%的时间，快速编译生成 aocx 文件。缺点是：①使用更多的资源；②Fmax 及主频更低；③功耗可能会更高。

（5）其他使用方式，可以通过 help 命令进行查看：

```
aoc  -h
```
AOC 命令 help 示例如图 8-16 所示。

```
2. 10.1.4.108 (root)                                        —  □  ×
[root@machine ~]# aoc -h
aoc -- Intel(R) FPGA SDK for OpenCL(TM) Kernel Compiler

Usage: aoc <options> <file>.[cl|aoco|aocr]

Outputs:
        <file>.aocx - FPGA programming file, OR
        <file>.aocr - RTL file (intermediate), OR
        <file>.aoco - object file (intermediate)

Examples:
    aoc mykernels.cl
            Compile kernel code into .aocx programming file.  This is the
            full end-to-end compile flow.

    aoc -rtl mykernels.cl
    aoc mykernels.aocr
            First, compile kernel code into .aocr and generate compiler
            reports.
            Second, compile RTL into .aocx programming file for execution
            in hardware.

    aoc -c mykernels.cl
    aoc mykernels.aoco
            First, compile kernel code to .aoco object file.
            Second, compile object file to .aocx programming file.

    aoc -c mykernels1.cl
    aoc -c mykernels2.cl
    aoc -rtl mykernels1.aoco mykernels2.aoco -o mykernels.aocr
    aoc mykernels.aocr
```

图 8-16 AOC 命令 help 示例

8.4.1.2 AOCL 命令

AOCL 的主要功能是将 Kernel 编译生成的 aocx 文件下载到 FPGA。当然，AOCL 还有其他功能，如表 8-2 所示。

表 8-2 AOCL 相关命令

Host Compilation Commands (Use in your makefile)	
`aocl compile-config`	Displays the compiler flags for compiling your host program
`aocl link-config`	Shows the link options needed by the host program to link with libraries
`aocl makefile`	Shows example Makefile fragments for compiling and linking a host program
Board Management Commands (Functionality Provided by BSP)	
`aocl install`	Installs a board driver onto your host system
`aocl diagnose`	Runs the board vendor's test program
`aocl flash <.aocx>`	Programs the on-board flash with the FPGA image over JTAG
View Kernel Compilation Report	
`aocl report`	Displays kernel execution profiler data

AOCL 的常用方法如下。

（1）下载包含 BSP 在类的镜像文件 aocx：

```
aocl program <board instance> <BSP compatible image>.aocx
```

直接运行在 FPGA 上，通过 PCIe 或 JTAG 下载。例如：

```
aocl program acl0 bin/hello_world.aocx
```

（2）将 aocx 文件下载到 Flash 上：

```
aocl flash <board instance> <BSP compatible image>.aocx
```

FPGA 上电时，从 Flash 加载 aocx 文件运行。

（3）吞吐率测试：aocl diagnose 与 aocl diagnose all。使用 aocl diagnose all 后将对当前 PAC 卡进行吞吐率等测试。

（4）使用 aocl help 或 aocl help <subcommand>查看 aocl 命令的相关信息。

查看全部支持的选项：

```
aocl help, aoc -help
```

查看子项目的详细帮助信息（如 install）：

```
aocl help install
```

（5）可以看到 install 的详细描述，它可以将支持的板卡驱动安装到 Host 系统，目的是让 Host 端软件能够与板卡通信。

```
aocl install
```

8.4.1.3　查看资源的几种方式

方式 1：浏览器打开 Report 目录下的 report.html（bin 目录下的 Report 文件与 bin/builder 目录下的 Report 文件，内容相同，在 OpenCL 转 sv 文件时就已经生成，仅供参考）。Report 报告如图 8-17 所示。

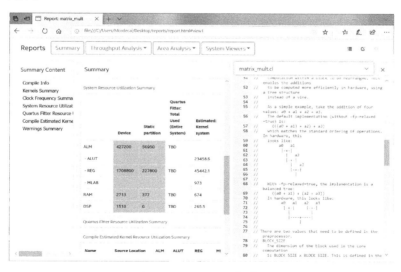

图 8-17　Report 报告

方式 2： 查看 bin/<工程名>目录下的 acl_quartus_report.txt 文件，该报告是全编译后的报告，比较准确，如图 8-18 所示。

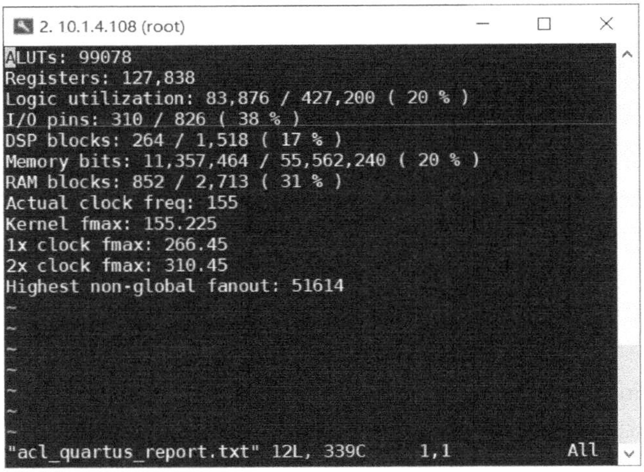

```
2. 10.1.4.108 (root)
ALUTs: 99078
Registers: 127,838
Logic utilization: 83,876 / 427,200 ( 20 % )
I/O pins: 310 / 826 ( 38 % )
DSP blocks: 264 / 1,518 ( 17 % )
Memory bits: 11,357,464 / 55,562,240 ( 20 % )
RAM blocks: 852 / 2,713 ( 31 % )
Actual clock freq: 155
Kernel fmax: 155.225
1x clock fmax: 266.45
2x clock fmax: 310.45
Highest non-global fanout: 51614
~
~
~
~
~
~
"acl_quartus_report.txt" 12L, 339C     1,1          All
```

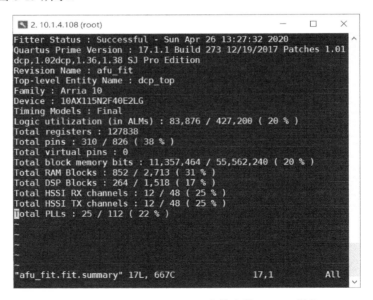

图 8-18　acl_quartus_report.txt 文件中的 Report 报告

方式 3： 直接查看编译输出文件，位于 build/output_files 文件目录下。每个过程的输出及报告都应在这个目录下。在该目录下有个文件为 afu_fit.fit.summary，用记事本的方式可以打开查看，如图 8-19 所示。

```
2. 10.1.4.108 (root)
Fitter Status : Successful - Sun Apr 26 13:27:32 2020
Quartus Prime Version : 17.1.1 Build 273 12/19/2017 Patches 1.01
dcp,1.02dcp,1.36,1.38 SJ Pro Edition
Revision Name : afu_fit
Top-level Entity Name : dcp_top
Family : Arria 10
Device : 10AX115N2F40E2LG
Timing Models : Final
Logic utilization (in ALMs) : 83,876 / 427,200 ( 20 % )
Total registers : 127838
Total pins : 310 / 826 ( 38 % )
Total virtual pins : 0
Total block memory bits : 11,357,464 / 55,562,240 ( 20 % )
Total RAM Blocks : 852 / 2,713 ( 31 % )
Total DSP Blocks : 264 / 1,518 ( 17 % )
Total HSSI RX channels : 12 / 48 ( 25 % )
Total HSSI TX channels : 12 / 48 ( 25 % )
Total PLLs : 25 / 112 ( 22 % )
~
~
~
~
~
"afu_fit.fit.summary" 17L, 667C          17,1          All
```

图 8-19　afu_fit.fit.summary 文件中的 Report 报告

⊙ 8.4.2　功能验证

Kernel 程序设计好之后，可以先运行在 cpu 上，验证其结果的正确性，如此便不需要等待 FPGA 编译完成。编译与运行方式如下。

Aoc 编译：

```
aoc device/hello_world.cl -o bin/hello_world.aocx -march=emulator
```

或者：

```
aoc device/hello_world.cl -o bin/hello_world.aocx -march=emulator
-legacy-emulator
```

对于 -march=emulator，可能因为安装环境依赖等问题报错，此时可尝试更改命令为 -march=emulator -legacy-emulator，使用老版本的仿真器进行仿真编译，如图 8-20 所示。

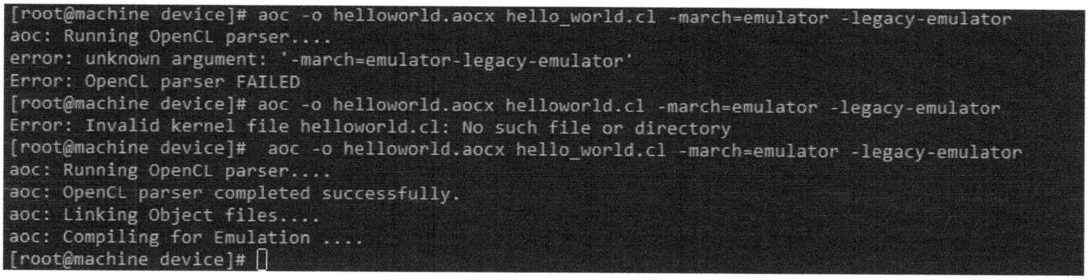

```
[root@machine device]# aoc -o helloworld.aocx hello_world.cl -march=emulator -legacy-emulator
aoc: Running OpenCL parser....
error: unknown argument: '-march=emulator-legacy-emulator'
Error: OpenCL parser FAILED
[root@machine device]# aoc -o helloworld.aocx helloworld.cl -march=emulator -legacy-emulator
Error: Invalid kernel file helloworld.cl: No such file or directory
[root@machine device]# aoc -o helloworld.aocx hello_world.cl -march=emulator -legacy-emulator
aoc: Running OpenCL parser....
aoc: OpenCL parser completed successfully.
aoc: Linking Object files....
aoc: Compiling for Emulation ....
[root@machine device]#
```

图 8-20　AOC 命令 emulator 编译截图

Host 运行：

```
CL_CONTEXT_EMULATOR_DEVICE_INTELFPGA=1 ./host
```

老版本：

```
CL_CONFIG_EMULATOR_DEVICE_INTELFPGA=1 ./host）
```

OpenCL 19.3 以后的版本，可以直接执行 ./bin/host -emulator，部分仿真结果如图 8-21 所示。

⊙ 8.4.3　静态分析

Aoc 编译：加 -rtl，仅编译 OpenCL 部分，将 Kernel 程序转为 sv 文件，并生成静态报告。通过静态分析，在前期便可以快速调优 Kernel 程序，如循环的 II 值优化、依赖关系的优化。

命令使用方法如下所示：

```
aoc -rtl -board=<board> <kernel file>
```

如果只有一个类型的 PAC 卡，则可以省去 -board 选项。在使用该方式进行编译后，在编译的 Reports 目录下可以查看静态分析的报告，其目录为：

```
<kernel file folder>\reports\report.html
```

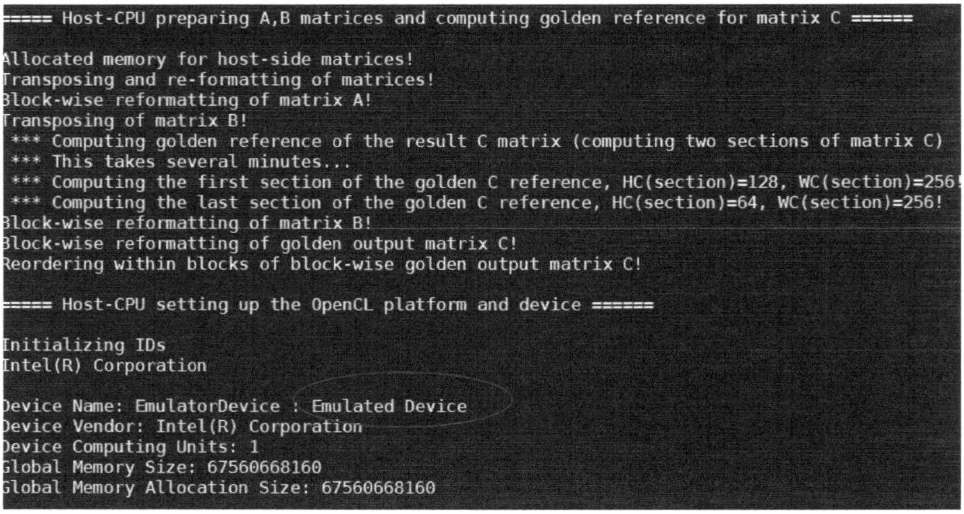

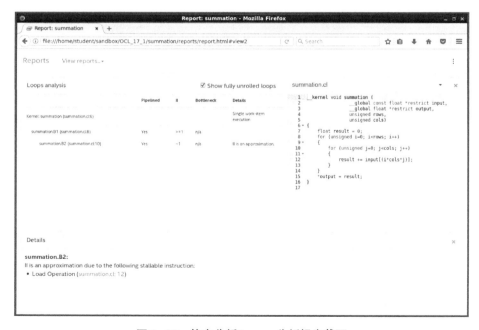

图 8-21　软件 emulator 仿真 kernel 程序运行截图

使用浏览器打开 Report.html 文件，选择栏目"Loops　analysis"可以看到工具对程序的循环过程的分析情况，如图 8-22 所示，根据该结构可以根据实际情况对循环进行优化。

图 8-22　静态分析 Loops 分析报告截图

选择栏目"Area analysis of source"可以看到工具对程序的资源面积进行分析的结果，如图 8-23 所示，根据该结构可以判断程序的各个语句的资源使用情况是否合理，然后对其进行优化。

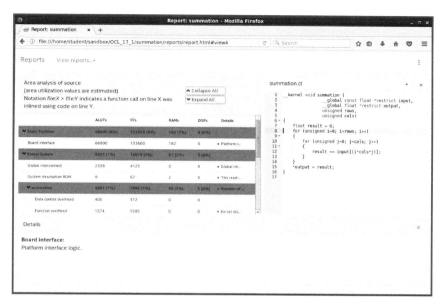

图 8-23 静态分析资源分析报告截图

⊙ 8.4.4 动态分析

Kernel 程序设计优化完成后，可添加 profile 选项完整编译，添加该选项后，再运行程序时，会自动分析数据包，获取吞吐率及 DDR 访问速度等信息。

8.4.4.1 编译时指定 profile 功能，以及需要动态分析的 kernel 文件

```
aoc -profile <kernel file>
```

如需要对所有 Kernel 进行动态操作，可以使用"-profile=all"。

8.4.4.2 生成 profile.mon 文件

需要下载 aocx 后再运行 host 程序，才会生成 profile.mon 文件。该文件包括 host 与 aocx 在运行时的真实的数据流分析。

8.4.4.3 查看 profile 报告

```
aocl report <kernel file>.aocx profile.mon
```

运行该命令，将打开图形界面的 profile 报告，如图 8-24 所示。

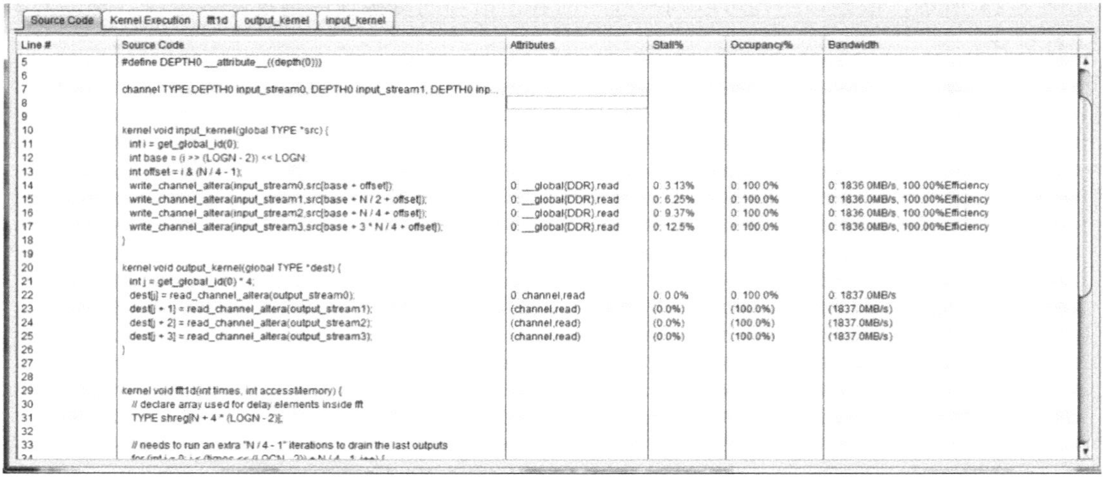

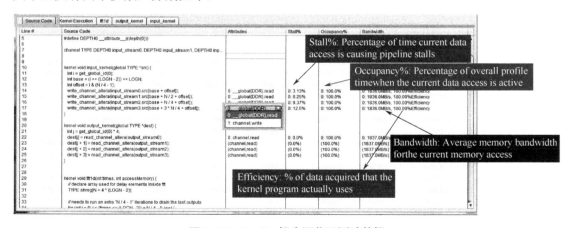

图 8-24　图形界面的 Profile 报告截图

8.4.4.4　报告分析 Source Code

打开 Profile 图形界面后，我们首先来分析"Source Code"这部分内容。如图 8-25 所示，其中主要有四个参数，分别如下。

图 8-25　Profile 报告源代码测试数据

Attributes：显示对应语句使用的数据来源与去向。

Stall：阻塞时间百分百，当前数据访问导致管道阻塞的时间百分比；越小越好。

Occupancy：当前数据访问处于活动状态占总运行时间的百分比，如 RTL 程序，正常情况下程序总在一直运行着；越高越好。

Efficiency：使用数据的效率，100%为效率最高。

8.4.4.5 报告分析 Kernel Execution

在 Kernel Execution 选项卡可以查看 Kernel 的执行时间轴，以及内存输出传输的时间轴。通过该图，可以核对 Kernel 执行时间以及内存传输数据的时间是否合理。如图 8-26 所示为 double buffer 方式 Kernel 的一个比较合理的时间轴，仅在开始时需要等待 host 把数据传输到 Kernel 端，仅在结束时需要等待 Kernel 执行完成后才把执行完成后的数据从 Kernel 端读出到 host，其他执行时间里 Kernel 的执行与数据传输过程并行进行。

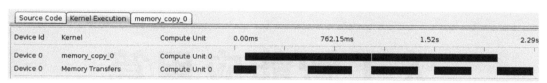

图 8–26 Profile 报告 Kernel 执行时间

需要注意的是，如需查看内存的传输时间轴（Memory Transfers），需要在 host 运行前设置环境变量：**export ACL_PROFILE_TIMER=1**，否则图中没有 Memory Transfers 这一行。

第三部分

人工智能应用篇

第 9 章

人工智能简介

"人工智能"，在普通人看来是一个神秘的词汇，因为我们总觉得，它代表了某一种神秘的人工智能技术。对于大部分人来说，只能感受到人工智能带来的一些成果，当需要我们能够比较深入、彻底地去研究它时，却会让人觉得这个领域是那么的遥不可及。其实，当我们真正地去了解和探究它之后就会发现，人工智能原来并不是那么的神秘。技术本身是服务于生活的，能够贴近生活的技术，才是整个世界所需要的。

9.1 FPGA 在人工智能领域的独特优势

在传统的使用方式方法中，FPGA 通常用于通信、信号处理及图形图像处理等领域。在这些传统领域中，FPGA 以其独特的并行计算的强大优势，奠定了其主导地位。在深度学习对算力越来越渴求的当下，FPGA 也以其独特的优势，吸引了越来越多研究者的注意。英特尔公司也顺势而为，凭借自身在 FPGA 领域的多年深耕，经过针对性的研发，让英特尔旗下的 FPGA 产品可以广泛地应用于人工智能深度学习神经网络中，特别是在目前应用非常广泛的图形图像领域的人工智能方面。

在人工智能深度学习的图形图像处理领域，英特尔针对 FPGA 的并行性特点，对 FPGA 进行了诸多优化，使得英特尔 FPGA 可以在深度学习方面大显身手。对比其他硬件而言，英特尔 FPGA 具有如下特点。

（1）易于使用，提供了软件抽象，以及深度学习常用的平台和类库，支持对定制的深度学习加速库进行软件自定义编程。在硬件层面，支持深度学习的计算过程的加速，加快了深度学习的计算过程，缩短了计算的时延。

（2）实时性好，FPGA 本身就具有确定性延迟，延迟可控，并且延迟非常低。

（3）灵活性好，与 ASIC 不同，英特尔 FPGA 支持可定制，可以促进深度学习算法方面不断进步。

针对卷积神经网络这种计算密集型的常用神经网络，英特尔 FPGA 还创造性地利用硬件的特性，进行深度学习神经网络的加速。

（1）高度并行化架构：支持高效的批量视频图像流处理。

（2）可配置分布式幅度点 DSP 模块：支持 FP32、FP16 和 FP11 三种浮点计算模式，可以根据需求调节计算性能，加快神经网络的计算速度。

（3）高耦合的高带宽内存：英特尔 FPGA 最高拥有超过 50TB/s 的片上 SRAM 带宽，并且支持随机访问，可大幅度降低延迟，最大限度地减少外部的存储访问。

（4）可编程数据路径：可以减少不必要的数据移动，从而进一步降低延迟，并且提高计算的效率。

（5）可动态配置：可以根据数据吞吐量以及模型的准确性要求进行权衡，并以此为依据调整计算的精度。

◈ 9.1.1　确定性低延迟

人工智能深度学习的应用场景并不是在实验室，训练部分也并不是深度学习的价值所在，真正的价值是在应用端，是深度学习的推理部分。而绝大部分的应用场景都是在移动设备或者边缘工业设备中，特别是一些实时监控的地方。

在实时监控和处理方面，对深度学习的实时性要求最高的当属无人机或自动驾驶领域，推理的时间延迟会影响汽车制动的响应时间和距离，因此，在无人机或自动驾驶领域中，对人工智能深度学习的推理实时性要求非常高，要求表现必须优于人类，这是其最基本的要求。

不同的深度学习神经网络的计算量不同，因此推理延迟也不同，如图 9-1 所示。但是，FPGA 可以提供确定性的系统延迟，充分利用芯片的并行性，降低计算延迟；并且由于 FPGA 本身拥有灵活可定制的 I/O，因此，可以确保提供确定性的低延迟 I/O。

图 9-1　不同的深度学习神经网络的推理延迟

◈ 9.1.2　灵活可配置

深度学习神经网络在实际应用中，尤其是在实时性要求非常高的场景中，如何快速地针对图形图像进行处理，是一个影响延迟的重要因素。英特尔 FPGA 充分利用硬件的灵活可重配机制，根据神经网络的具体需求，灵活变换电路结构，充分利用硬件的每一个性能。为此，英特尔 FPGA 针对神经网络，增强了批量处理的能力（利用 FPGA 的并行性）；并且，在不影响神经网络精度的前提下，适当降低了数据的位宽，使得 FPGA 在同一时刻、同一条指令下可以处理更多的数据。同时，由于神经网络在计算过程中需要使用权重数据，而每一层神经网络的权重数据可能是相同的，英特尔 FPGA 为了加快运行速度，特意采取了权重共享的方式，减少数据的存储量。英特尔 FPGA 还利用类似稀疏权重、紧凑网络等方式，进一步加速神经网络的计算过程。

➤ 9.1.3　针对卷积神经网络的特殊优化

如果回过头去看卷积神经网络的基本原理，可以发现，其核心的操作就是一些矩阵的计算操作，并且大部分是浮点计算。而英特尔 FPGA 的计算单元，可以支持最大超过 8TFLOP 的浮点计算，极大地增强了乘积累加计算（即矩阵计算）的性能；并且，英特尔 FPGA 提供了最高高达 58TB/s 的高带宽本地内存，极大地增强了神经网络的存储性能，从各种层面，多维度地提高了卷积神经网络在 FPGA 上的执行效率和性能。

英特尔 FPGA 正在以其独特的优势，逐步扩展其在深度学习神经网络中的应用，并且收到越来越多的科技工作者的青睐。

9.2　人工智能的概念

很多人对人工智能都会存在一些误解，例如：

（1）电影里的机器人就是人工智能的典型代表吗？

（2）人工智能好像是无所不能的。

（3）人工智能未来会威胁到人类的生存吗？

到底什么是人工智能？

人工智能（Artificial Intelligence，AI），这个词拆开来看就是"人工"和"智能"，单独分开理解对我们来说是没有任何难度的，但是当把它们组合在一起的时候，就是一个可以改变世界的技术了。探其本质，可以给它一个精简而又准确的定义：人工制作的系统所表现出的智能，也就是机器智能，当然这里的智能其实就是像人一样的思维过程和智能行为。当然这是一个层面的理解，就人工智能的发展现状而言，也可以将其定义为：研究这样的智能能否实现以及如何实现的科学领域。

我们以简单的传统软件和人工智能做一个简单的对比。

传统软件通常是一个 if-then 的基本逻辑。开发人员（人类）通过自己的经验总结出一些有效的规则，然后让计算机自动地运行这些规则，即冯诺依曼的存储运行的思想。从这个角度上说，传统软件执行的永远是人类已经设定好的规则，不可能超越人类的知识边界。软件的所有执行，其输入条件和输出结果，是人类可预期的，但是，当输入的数据出现变化，传统软件极有可能就出现无法处理的情况。也就是说，传统软件无法绕开开发人员制定的规则，像人类一样进行自主学习。

但是现实生活中充满了各种各样的复杂问题，这些问题几乎不可能通过制定规则来解决，比如人脸识别通过规则来解决，效果会很差，因为我们无法穷举所有的规则。

而人工智能则不太一样，它和传统软件存在一些近乎本质的区别：人工智能从特定的大量数据中总结规律，归纳出某些特定的规律 / 规则，然后将这些规律 / 规则应用到现实场景中去解决实际问题。这就是人工智能发展到现阶段的本质逻辑。而人工智能总结出来的规律 / 规则并不像传统软件一样，可以直观精确地表达出来，它更像人类学习到的知识一样，比较抽象，很难表达。人工智能和传统软件的本质区别就在于，人工智能拥有自主学习能力。

9.3 人工智能的发展史

"人工智能"一词最初是在 1956 年美国的达特茅斯（Dartmouth）大学举办的一场长达两个月的研讨会中被提出的，从那以后，人工智能作为新鲜事物开始进入人们的视野之中，研究人员不断探索发展了众多相关的理论和技术，人工智能的概念也随之扩展。在任何领域，都是万事开头难的，当出现了第一个引路人后，后面的发展就会是不可估量的，人工智能也是如此。

9.3.1 早期的兴起与低潮

在首次提出人工智能的概念之后，一些重要的理论结果也层出不穷。1950 年，著名科学家阿兰·图灵（Alan Turing）极具前瞻性地提出了人工智能的一个测试标准，即著名的图灵测试（Turing Test）。该测试提出了测试人工智能的一个标准，即如何判断一个计算机或者设备具备智能性。计算机或者设备需要满足或具备如下能力，通过图灵测试，才可被认为是具备智能性的，即可以像人一样去行动：

（1）自然语言处理；

（2）知识表达（存储）；

（3）自动推理：用已知的结论推理新的结论；

（4）自动学习：在新的环境中进行学习。

但是，由于时代的局限，科研工作者无法实现任何一个满足图灵测试的设备。不过幸运的是，即便是时代的局限，也无法阻挡人类前进的脚步，除了图灵测试，阿兰·图灵还提出了机器学习、基因算法、增强式学习等，麦卡洛克与皮特斯提出了麦卡洛克-皮特斯模型（MP

模型）以及布尔逻辑电路，为人工智能提出了基础的理论支持和研究方向。

⊛ 9.3.2　人工智能的诞生

1956 年，约翰·麦卡锡（John McCarthy）在达特茅斯会议（Dartmouth）首次提出了人工智能的概念，将人工智能推向了大众，标志着人工智能作为一门正式的学科诞生了，他也因此被称为"人工智能之父"。1958 年，约翰·麦卡锡发明了 Lisp 语言，该语言是人工智能界第一个最广泛流行的语言，至今仍然在人工智能领域被广泛应用。Lisp 语言与后来在 1973 年实现的逻辑式语言 PROLOG，并称为人工智能的两大语言。约翰·麦卡锡另一个卓越贡献是 1960 年第一次提出将计算机批处理方式改造成分时方式，这使得计算机能同时允许数十个甚至上百个用户使用，极大地推动了接下来的人工智能研究。

几乎是同一时间，艾伦·纽厄尔（Allen Newell）和赫伯特·亚历山大·西蒙（Herbert Alexander Simon）编制了一个推理程序，可以用于自动证明一些数学定理，进而推导出了另外一个普遍问题解决器（General Problem Solver）。

但是，人工智能在这段时间也面临不少问题：语言翻译还需要深厚的背景知识，如何进行复杂问题求解，以及如何降低计算的复杂度。

⊛ 9.3.3　人工智能的"冬天"

20 世纪 70 年代，出现了利用领域的特定知识帮助推理的专家系统，并且诞生了知识表达和推理专用的编程语言 Prolog 和 Planner 等。1982 年，第一个商用的专家系统 R1 诞生，并且开始进行商用。但是，在实际的工商业应用中，专家系统无法达到预期的效果，人工智能的研究陷入低潮。

不过幸运的是，1986 年，神经网络开始兴起，专家学者提出了反向传播算法、多层神经网络。不过，限于当时的计算能力，这些算法或者思想，还仅仅停留在理论研究层面，无法进入工程实践，遑论生产应用。

⊛ 9.3.4　交叉学科的兴起

20 世纪 80 年代后期，科学家们不再局限于传统的人工智能领域，开始使用各种数学方法进行人工智能的研究和分析。概率论被用于不确定条件下的推理，隐式马可夫模型的数学理论逐步被应用到语音识别领域，贝叶斯网络开始主导不确定推理和专家系统。

在这段时间内，统计学、机器学习和数据挖掘等学科、工具被大量地应用在人工智能的研究和开发中，大大提高了人工智能的研究速度，为人工智能的飞速发展注入了新的动力，也指明了新的方向。

⊙ 9.3.5　云计算与大数据时代的来临

进入 21 世纪，信息时代带来了数据的爆炸式增长，大数据分析的需求变得越来越普遍。从海量数据中，学习模式规律、提取事物的内在联系，成为人工智能新的研究方向。海量的数据使得人工智能算法的结果可以不断提高，人工智能的研究方向从实现输入所有数据（指定规则）到从数据中学习知识（自主学习）进行转变，计算机体系结构的进化（多核处理器、加速器、GPU 等）使得计算机整体的算力得到了极大的提高，分布式并行计算更是将分而治之的思想贯彻到底，人工智能终于迎来了发展的高峰。各种深度学习神经网络的不断涌现，使得人工智能不管从精度、自主程度，还是学习能力，都比之前任何一个时代要强大得多，人类社会涌现出了越来越多的人工智能，人工智能与人类社会的联系也越来越紧密。语音识别、文字理解、物体识别、无人机或自动驾驶、智能机器人等越来越多的人工智能涌入人类社会，为文明的建设和发展添砖加瓦。

┌•9.4　人工智能的应用 •

目前，人工智能的主要应用都是建立在对自然界现存的、容易转换成数字信号的模拟符号系统的假设上的，人工智能利用最广泛的领域集中在对网站异常信息的监测、法律判别、经济交易、医疗诊断等方面，但这些应用主要着眼于计算机技术和机械操作相结合，使机械的自动化程度更高，但是这还远远达不到绝对意义上的人工智能。目前来讲，人工智能可以总结为以下三个方面。

⊙ 9.4.1　智能决策

举例来讲，一般在准备投资之前，大部分人会选择大型的证券投资机构进行咨询，在传统的分析构架下，基金经理或者交易员通常会翻看大量的财务信息、交易数据以及一些必要的历史记录作为素材进行分析建模，最后给出相应的投资建议。如今有了人工智能的帮助，在经过大量训练及回溯测试之后，人工智能的交易胜率已经达到 70%。而且人天生存在弱点，贪婪和恐惧等情绪往往会影响交易决策结果，人工智能程序化交易的引入可以很好地避免人在投资过程中可能出现的主观判断。

⊙ 9.4.2　最优路径规划

越来越多的基于地理信息高效配置共享资源的手机应用如雨后春笋般层出不穷，改变着现代人们的生活方式。以物流配送行业为例，在设计配送运输路线之前需要确定目标，根据配送货物的具体要求、所在配送中心的实力以及其他必要的客观条件，配送中心可以以效益最高、成本最低、路程最短、吨公里数最少、准确性最高等作为目标设计具体路线。现在物流行业的服务越来越人性化，在时间上可以选择即日达、次日达、定点派送等，在地点上可以选择定点投递或上门取件等服务方式，为了满足所有寄件人和收件人对货物品种、规格、数量的要求，满足对货物送达时间范围的要求，各配送路线上的货物量需要在不超过车辆容量和载重量限制的条件下实现最大化配送。人工智能更优于人类的地方就在于当人类根据经验思考最省时最高效的路线时，人工智能依据其储存的路径信息，迅速地对各种可能的路径进行比较，考虑到距离、路况、突发情况等人类无法预判的约束以大量数据为依托得到最有效的计算结果。

⊗ 9.4.3　智能计算系统

人工智能近期的一大研究目标，就是如何在一定程度上代替人类从事脑力劳动，使现有的计算机变得更加好用。我们也可以将人工智能理解为计算机科学的拓展。除此之外，人工智能还有用自动机模拟人类的思维方式和独特的行为这一更长远的研究目标。它的提出不仅仅局限于计算机科学的范畴，而是融合了自然科学、社会科学等很多相关科学领域的知识。

从目前来看，已经有部分应用开始往这方面进行转变了，如自动编程机器、自动生成诗句，以及自动作画等。虽然这些应用目前并不成熟，但是任何一门技术或者应用都不是一蹴而就的，我们有理由相信，这些自动化的脑力劳动工具会越来越多，也会越来越成熟。

9.5　人工智能的限制

但是，人工智能并不是万能的，无法像人类一样，学习或者贯通多个领域，到目前为止，人工智能还处于单一任务的阶段。例如，语音识别的人工智能应用无法进行图形图像的识别，图形图像识别的人工智能无法进行文字的判断。只有将所有的规律／规则和知识融合在一起，形成网状接口，人工智能才能做到融会贯通。

当前的人工智能，主要的手段就是从大量数据中总结归纳知识，这种粗暴的归纳法有一个很大的问题是：只关注现象，不关心背后的原因，因此，人工智能也会犯很低级的错误。

也正是由于归纳逻辑在当前使用得最多，也相对使用得比较广泛，因此，需要依赖大量的数据。数据越多，归纳总结出来的规律／规则就越具有普适性，精度也越高，相应的，准确性也就越高、越可靠。

9.6　人工智能的分类

在目前的工业界以及学术界，人工智能分为三个级别：弱人工智能；强人工智能；超人工智能。

⊙ 9.6.1　弱人工智能

弱人工智能也称为限制领域人工智能（Narrow AI）或应用型人工智能（Applied AI），指的是专注于且只能解决特定领域问题的人工智能。目前常见的人工智能的应用，都属于弱人工智能的范畴，包括大名鼎鼎的 AlphaGo，火遍全球的语音识别、图像识别以及文字识别等。这些应用或者机器只不过"看起来"像是智能的，但是并不真正拥有智能，也不会有自主意识。

⊙ 9.6.2　强人工智能

强人工智能又称为通用人工智能（Artificial General intelligence）或完全人工智能（Full AI），指的是可以胜任人类当前所有工作的人工智能。强人工智能应当具备如下能力。

（1）存在不确定性因素时，进行推理、使用策略、解决问题、制定决策的能力。

（2）知识表示的能力，包括常识性知识的表示能力。

（3）规划能力。

（4）学习能力。

（5）使用自然语言进行交流沟通的能力。

（6）将上述能力整合起来实现既定目标的能力。

强人工智能可能制造出"真正"能推理和解决问题的智能机器，并且，这样的机器将被认为是具有知觉、有自我意识的。当前，学术界认为强人工智能主要有以下两类。

（1）人类的人工智能，即机器的思考和推理就像人的思维一样。

（2）非人类的人工智能，即机器产生了和人完全不一样的知觉和意识，使用和人完全不一样的推理方式。

⊙ 9.6.3　超人工智能

假设计算机程序通过不断发展，可以比世界上最聪明、最有天赋的人类还聪明，那么，由此产生的人工智能系统就可以被称为超人工智能。关于超人工智能，目前学术界并没有完全统一认识，有的认为只有前面两种人工智能，而超人工智能属于强人工智能的一个分支；有的则认为超人工智能是人工智能发展的最终形态，是独立于强人工智能和弱人工智能的一种分类。

但不管如何进行区分，人工智能的定义，大多可划分为四类，即机器"像人一样思考""像人一样行动""理性地思考"和"理性地行动"。这里"行动"应广义地理解为采取行动，或制定行动的决策，而不是肢体动作。理性地思考和理性地行动，是人工智能发展的终极目标。

我们当前所处的阶段是弱人工智能，强人工智能还没有实现（甚至差距较远），而超人工智能更是连影子都看不到。"特定领域"目前还是人工智能无法逾越的边界，现实世界中的人工智能，都还在各个"特定领域"中不停地打转，寻求新的突破。

9.7　人工智能的发展及其基础

人工智能的研究是高度技术性和专业的，各分支领域都是深入且各不相通的，因而涉及范围极广。人工智能的核心问题包括建构能够跟人类似甚至超卓的推理、知识、规划、学习、交流、感知、移物、使用工具和操控机械的能力等。目前，弱人工智能已经有初步成果，甚至在一些影像识别、语言分析、棋类游戏等方面的能力超越人类的水平，而且人工智能的通用性代表着，能解决上述问题的是一样的 AI 程序，无须重新开发算法就可以直接使用现有的 AI 完成任务，与人类的处理能力相同，但要达到具备思考能力的强人工智能还需要时间。

人工智能的研究手段，目前比较流行的方法包括统计方法、计算智能，其中包括搜索和数学优化、逻辑推演；而基于仿生学、认知心理学，以及基于概率论和经济学的算法等也在逐步探索中。因此，就目前而言，数学工具的研究和应用，指导着人工智能的研究方向。

人工智能离不开数学，数学对于人工智能算法来说是必备基础，想要理解一个算法的内在逻辑，没有数学是不行的。虽然在之后的实际操作中对于算法的实现可能就是调参、调包，不会用到更深层次的数学原理，但是如果直接使用现有工具的效果不理想时，如果不懂得数学，就很难对算法进行有针对性的优化，进而阻碍了人工智能技术在该领域的应用发展。数学是人工智能学习路上的"天花板"。在人工智能的应用中，下列数学理论与工具是必不可少的。

⊙ 9.7.1　矩阵论

矩阵论是线性代数的后继课程，是学习经典数学的基础。在线性代数的基础上，进一步介绍了线性空间与线性变换。欧式空间与酉空间以及在此空间上的线性变换，深刻地揭示了有限维空间上的线性变换的本质与思想。为了拓展高等数学的分析领域，通过引入向量范数和矩阵范数在有限维空间上构建了矩阵分析理论。从应用的角度来讲，矩阵代数是数值分析的重要基础，矩阵分析是研究现行动力系统的重要工具。为了矩阵理论的实用性，对于矩阵代数与分析的计算问题，利用 Python 软件实现快捷的计算分析，将所学的理论知识应用于本专业的实际问题，转化为解决实际问题的能力。矩阵论作为数学领域的一个重要分支，已成为现代科技领域处理大量有限维空间形式与数量关系的有力工具。

⊛ 9.7.2 应用统计

2011年诺贝尔经济学奖获得者Thomas J.Sargent在世界科技论坛上表示人工智能都是利用统计学来解决问题。随机性在自然现象和社会现象中普遍存在,应用统计学作为一门收集、整理、描述、显示和分析数据的科学,在测量、通信、质量控制、气象、水文、地震预测等多个领域都有着重要的应用。

⊛ 9.7.3 回归分析与方差分析

回归分析和方差分析是数理统计中常用的方法,用于研究变量与变量之间的相关性。在实践中我们可以发现,变量之间的关系可以分为两种,一种是各变量之间存在着完全确定的关系,另一种是变量之间的关系是非确定性的,这种关系无法用一个精确的数学式子来表示,可以称为相关关系或统计依赖关系。在有相关关系的变量中,仍分为几种不同的情况。第一种情况,这些变量全部为随机变量,可以将变量中的任一看为"因变量",其余则作为"自变量"。第二种情况,某些变量是可以观测和控制的非随机变量,另一个变量与之有关,但它是随机变量,可以把随便量作为因变量,可控变量作为自变量,此时变量的地位不可交换。回归分析方法是处理第二种情况的重要工具,回归的内容包括确定预报变量与响应变量之间的回归模型,根据样本观测数据检验回归模型,利用所得回归模型根据一个或几个变量的值预测或控制另一个变量的取值,并给出这种预测或控制的精度。方差分析与回归分析的要求与方法都不同,方差分析是根据实验结果进行分析,鉴别各有关因子对实验结果的影响程度。在方差分析中,因子可以不是数量化的指标,而是不同的条件,它可以用来检验多个正态总体均值是否有显著性差异。

⊛ 9.7.4 数值分析

数值分析是计算数学的一个重要部分,它研究用计算机求解各种数学问题的数值计算方法及其理论与软件实现。用计算机求解数学问题通常经历以下五个步骤:实际问题→数学模型→数值计算方法→程序设计→上机计算求出结果。根据实际问题建立数学模型往往是应用数学的任务,计算数学关注的是如何给出数值计算方法,并根据计算方法编制算法程序,从而求得最终的计算结果。计算机及科学技术的快速发展使求解各种数学问题的数值方法也越来越多,解决问题的速度和效率也得到了很大的提升。数值分析涉及数学的各个分支,所包含的内容十分广泛。

只有在上述数学工具的帮助下,人工智能才能得以飞速发展。

第10章

深度学习

在人工智能的研究过程中，从时间的先后顺序来看，实际上经历了多个时期，相对的，也采用了多种研究方法。从比较原始的计算技巧，到后续的数学统计思路、机器学习，到目前广泛应用的深度学习，人工智能的智能程度越来越高，精度也越来越高。在目前，以及可预见的将来，深度学习将成为人工智能研究和开发的绝对主力。从狭义上讲，深度学习约等于人工智能。

10.1 深度学习的优势

传统的做法中，人工智能使用数据分析或者机器学习的方式，作为开发的主流方式。以机器学习为例，其主旨就是使用函数或者算法从数据中提取必要的特征，利用这些特征，作为判断的标准，并对新的数据进行判断，从而得出结论。在机器学习中，通常采用随机森林、朴素贝叶斯、决策树及支持向量机等不同的算法进行操作。但是，由于机器学习算法只是从部分数据中提取特征，样本数小，因而覆盖范围比较窄。

我们以一个简单的例子说明。

在深度学习出来之前，针对自动识别信用卡卡号的需求，是利用模板匹配的方式，使用机器学习的函数和算法，进行识别和操作。通常，每家银行的信用卡的数字字体是相同的，因此，可以针对这些数字，生成一个相同的模板，即作为机器学习算法提取到的特征，如图 10-1 所示。

0123456789

图 10-1 机器学习提取的特征（数字）

然后，用这些提取出来的特征，去与信用卡或者银行卡上的数字进行一一匹配，最终实现对信用卡或者银行卡的卡号的识别，其结果大致如图 10-2 所示。

图 10-2　机器学习的识别结果 1

从图 10-2 中可以看到，识别效果是比较好的。

但是，如果机器学习算法提取到的特征不是上面的这种比较标准的数字，而是如图 10-3 所示的数字，此时，识别的效果就会变得非常差，如图 10-4 所示。因为这是使用了非标准的信用卡或者银行卡的数字特征来识别标准的信用卡或者银行卡的卡号。

$$0123456789$$

图 10-3　非标准的数字

图 10-4　机器学习的识别结果 2

而类似上述这种问题，就是深度学习最初的目标：提高泛化性和精度。我们看一下深度学习针对不同的人手写的数字的识别情况，如图 10-5 所示。

然后用深度学习（使用 TensorFlow 实现）的方式，对这些数字图片进行识别，识别的结果如图 10-6 所示。

图 10-5　不同人写的手写数字

```
The 4.bmp value is  4
The 2.bmp value is  2
The 6.bmp value is  6
The 0.png value is  0
The 2.png value is  2
The 3.png value is  3
The 4.png value is  4
The 5.png value is  5
The 7.png value is  7
The 9.png value is  9
```

图 10-6　深度学习的识别结果

从上面的结果可以明显地看出，深度学习的泛化性和精度，比传统的机器学习要好很多。这也是为什么目前提到人工智能，大多数人首先想到的就是深度学习。

由于这些优越性，深度学习在工业生产、安防、质检和零售等领域得到了越来越广泛的应用，并且，也在不断地扩展更多的应用领域。

10.2　深度学习的概念

深度学习实际上是一个计算过程，计算（探求）的是事物的内在联系，是人类利用数学工具对现实世界的描述。而深度学习这个计算的过程，或者计算的方法，称为深度学习神经网络。

深度学习从使用的过程来说，分为两步。

（1）训练：即从海量的数据当中提取共性以及特征，并最终进行记录。这些得到的记录结果，通常称为深度学习神经网络模型，简称模型。训练的过程通常会持续很长时间，一般在几周到几个月不等。

（2）推理：利用训练得到模型，对新输入的数据进行推理，得到结果。推理的过程比较快速，通常是以毫秒为单位的。

深度学习神经网络到底是什么？模型又是什么？我们以一个普通的例子说明，如图10-7所示。

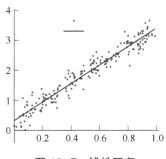

图10-7　线性回归

图10-7中，坐标系上有一系列的红点，我们需要用一条曲线（蓝色）去拟合这些红点，最终需要达到的目的是：让大多数红点均匀分布在这条曲线的两边，并且使得红点到曲线的距离最小，通俗的说法就是求解一个方程式。只不过这个方程式可能并不是常见的数学问题中的严格匹配，而是近似结果。

求解这条未知的曲线，首先就是分析这些点的规律，判断这些点的分布满足什么样的曲线，是线性的还是二次曲线，是双曲线还是三角函数。根据这些判断，我们可以设定这条曲线的大致样式，以图10-7为例，这条曲线可能是线性的，因此，其方程的形式可能是：

$$y=ax+b$$

设立方程式之后，剩下的操作就是根据红点的 x 和 y 的值，去求解 a 和 b，最终得到一个完整的方程式。

有了这么一个概念之后，我们可以做以下简单的比喻。

（1）深度学习神经网络类似一个方程式。

（2）搭建深度学习神经网络就是设立方程式的过程。

（3）训练深度学习神经网络就是求解方程式中的 a 和 b 值的过程。

（4）训练的结果，即神经网络模型就是方程式的最终形态，即知道了 a 和 b 的方程式。

（5）神经网络的推理，即输入新的 x，求解 y 值的一个过程，最终得到 y 值。

10.3　神经网络的基本构成

深度学习神经网络，简称神经网络，实际上，它是对生物神经网络的一种模仿，其组织形式类似于生物神经网络。其中，神经元是神经网络的基本组成单元，神经元是神经网络的输入输出节点，而神经元之间的联系（连线）则是计算过程，如图10-8所示。

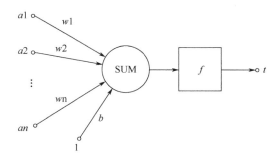

图 10-8　局部计算图

神经元和连线共同构成了神经网络的局部计算图。当大量的局部计算图以某种规则顺序排列起来时，则构成了整体的计算图，也就是神经网络。在有的文章或者论文中，神经元指的是输入输出节点与连线的组合，即局部计算图。为了方便后续理解，在本书中，关于神经元的说法，我们采取第一种说法。

⊙ 10.3.1　神经元的基本原理

计算图实际上是一系列的算法，它是由一系列的神经元组成的，可以对其使用一系列的数学表达式进行表达。我们以最基础的神经元计算图的图示为例，如图 10-9 所示。

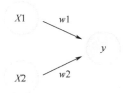

图 10-9　基本计算图

图中：$X1$ 和 $X2$ 为输入节点；$W1$ 和 $W2$ 为权重参数，可以将其看作之前的方程式中的参数；Y 为输出节点。上面计算图的数学表达可以简单地换算为：

$$Y=XY=x_1 \times w_1 + x_2 \times w_2$$

需要注意的是，计算的实际数学原理要比上面的公式复杂很多，不过，多数情况下，我们可以使用上边的计算公式进行简单的替换或者表述。除此之外，在实际情况中，计算图可能会多出一个节点，如图 10-10 所示。

这种情况下，$x1$，$x2$，$w1$ 和 $w2$ 的含义都不变，而 b 则表示一个噪声参数，在神经网络中，参数 b 则被称为偏置项。相对应的，上述计算图的计算公式则变化为：

$$Y=XY+B=x_1 \times w_1 + x_2 \times w_2 + b$$

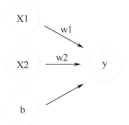

图 10-10　更为普遍的计算图

当多个神经元或者计算图按照一定的顺序组合、连接起来时，便构成了一个神经网络。

⊙ 10.3.2　全连接神经网络

全连接（Full Connection，FC）神经网络是由神经元组成的，是结构上最为简单的神经网络。其结构大致如图 10-11 所示。

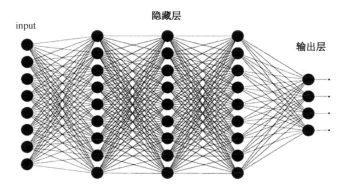

图 10-11　全连接神经网络结构

针对图 10-11，做如下说明。

（1）黑色的圆点表示节点，多个节点组合为层。

（2）每层之间通过连线连接起来。

（3）左边为第一层，表示神经网络的输入。

（4）最右边一层为神经网络的最后一层，表示神经网络的输出。

（5）中间层为隐藏层。

（6）通常，描述一个神经网络的复杂度，使用层数作为度量。层数越多，神经网络越复杂。

（7）全连接神经网络的上一层与下一层之间、所有的节点之间都存在连线。

按照上面所讲的计算图的概念，每层全连接神经网络的计算规则可以总结如下：

假设第一层的输入有 m 个 x，总共有 n 条连线（下一层会输出 n 个节点），则下一层的每个 y 的计算公式大致为：

$$
\begin{pmatrix} y_i \\ y_{i+1} \\ \vdots \\ y_n \end{pmatrix} = \begin{pmatrix} x_i \\ x_{i+1} \\ \vdots \\ x_n \end{pmatrix} \times \begin{pmatrix} w_i & w_{i+1} & \cdots & w_n \end{pmatrix}
$$

从这里可以看到，神经网络的每层之间的计算，都满足矩阵运算的规则，实际上，神经网络中的数学计算，大部分都是矩阵的计算，满足矩阵乘法的计算规则。

⊙ 10.3.3 卷积神经网络

10.3.3.1 全连接神经网络的劣势

全连接神经网络处理的是输入中的每个元素，输入的数据越多，则计算量越大。当计算量达到一定程度时，全连接神经网络就会因为资源消耗过快，而导致没有资源继续进行计算。特别是在图形图像处理方面，全连接神经网络的劣势表现得非常明显。

对于图形图像而言，需要处理的数据量太大，并且在数字化的过程中，很难保留原有的特征，从而导致图形图像处理的准确率不高。

图形图像是由像素构成的，每个像素又由颜色构成，按照当前常用的色彩格式 RGB 进行计算，现在普通的一张 1000×1000 像素的彩色图片，需要处理的参数就高达 1000×1000×3，即 3000000 个参数。如此大的数据，处理起来是非常消耗资源的，更不用说在神经网络的训练时使用的是 GB 乃至 TB、PB 级别数据量的海量图片了。

因此，使用卷积（Convolution）操作，加快图像的处理，便成为图形图像领域神经网络的通用做法；而使用卷积操作的神经网络，统称为卷积神经网络（Convolutional Neural Network，CNN）。

10.3.3.2 卷积的基本构成

典型的卷积操作主体至少包含两部分：卷积操作，通常称为卷积层；池化操作，通常称为池化层。卷积操作之后的结果，再送入全连接神经网络（全连接层），最终获得推测结果或者分类。

从作用上来说，卷积层负责提取图形图像中的局部特征，而池化层负责进行参数降维（即降低参数量），通过对卷积层、池化层的叠加和组合，卷积神经网络可以在保留图形图像特征的基础上，大幅度地降低计算的参数量，从而加速神经网络的计算过程。

那么，什么是卷积，什么是池化？

10.3.3.3 卷积的基本原理

以单色图为例，在计算机存储的图像中，每个像素点都有一个特定的值。使用一个卷积核（过滤器、滤波器），对原始图像进行覆盖，然后计算原始图像被覆盖的区域的每个点与卷积核上的每个点的乘累加，得到的结果，作为输出图像的一个像素点，如图 10-12 所示。

$$y=0\times(-1)+0\times(-2)+75\times(-1)+0\times0+75\times0+80\times0+0\times1+75\times2+80\times1$$
$$=155$$

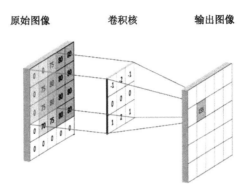

图 10-12　卷积操作图示

卷积实际上就是点对点的乘积之后加起来的结果。计算完一次之后，卷积核按照顺序，并且按照一定的间隔，向原始图像的右方和下方进行滑动，继续进行卷积计算，计算获得输出图像的第二个像素点。如果用公式总结，则一次卷积的操作基本如下：

$$Y=\sum_{i=0}^{n}x_iw_i$$

从上面的操作可以看出，一次完整的卷积操作，输入图像和输出图像的大小是不同的，其对应的关系如下：

输出图片边长=(输入图片边长-卷积核边长+1)/滑动步长

有的时候，可能要求输出图片和输入图片一致，则需要对原始图片的周围，使用 0 进行填充。

在实际的卷积神经网络中，卷积操作通常是针对不同的颜色通道，每个通道都采用多个相同大小、但是权重数值不同的卷积核进行多次卷积，尽可能地提取图像特征而不损失。

10.3.3.4　池化的基本原理

经过卷积操作之后，图像特征提取完成，但是参数量还是非常大。这时就需要使用池化操作。池化操作分为两种：最大值池化和均值池化。假设现在输入图像为 4×4 像素，采用 2×2 像素大小的过滤器（池化核），每次移动两个像素，则最大值池化如图 10-13 所示。

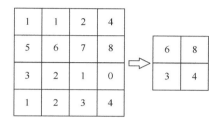

图 10-13　最大值池化

最大值池化即求取 2×2 区域中的最大值，将其作为输出图像的一个像素。

而均值池化则如图 10-14 所示。

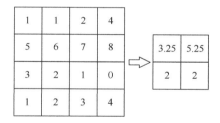

图 10-14　均值池化

均值池化即求取 2×2 区域中的所有像素值的平均值，将其作为输出图像的一个像素。

从上述图示中可以明显看到，经过池化操作之后，原本的数据量至少降低了 3/4，极大地降低了数据维度，减少了运算量。

⊙ 10.3.4　常见的卷积神经网络

结合前面的全连接神经网络，按照一定顺序，对卷积、池化进行反复的叠加操作，就可以生成不同的卷积神经网络算法。比如，最早出现的 Lenet-5，如图 10-15 所示。

又如，后续出现的 AlexNet，如图 10-16 所示。

再如，图形图像识别常用的 VGG16 算法，如图 10-17 所示。

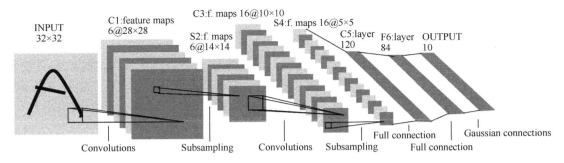

图 10-15 Lenet-5 卷积神经网络算法

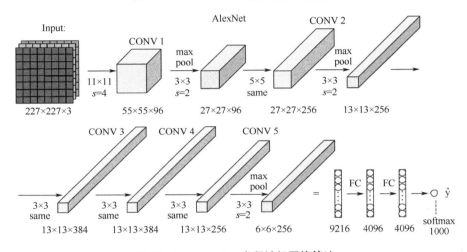

图 10-16 AlexNet 卷积神经网络算法

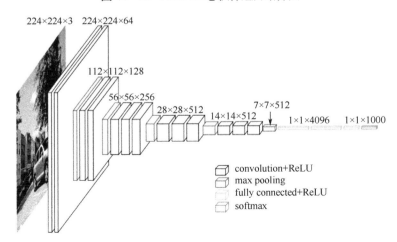

图 10-17 VGG16 卷积神经网络算法

这些算法万变不离其宗，都是通过反复的叠加卷积、池化以及全连接，最终生成了一系列性能和精度都各异的神经网络算法。

10.4　常见的深度学习数据集

深度学习神经网络需要经过训练才能生成模型，才可以使用。在科研和生产中，常用的深度学习数据有很多。比如，在图形图像处理领域，有入门级的 Mnist 数据集，如图 10-18 所示。

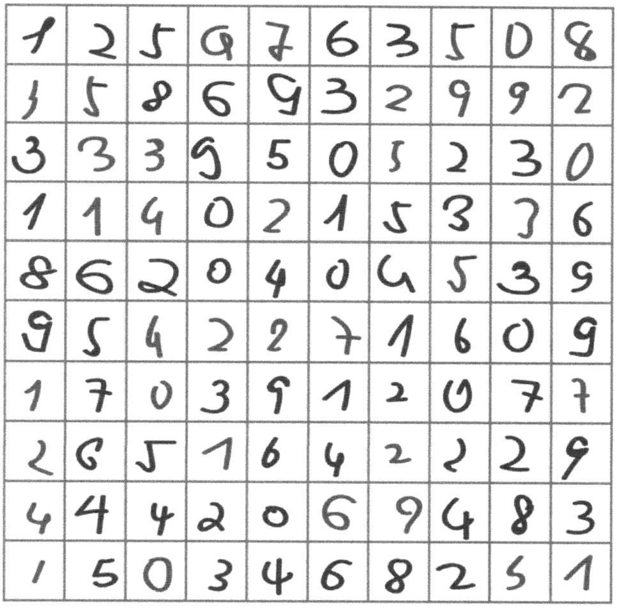

图 10-18　Mnist 数据集

Mnist 数据集几乎是深度学习所必须经历和使用的数据集，它的数据集所包含的图片是一张张 28×28 像素大小的灰度图像，总共包含从 0—9 这 10 个数字，其中，用于训练的图像有 60000 张，而测试图片有 1000 张。

而在比较专业的科研和生产活动中，使用最为广泛的则是 ImageNet 数据集，如图 10-19 所示。ImageNet 数据集是一个比较大型的数据集，数据集包含了 120 万张训练图片，5 万张验证图片以及 10 万张测试图片，每张图片都是 224×224 的 RGB 彩色图片，总共包含了 1000 个物体分类，并且，该数据集还在不断地扩充。

图 10-19　ImageNet 数据集

10.5　深度学习的应用挑战

综上所述,深度学习包含了训练和推理两大部分,训练的时间通常在几天到几个月不等,而推理则是在秒级出结果。但是,上述数据通常是在服务器以及 PC 机等 x86 平台上的结果,并且,大部分还使用了比较高端的 GPU 卡。而深度学习的实际应用,通常是在移动端甚至是没有多少计算能力的工业边缘设备上,进行深度学习神经网络的推理计算过程。而这些移动设备,通常而言,并不是使用 x86 的 CPU,而是基于 ARM 架构的 CPU。这些 ARM 架构的 CPU 都存在相同的特点:功耗低、主频较慢,并且对于浮点运算的支持比较有限。而深度学习神经网络的运算过程,恰好基本都是依赖于高精度浮点计算的。这就导致了一系列问题的出现。

（1）推理速度慢,延迟高。

（2）推理精度低,浮点计算能力弱。

（3）无法进行推理,网络结构占据的资源太多。

针对上述问题,工业界采取了以下方法,针对移动端的深度学习应用进行优化。

（1）优化算法，针对算法进行剪枝。

（2）采用定点计算替换浮点计算。

（3）采用并行芯片进行硬件加速。

在上述几种方法中，算法优化以及定点计算替换，都需要大量的研究工作，尤其是算法的优化，需要科学家做大量的研究。而利用并行芯片或者智能芯片，加快计算的速度，就成为当前比较主流的做法。

常见的并行芯片中，GPU 体积太大、功耗太高，ASIC 芯片定制度高、不可变，而 FPGA 芯片灵活可定制，功耗低，因而得到了广泛的关注。因此，工业界以及学术界在深度学习神经网络的应用中，逐步开始增加了 FPGA 芯片的使用，并且取得了较大的成功。

第 11 章

基于英特尔 FPGA 进行深度学习推理

人工智能分为多个领域，有语音识别、文字识别、计算机视觉（图形图像）识别等。在这些领域中，目前计算机视觉应用最为普遍，应用范围也最为广泛。而基于计算机视觉的深度学习应用也越来越多，如人脸识别、面部检测、面部识别、对象检测和分类、智能零售、车辆检测、车辆分类、工业检测。

由于智慧城市的发展与普及，计算机视觉在城市交通、自动驾驶、公共部门、紧急响应等行业领域取得了飞速增长。而针对计算机视觉的要求，也相对的越来越高：更高的分辨率、更高的准确性、更快的检测速度、更强大的计算能力、更大的带宽吞吐能力。新的场景、新的需求，带来了新的问题。

11.1 视频监控

视频监控属于计算机视觉中非常重要的一类任务，大部分深度学习实时推理应用都依赖于此。在智慧城市发展如日中天的当下，视频监控遇到了之前任何一个时代都不曾遇到过的问题。

（1）智能摄像头和传感器激增：智慧城市广泛依赖于摄像头和传感器，而这些摄像头和传感器遍布于城市的每个角落。

（2）数据爆炸：遍布于城市每个角落的摄像头和传感器每天采集生成大量的视频数据。据估计，仅中国大陆，在 2020 年，每天产生的实时视频数据将达到 1.6EB。

（3）处理效率低下与成本高昂：CPU 顺序执行，无法及时快速地处理海量数据，视频监控数据也需要海量的存储资源进行临时存放。

在了解如何解决这些问题之前，我们先看看计算机视觉系统的一些基本概念。

11.2 视觉系统架构

如图 11-1 所示，计算机视觉系统主要分为三个部分。

（1）图像捕捉：包括利用摄像头／传感器等设备，进行物理世界的原始数据采集。

（2）预处理：对原始数据的处理。根据需求的不同，可以分为处理为灰度图像以及不做任何处理的原始 RGB 彩色图像。其中，针对需要灰度图像的场景，还需要将原始数据进行一系列的操作，如转换、边缘提取、轮廓标注等。

（3）处理：对预处理之后的图像的进一步提取和处理，包括提取高级特征等。而在实际使用中，通常的处理过程还包含与已知的物体特征进行对比，从而实现图像的识别。

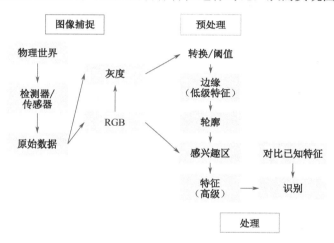

图 11-1 视觉系统架构

⊛ 11.2.1 物理特征的捕捉

计算机视觉主要依靠光学进行图形图像采集，因此，采集设备可以采集的物理特征，主要就是光学特征，包括：物体的颜色、光照的亮度、光照的强度、光散射。这些物理特征，被采集设备所采集，共同构成了物体的图形图像描述。

⊛ 11.2.2 预处理

现代摄像头在进行图形图像捕捉时，通常会对图像执行多个预处理的步骤，具体步骤如下。

（1）数据采样，修改合适的分辨率。

（2）去除噪声，提高图像的锐度。

（3）修正图像的清晰度。

（4）修正图像缩放。

（5）低级特征提取。

图形图像预处理——提高清晰度示意图如图 11-2 所示。

图 11-2　图形图像预处理——提高清晰度示意图

通过以上简单的预处理，物理世界的光学特征得以以数字的方式，经过摄像头，进入计算机内部。在预处理操作中，低级特征提取操作主要是为了图形图像的识别和为检测提供最基本的素材。通常，低级特征提取包含两部分工作：定义感兴趣区域和场景分割（将图像划分为像素级别的对象）。比如，在笔记本前面有一个玻璃杯，如果要识别该玻璃杯，就需要将玻璃杯所在的区域标记出来，即定义感兴趣区域；然后在像素级别的层面上，将玻璃杯和其他物体（背景）进行分割，如图 11-3 所示。

图 11-3　图形图像预处理——低级特征提取——区域分割

⊙ 11.2.3　高级处理

相对应的，高级处理就不再是简单的图形图像的分割了，而是真正地识别对象的属性。所谓的对象属性，指的是图形图像中的对象／物体的大小、位置，以及类别等信息。计算机或者人类可以根据这些信息判断或者识别物体。

如图 11-4 所示，计算机视觉的高级处理就是识别并判断出图中包含了 5 只鸭子和 15 只鸽子。计算机视觉的高级处理不仅仅包含上述物体识别，还包含图像理解、图像语义理解等。图中，图像理解的结果就是"小鸟栖息在某公园的一个池塘附近"。不过，相比较而言，图形图像的高级处理由于涉及更多的操作、更多的判断，因此计算量很大。

图 11-4　示例图

11.3　计算机视觉的常见任务

计算机视觉的应用范围非常广泛，可以根据应用场景，分为五大类。

（1）图像分割：对图形图像中感兴趣的区域与其他背景／前景进行隔离。

（2）对象检测：检测图形图像中包含的物体。

（3）对象分类：对图形图像包含的物体进行区分。

（4）面部识别：识别图形中物体的面部信息。

（5）对象跟踪：持续地跟踪物体，并预判运动物体的轨迹。

计算机视觉的常见任务分类如图 11-5 所示。

分割	检测	分类	识别	跟踪
背景/对象	动物	猎豹、瞪羚	猎豹	以每小时40英里（1英里=1609.344米）的速度向东奔跑

图 11-5　计算机视觉的常见任务分类

11.3.1　图形图像分割

图形图像分割的应用场景非常多，其他类型的图形图像处理，大部分都基于图形图像分割。分割任务根据不同的应用需求，可以大致分为两种。

（1）语意分割：根据对象类型标记图形图像中的每个像素，如图 11-6 所示。

图 11-6　语意分割

（2）实例分割：根据对象类别和对象实例标记图像中的每个像素。

11.3.2　对象检测

图形图像的对象检测，是对图像中的所有对象进行定位和分类，其基本原理是在图形图像分割的基础上，对图像进行进一步的特征提取，并与已有的特征表进行对比，从而得到图像中对象的定位和分类信息。通常情况下，对象检测的数据需要包含边界框（用于标记对象）、对象类别，有的时候，还会包含对象所属类别的可信度（置信度），如图 11-7 所示。

图 11-7　对象检测

用于对象检测的常见神经网络包括 YOLO、Single Shot MultiBox Detector（SSD）、Faster-RCNN 等，特别是 YOLO，由于其网络结构较小，计算量相对较低，精度在可容忍的范围内，在目前的移动端以及工业物联网中，应用非常广泛。

11.3.3　对象分类

对象分类与对象检测类似，但不同的是，对象分类更为细致。它的主要目的是将对象进行细分，尽可能地精确。生物学上对于物种的分类，按照从大到小、从粗到细的原则，可以排列为门、纲、目、科、属、种。以此进行对比，对象分类相当于将对象划分到门或者纲这样粗粒度的级别，而对象检测，则是精确到属或种这样细粒度的级别，并且同时输出检测到的对象的类别的可信度，如图 11-8 所示。

图 11-8　对象分类

11.3.4　面部识别

面部识别是对象检测的一个细分领域，专门用对人的面部特征的检测和识别。面部识别，尤其是人脸识别，在安防领域的应用极为广泛，几乎所有的安防监控设备都会围绕人脸识别开展工作。由于面部识别可以比较准确地识别出个人信息，出于其他原因考虑，目前国外的面部识别与检测几乎停止。常见的用于面部识别的卷积神经网络算法包括 ShereFace、FaceNet 等。面部识别的功能通常包含信息识别及情绪识别，如图 11-9、图 11-10 所示。

图 11-9　信息识别

图 11–10　情绪识别

⊙ 11.3.5　其他任务

除了上述比较常用的应用之外，计算机视觉也应用在其他方面。

（1）对象追踪：在连续的视频帧中定位对象，如图 11-11 所示。

图 11–11　对象追踪

（2）光学字符识别：识别数字和字符，如图 11-12 所示。

图 11-12　识别字符

（3）关键点检测：检测对象的一组预定义关键点的位置，如人体或面部等，如图 11-13 所示。

图 11-13　关键点检测

11.4　计算机视觉的基础

不同的应用场景需要不同的技术，比如，在智慧零售中，通常需要分析商场中人员的行为和意图，防范潜在窃贼，如图 11-14 所示。

图 11-14　智慧零售的行为／意图分析

不过，不管应用场景如何变化，其基础只在两部分：图形图像的编解码和边缘端的深度学习推理，也就是软件和硬件。特别是在视觉处理技术越来越先进，深度学习推理越来越复杂的情况下，选择合适的软硬件，对于生产生活应用，有着实际意义，并且可以产生巨大的经济价值。利用智能硬件，尤其是 FPGA，已经成为深度学习在使用过程中的不错选择；而利用合适的编程语言进行深度学习应用的开发，也是深度学习在应用中不可或缺的一部分。

⊙ 11.4.1　深度学习框架

深度学习框架，指的是用于设计、训练、验证和部署深度学习神经网络的软件框架，目前比较常用的有 PyTorch（FaceBook 开源）（见图 11-15）、Tensorlow（Google 开源）（见图 11-16）、Mxnet（Amazon 开源）（见图 11-17）及 Caffe2（见图 11-18）等。

图 11-15　Pytorch

图 11-16　TensorFlow

图 11-17　MxNet　　　　　　　　　　　图 11-18　Caffe2

　　每个框架都有自己的特点，比如，TensorFlow 性能较好，在工业界的应用最为广泛；PyTorch 简单灵活，深受学术界欢迎；MxNet 清晰命令，在 Amazon 应用广泛。但是，相对的，每个框架都存在一些问题。比如，可能并没有针对不同类型的硬件进行全面优化，大部分框架只能在 CPU 或者特定的 GPU 上运行，无法用于其他高性能芯片上；并且，这些深度学习的框架都比较庞大，资源消耗比较严重；最关键的一点是，不同框架训练出来的结果，无法应用到其他框架中进行使用，不同的框架之间存在隔离。

　　那么是否存在一种工具或者方式方法，可将不同的框架进行统一，并且，针对不同的硬件，提供统一的优化，以便于深度学习的模型利用不同的硬件进行加速计算？

⊛ 11.4.2　OpenCL

　　首先需要解决的是，针对不同的硬件，进行统一的运行或者优化。幸运的是，学术界和工业界早就预料到了不同硬件在计算层面的不同，因而，很早就提供了用于跨异构硬件平台并行执行的开发语言——OpenCL（见图 11-19）。

图 11-19　OpenCL

　　OpenCL 是由 Khronos Group 管理的开放的、免版税的工业标准，利用 C/C++实现的异构并行编程通用模型语言，可以运行在 CPU、GPU、FPGA 等不同芯片上，适配不同的硬件，并且利用这些硬件进行计算加速，提升计算机的性能。OpenCL 解决了针对不同的硬件平台需要进行大量定制和修改的问题，统一了硬件层面的抽象，简化了异构（不同芯片）的编程实现。

⊙ 11.4.3　OpenCV

OpenCL 解决了不同种类的硬件在计算层面不同的问题，但是在计算机视觉领域，不同的不仅仅是硬件，还有显示、色彩等也不同。比如，RGB 和 CMYK 这两种不同的色彩模式，其显示效果就不一样。是否存在一个通用的工具，能解决不同类型的显示问题呢？答案就是 OpenCV（见图 11-20）。

图 11-20　OpenCV

OpenCV 是针对实时计算机视觉的免费跨平台可移植开发库，内置了 2500 多个算法和函数，并且支持 C/C++、Python 和 Java 等多种开发语言，还支持 OpenCL，为图形图像的处理提供了大量的预设工具集，是目前在开源图形图像处理方面的领头羊。

⊙ 11.4.4　OpenVINO

经过不懈努力，英特尔公司的技术人员终于将上述工具和类库整合到了一起，并且以最佳的方式进行了相互配合，抽象了不同的硬件平台，降低了系统功耗，并优化了系统的性能，最终，诞生了 OpenVINO。OpenVINO 是英特尔出品的人工智能深度学习综合工具集，包含了计算机视觉、深度学习和多媒体处理等多种功能，尤其是在深度学习方面，OpenVINO 的应用越来越广泛。

OpenVINO 用途如下。

（1）支持深度学习模型的转换与优化：支持多种深度学习框架，包括 TensorFlow、MxNet、PyTorch、Caffe2 等，并且还在不断地增加其他深度学习框架。

（2）提供了轻量级的推理引擎：提供了轻量级的 API，用于在应用中进行深度学习推理。

（3）异构支持：支持面向异构流程的硬件平台，可以支持在 CPU、GPU、FPGA 以及 VPU 上进行深度学习推理。

（4）无缝扩展：支持面向各种设备进行定制化开发及扩展。

11.5 使用 OpenVINO 工具在英特尔 FPGA 上部署深度学习推理应用

本节主要介绍英特尔 OpenVINO 工具套件分发版的组件，解释如何通过 Caffe、TensorFlow 等框架模型优化成推理引擎所需的格式，以及使用推理引擎来确定 CPU 或 FPGA 加速器。

⊗ 11.5.1 OpenVINO 工具

英特尔 OpenVINO 工具套件分发版如图 11-21 所示。

图 11-21 英特尔 OpenVINO 工具套件分发版

英特尔 OpenVINO 工具套件旨在提高计算机视觉解决方案的性能以及减少所需要的开发时间。英特尔在该工具中提供了丰富的硬件选项，可以提高性能、降低功耗和最大化利用硬件，以便用更少的时间做更多的事情，并开启新的并行设计。英特尔 OpenVINO 工具套件支持在所有英特尔架构上部署经过训练的模型，这其中包括：CPU、GPU、FPGA、VPU 等。面向最佳执行优化、支持用户进行验证和调整、可轻松用于所有设备运行时的 API，框架如下图 11-22 所示。

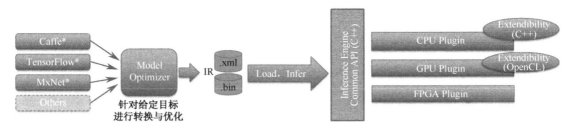

图 11-22　深度学习部署工具套件框架

其中，模型优化器（Model Optimizer）是一个命令行工具，它从流行的 DL 框架（如 Caffe2、TensorFlow、MxNet 等）导入经过训练的模型，以及将来可能会使用的其他框架，使用它可以执行静态模型分析并进行调整，以便在边缘设备上实现最佳性能。调整后的模型为 intel 的中间表示文件或 IR 格式文件，IR 格式文件由包含网络层的 xml 文件和包含权重的 bin 文件组成。

然后，可以使用推理引擎（Inference Engine）对 IR 格式文件进行装载和执行。推理引擎包含用于加载网络、准备输入和输出以及使用各种插件在指定的目标设备上执行推理的 API。从深度学习网络的训练到模型优化器的转换与优化，再到推理引擎的应用，这个流程如图 11-23 所示。

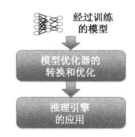

图 11-23　流程示意图

通过使用深度学习部署工具包，可以通过易于使用的工具加速部署模型。另外，无论目标设备是什么，使用部署工具包，就相当于使用相同的统一工具和推理引擎 API。这些 API 使用起来很简单，并且独立于 DL 框架和目标设备。其优势如下。

（1）加速部署：OpenVINO 有易于使用的工具：模型优化器、推理引擎、验证应用。

（2）调整经过训练的模型：模型优化器量化、批归一化合并。

（3）适配不同的目标设备：CPU、GPU、FPGA 等。

（4）提供统一优化的推理实时运行：推理引擎：易于使用的推理运行时的统一 API，API 独立于训练框架和目标设备，轻量级设计，可在物联网设备上运行。

⊙ 11.5.2 端到端机器学习

OpenVINO 部署工具包是英特尔端到端机器学习产品的一部分。为了使深度学习网络得以部署，首先需要做的是对网络模型进行训练。大多数时候，训练是在数据中心进行的，而部署是在边缘设备上进行的，因此经过训练的模型必须针对推理硬件进行优化，这就是模型优化器在准备模型阶段的用途。然后，使用推理引擎让优化后的模型在推理硬件上运行，推理引擎可以部署在指定的硬件上，包括 CPU、GPU、FPGA 或其他硬件。OpenVINO 的推理过程如图 11-24 所示。

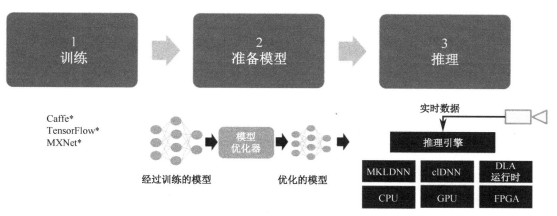

图 11-24 OpenVINO 的推理过程

⊙ 11.5.3 OpenVINO 安装

在本节将介绍 OpenVINO 的安装示例，首先需要去确认的是软硬件的开发环境，这里以 OpenVINO 2019 R1.1 的 Linux 版本为例进行介绍，其需要的软硬件开发环境如下。

（1）OpenVINO 版本：2019 R1.1 FPGA with Linux。

（2）系统环境：CentOS 7.4（CentOS-7-x86_64-DVD-1804）。

（3）硬件环境：Arria 10 PAC 加速卡（Rush Creek）。

（4）依赖软件包：需要 Acceleration Stack 1.2 安装包及 OpenCL SDK 18.1。

安装步骤如图 11-25 所示。

```
[root@localhost home]# cd l_openvino_toolkit_fpga_p_2019.1.094/
[root@localhost l_openvino_toolkit_fpga_p_2019.1.094]# ls
EULA.txt  install_GUI.sh  install_openvino_dependencies.sh  install.sh  pset  PUBLIC_KEY.PUB  rpm  silent.cfg
[root@localhost l_openvino_toolkit_fpga_p_2019.1.094]# ./install_GUI.sh
```

图 11-25 OpenVINO 2019 R1.1 安装步骤

（1）首先需要安装 Acceleration Stack 1.2，在 https://www.intel.com/content/www/us/en/programmable/products/boards_and_kits/dev-kits/altera/acceleration-card-arria-10-gx/getting-started.html/下载。

（2）下载 OpenVINO 压缩包：1_openvino_toolkit_fpga_p_2019.1.094.tgz，下载链接：https://software.intel.com/en-us/openvino-toolkit/choose-download/free-download-linux-fpga/。

（3）下载完成输入指令：tar xvf 1_openvino_toolkit_fpga_p_2019.1.094.tgz，解压到/home/目录下。

（4）输入指令：1_openvino_toolkit_fpga_p_2019.1.094；输入指令：./install_GUI.sh。

（5）在弹出界面连续单击"next"键，如图 11-26 所示。

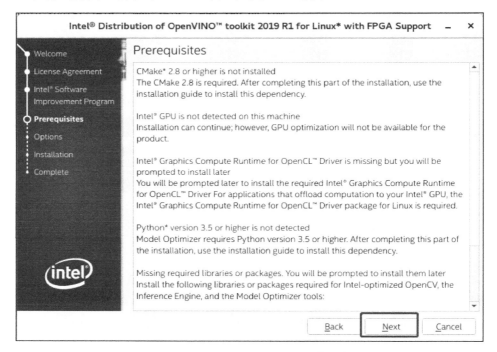

图 11-26　OpenVINO 2019 R1.1 安装步骤

（6）输入指令：cd /opt/intel/ openvino_2019.1.144/ deployment_tools/demo/。

（7）输入指令：./ demo_security_barrier_camera.sh，运行 OpenVINO R1.01 自带的 demo。

① 如果输出以下错误，如图 11-27 所示。

② 输入指令：vi demo_security_barrier_camera.sh，如图 11-28 所示。

③ 保存并重新输入./ demo_security_barrier_camera.sh，即可运行成功。

```
(13/16): libstdc++-static-4.8.5-36.el7_6.2.x86_64.rpm
(14/16): nspr-4.19.0-1.el7_5.x86_64.rpm
(15/16): nss-softokn-freebl-3.36.0-5.el7_5.i686.rpm
(16/16): nss-softokn-freebl-3.36.0-5.el7_5.x86_64.rpm
---------------------------------------------------------------------------------------
Total
Running transaction check
Running transaction test

Transaction check error:
  file /etc/ld.so.conf.d from install of glibc-2.17-260.el7_6.6.i686 conflicts with file from package intel-openvino-mediasdk-2019.1-094.x86_64

Error Summary
-------------

Error on or near line 69; exiting with status 1
[root@localhost demo]# ▮
```

图 11-27　OpenVINO 2019 R1.1 测试步骤

```
fi

if [[ $DISTRO == "centos" ]]; then
  sudo -E yum install -y centos-release-scl epel-release
  #sudo -E yum install -y gcc gcc-c++ make glibc-static glibc-devel libstdc++-static libstdc++-devel libstdc++ libgcc \
  #                       glibc-static.i686 glibc-devel.i686 libstdc++-static.i686 libstdc++.i686 libgcc.i686 cmake

  sudo -E rpm -Uvh http://li.nux.ro/download/nux/dextop/el7/x86_64/nux-dextop-release-0-1.el7.nux.noarch.rpm || true
  sudo -E yum install -y epel-release
-- INSERT --
```

图 11-28　OpenVINO 2019 R1.1 测试步骤

⊙ 11.5.4　模型优化器

模型优化器工具是连接深度学习网络模型训练和推理的一个工具。模型优化器可以输出一个统一的中间表示（IR）——一个描述层的 XML 文件和一个带有权重的二进制文件，该文件可由推理引擎用户应用程序应用于各种英特尔硬件架构，包括 CPU、GPU 及 FPGA。目前，模型优化器支持来自框架（如 Caffe2、TensorFlow 和 Mxnet）的输入模型，未来还将计划使用更多框架。模型优化器主要工作流程如图 11-29 所示。

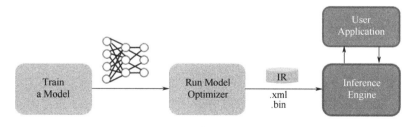

图 11-29　模型优化器主要工作流程

模型优化器有两个主要目的：生成有效的中间表示（IR）以及生成优化的中间表示（IR）。

生成有效的中间表示（IR），如果转换过程无效，则推理引擎无法运行。模型优化器的主要职责是生成形成中间表示的两个文件（.XML 和.bin）。

生成优化的中间表示（IR），预训练的模型包含对训练很重要的层，如 Dropout 层。这些层在推理过程中是无用的，可能会增加推理时间。在许多情况下，这些层可以从产生的中间表示中自动删除。但是，如果一组层可以表示为一个数学操作，因此可以表示为单个层，那么模型优化器将识别这些模式，并用一个层替换这些层。结果是一个中间表示，它比原始模型拥有更少的层。这减少了推理时间。

模型优化器功能中优化拓扑所做的工作主要是：

（1）节点合并；

（2）水平融合；

（3）批归一化，以支持尺度变换；

（4）通过卷积折叠尺度变换；

（5）丢弃未用层（dropout）；

（6）FP16/Int8 量化；

（7）模型优化器可添加归一化和均值运算，因此部分预处理可"添加"至深度学习模型：--mean_values（104.006，116.66，122.67），--scale_values（0.07，0.075，0.084）。

模型优化器本身是一个 python 脚本，位于 OpenVINO 安装的模型优化器目录中。如表 11-1 所示为一些可在部署阶段用于生成 IR XML 文件的选项（Python 脚本：$MO_DIR/mo.py）。

表 11-1　模型优化器选项

部 署 选 项	描　　述
--input_model	网络二进制权重文件：TensorFlow* .pb/Caffe2* .caffemodel/MXNet* .params
--input_proto	Caffe2.prototxt file
--data_type	IP 精度（如 FP16）
--scale	网络归一化因子（可选）
--ouput_dir	输出目录路径（可选）

11.5.4.1　面向 Caffe2 的模型优化器

这里介绍面向 Caffe2 的模型优化器，使用模型优化器将训练的 Caffe2 框架下的模型转换为为推理引擎所需要 IR 类型的.xml 和.bin 文件，其指令示例如下：

```
$ source $MO_DIR/venv/bin/activate
$ cd $MO_DIR/
$ python mo.py \
--input_model <model dir>/<weights>.caffemodel \
--scale 1 \
--data_type FP16 \
--output_dir <output dir>
```

执行指令输出信息如下：

```
Start working...
Framework plugin:CAFFE
Network type:CLASSIFICATION
```

```
Batch size:1
Precision:FP16
Layer fusion: false
Horizontal layer fusion:NONE
Output directory:/home/student/work
Custom kernel directory:
Network input normalization:1
Writing binary data
to:/…/GoogleNet/GoogleNet.bin
```

11.5.4.2　面向 TensorFlow 的模型优化器

这里介绍面向 TensorFlow 的模型优化器，使用模型优化器将训练的 TensorFlow 框架下的模型转换为为推理引擎所需要 IR 类型的.xml 和.bin 文件，操作流程如下。

（1）位置：$MO_DIR/mo.py。

（2）配置步骤：

① 安装先决组件：（Python*，Bazel*）；

② 安装 TensorFlow，克隆 TensorFlow 源，检查相应的分支，准备环境，构建 TensorFlow，安装 TensorFlow 系统；

③ 通过 bazel 安装图形转换工具；

④ 运行 model_optimizer_tensorflow/configure.py 脚本；

⑤ 将模型优化器安装为 Python 软件包（setup.py）。

（3）生成 protobuf 二进制文件（.pb）：

① 克隆模型存储库；

② 选择特定版本；

③ 前往 slim 目录并修改 synset 文件的下载逻辑；

④ 通过 export_inference_graph.py 为模型生成推理图形；

⑤ 构建冻结推理图形的工具；

⑥ 通过 freeze_graph 冻结推理图形。

（4）用 summarize_graph 为模型获取输入和输出层名称，构建并运行 summarize_graph。

（5）运行模型优化器（mo.py），为推理引擎生成 IR.xml 和.bin 文件。

```
$ cd $MO_DIR
$ python3 mo.py \
--input_model=$MODEL_DIR/<model>.pb \
--input=<name of input layer> \
--output=<name of output layer> \
--data_type=FP16 \
--input_shape 1,244,244,3 \
```

```
--model_name <Model Name>
```

11.5.4.3 面向 Caffe2 的 OpenVINO 模型优化示例 ResNet-50

以下是 Caffe2 模型针对 ResNet-50 网络模型的优化器示例，首先我们需要下载 OpenVINO 2019 R1.1 所支持 ResNet-50 的 proto 及模型文件，下载地址如下。

proto： https://onedrive.live.com/download?cid=4006CBB8476FF777&resid=4006CBB8476 FF777%2117891&authkey=AAFW2-FVoxeVRck/。

Caffe model： https://onedrive.live.com/download?cid=4006CBB8476FF777&resid=4006CBB 8476FF777%2117895&authkey=AAFW2-FVoxeVRck/。

下载完成后，打开终端，执行以下命令，使用模型优化器转换与优化模型：

```
cd /opt/intel/openvino_2019.1.144/deployment_tools/model_optimizer/
source /opt/intel/openvino_2019.1.144/bin/setupvars.sh
python3 mo_caffe.py --input_model
/opt/caffemodel/ResNet50/ResNet-50-model.caffemodel --input_proto
/opt/caffemodel/ResNet50/ResNet-50-deploy.prototxt
```

在模型转换成功后，将输出 ResNet-50-model.xml 和 ResNet-50-model.bin 文件，如图 11-30 所示。

```
[root@intel model_optimizer]# python3 mo_caffe.py --input_model /opt/caffemodel/ResNet50/ResNet-50-model.ca
otxt
Model Optimizer arguments:
Common parameters:
        - Path to the Input Model:          /opt/caffemodel/ResNet50/ResNet-50-model.caffemodel
        - Path for generated IR:            /opt/intel/openvino_2019.1.144/deployment_tools/model_optimizer/.
        - IR output name:          ResNet-50-model
        - Log level:          ERROR
        - Batch:          Not specified, inherited from the model
        - Input layers:          Not specified, inherited from the model
        - Output layers:          Not specified, inherited from the model
        - Input shapes:          Not specified, inherited from the model
        - Mean values:  Not specified
        - Scale values:          Not specified
        - Scale factor:          Not specified
        - Precision of IR:          FP32
        - Enable fusing:          True
        - Enable grouped convolutions fusing:  True
        - Move mean values to preprocess section:      False
        - Reverse input channels:          False
Caffe specific parameters:
        - Enable resnet optimization:    True
        - Path to the Input prototxt:   /opt/caffemodel/ResNet50/ResNet-50-deploy.prototxt
        - Path to CustomLayersMapping.xml:      Default
        - Path to a mean file: Not specified
        - Offsets for a mean file:      Not specified
Model Optimizer version:          2019.1.1-83-g28dfbfd

[ SUCCESS ] Generated IR model.
[ SUCCESS ] XML file: /opt/intel/openvino_2019.1.144/deployment_tools/model_optimizer/./ResNet-50-model.xml
[ SUCCESS ] BIN file: /opt/intel/openvino_2019.1.144/deployment_tools/model_optimizer/./ResNet-50-model.bin
[ SUCCESS ] Total execution time: 14.98 seconds.
```

图 11-30 转换 ResNet-50 Caffe model

11.5.4.4 面向 TensorFlow 的 OpenVINO 模型优化示例

以下是面向 TensorFlow 的 OpenVINO 模型优化示例，首先需要下载模型源码，在这里我们先创建 tf_models 目录，然后把模型源码通过 git clone 命令下载到该目录下。对应指令如下：

```
    mkdir tf_models //创建tf_models目录
    git clone https://github.com/tensorflow/models.git tf_models //clone
tensorflow对应的源码
```

接下来需要下载 Inception V1 model checkpoint 文件，在当前终端输入指令：

```
    cd tf_models //切换到tf_models目录
    wget http://download.tensorflow.org/models/inception_v1_2016_08_28.tar.
gz  //获取inception v1 checkpoint 文件
    tar xzvf inception_v1_2016_08_28.tar.gz //解压
    python3 tf_models/research/slim/export_inference_graph.py \
    --model_name inception_v1 \
    --output_file inception_v1_inference_graph.pb //生成包含拓扑结构的protobuf
文件（.pb）。注意，此文件不包含神经网络权重，不能用于推理。
    python3
/opt/intel/openvino_2019.1.144/deployment_tools/model_optimizer/mo/utils/sum
marize_graph.py --input_model ./inception_v1_inference_graph.pb
```

我们可以查看到该 pb 文件的权重参数，如图 11-31 所示。

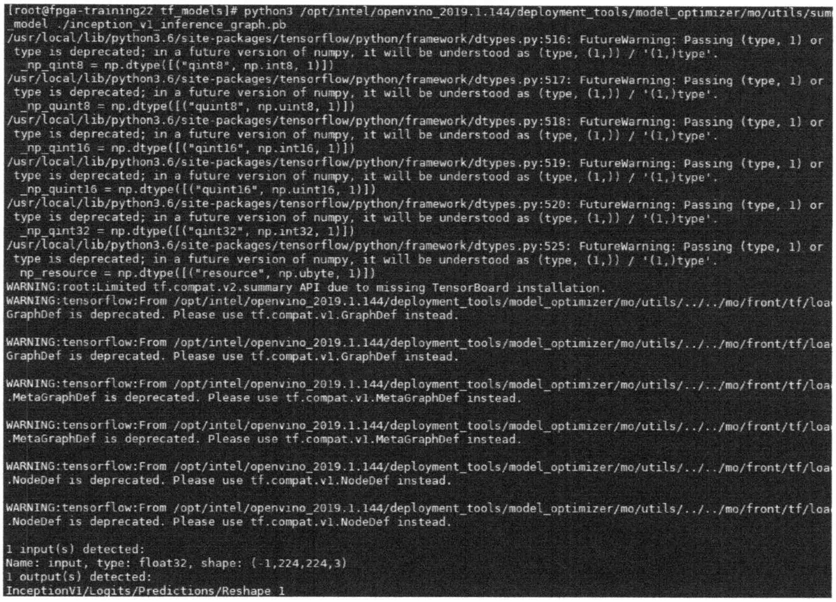

```
[root@fpga-training22 tf_models]# python3 /opt/intel/openvino_2019.1.144/deployment_tools/model_optimizer/mo/utils/sum
_model ./inception_v1_inference_graph.pb
/usr/local/lib/python3.6/site-packages/tensorflow/python/framework/dtypes.py:516: FutureWarning: Passing (type, 1) or
 type is deprecated; in a future version of numpy, it will be understood as (type, (1,)) / '(1,)type'.
  _np_qint8 = np.dtype([("qint8", np.int8, 1)])
/usr/local/lib/python3.6/site-packages/tensorflow/python/framework/dtypes.py:517: FutureWarning: Passing (type, 1) or
 type is deprecated; in a future version of numpy, it will be understood as (type, (1,)) / '(1,)type'.
  _np_quint8 = np.dtype([("quint8", np.uint8, 1)])
/usr/local/lib/python3.6/site-packages/tensorflow/python/framework/dtypes.py:518: FutureWarning: Passing (type, 1) or
 type is deprecated; in a future version of numpy, it will be understood as (type, (1,)) / '(1,)type'.
  _np_qint16 = np.dtype([("qint16", np.int16, 1)])
/usr/local/lib/python3.6/site-packages/tensorflow/python/framework/dtypes.py:519: FutureWarning: Passing (type, 1) or
 type is deprecated; in a future version of numpy, it will be understood as (type, (1,)) / '(1,)type'.
  _np_quint16 = np.dtype([("quint16", np.uint16, 1)])
/usr/local/lib/python3.6/site-packages/tensorflow/python/framework/dtypes.py:520: FutureWarning: Passing (type, 1) or
 type is deprecated; in a future version of numpy, it will be understood as (type, (1,)) / '(1,)type'.
  _np_qint32 = np.dtype([("qint32", np.int32, 1)])
/usr/local/lib/python3.6/site-packages/tensorflow/python/framework/dtypes.py:525: FutureWarning: Passing (type, 1) or
 type is deprecated; in a future version of numpy, it will be understood as (type, (1,)) / '(1,)type'.
  np_resource = np.dtype([("resource", np.ubyte, 1)])
WARNING:root:Limited tf.compat.v2.summary API due to missing TensorBoard installation.
WARNING:tensorflow:From /opt/intel/openvino_2019.1.144/deployment_tools/model_optimizer/mo/utils/../../mo/front/tf/loa
GraphDef is deprecated. Please use tf.compat.v1.GraphDef instead.

WARNING:tensorflow:From /opt/intel/openvino_2019.1.144/deployment_tools/model_optimizer/mo/utils/../../mo/front/tf/loa
GraphDef is deprecated. Please use tf.compat.v1.GraphDef instead.

WARNING:tensorflow:From /opt/intel/openvino_2019.1.144/deployment_tools/model_optimizer/mo/utils/../../mo/front/tf/loa
.MetaGraphDef is deprecated. Please use tf.compat.v1.MetaGraphDef instead.

WARNING:tensorflow:From /opt/intel/openvino_2019.1.144/deployment_tools/model_optimizer/mo/utils/../../mo/front/tf/loa
.MetaGraphDef is deprecated. Please use tf.compat.v1.MetaGraphDef instead.

WARNING:tensorflow:From /opt/intel/openvino_2019.1.144/deployment_tools/model_optimizer/mo/utils/../../mo/front/tf/loa
.NodeDef is deprecated. Please use tf.compat.v1.NodeDef instead.

WARNING:tensorflow:From /opt/intel/openvino_2019.1.144/deployment_tools/model_optimizer/mo/utils/../../mo/front/tf/loa
.NodeDef is deprecated. Please use tf.compat.v1.NodeDef instead.

1 input(s) detected:
Name: input, type: float32, shape: (-1,224,224,3)
1 output(s) detected:
InceptionV1/Logits/Predictions/Reshape_1
```

图 11-31　生成

备注：该工具查找到了名为 input、类型为 float32、图像大小固定（224224,3）和批大小未定义为-1 的输入节点。输出节点名为 inceptionv1/logits/predictions/reshape_1。

最后，在当前终端输入以下指令进行模型转换：

```
python3 /opt/intel/openvino_2019.1.144/deployment_tools/model_
optimizer/mo_tf.py --input_model ./inception_v1_inference_graph.pb --input_
checkpoint ./inception_v1.ckpt -b 1 --mean_value [127.5,127.5,127.5] --scale
127.5
```

转换成功后结果如图 11-32 所示。

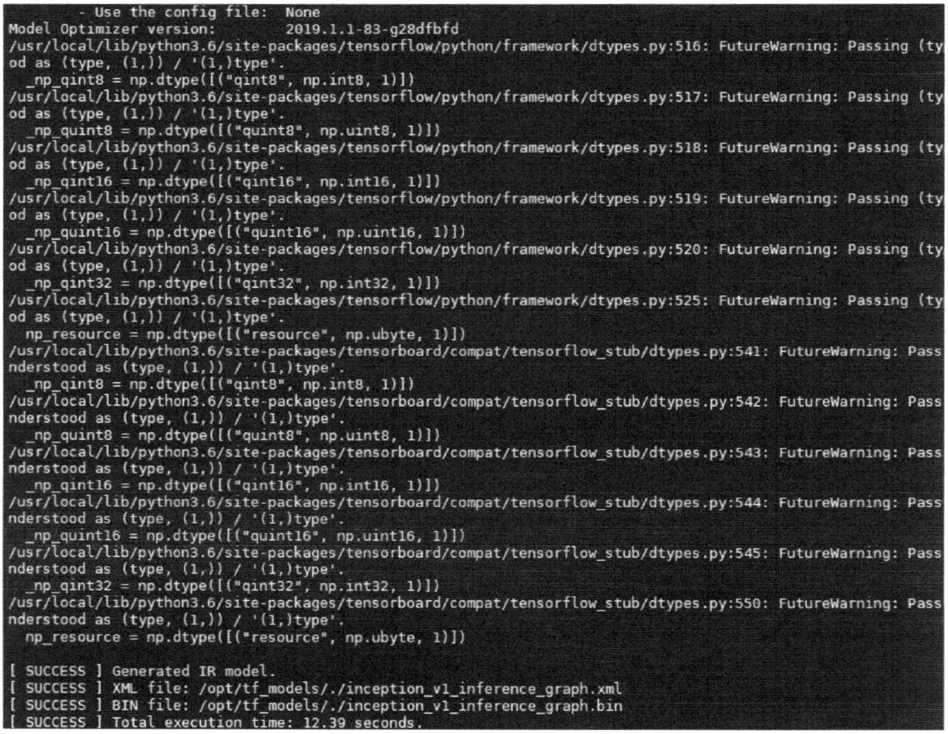

图 11-32 转换成 IR 模型

⊙ 11.5.5 推理引擎

使用推理引擎 API 的用户应用程序通常遵循此处的工作进程。该进程被分为初始化阶段和主循环阶段，如图 11-33 所示。在初始化阶段，将加载中间表示（IR）模型和权重，支持设置批次大小。然后将加载适当的插件，将读取网络加载到插件中。最后，根据输入和输出的大小和批处理大小分配输入和输出缓冲区。在主循环阶段中，为输入缓冲区填充数据，运行推理，然后解析输出结果，之所以是循环阶段，是因为对所有数据都要重复该过程。

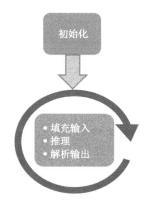

初始化阶段

加载模型和权重
设置批次大小（如有需要）
加载推理插件（CPU、GPU、FPGA）
将网络加载至插件
分配输入和输出缓冲区

主循环阶段

为输入缓冲区填充数据
运行推理
解析输出结果

图 11-33　推理引擎工作流程

使用推理引擎，用户可以使用相同的统一的 API 来交付优化的推理解决方案，减少在各种不同目标硬件上的移植时间。推理引擎是通过调用 libinference_engine.so 库来实现的。此库可以支持加载和解析模型 IR、准备输入和输出，还支持针对指定硬件进行触发推理。推理引擎的对象和函数是主推理引擎文件的一部分，包含文件 inference_engine.hpp。

目前推理引擎有三个插件可用，未来还会添加更多，其特点分别如下。

（1）CPU MKLDNN 插件（面向深度神经网络的英特尔®数学核心函数库）：

① 支持英特尔至强 / 酷睿 / 凌动 CPU 平台；

② 支持最广泛的网络类，支持以最简单的方法启用拓扑。

（2）GPU clDNN 插件（面向深度神经网络的计算库）：

① 支持第九代或更高版本的英特尔 HD 和 Iris 显卡处理器；

② 可扩展机制，支持通过 OpenCL™开发自定义层。

（3）FPGA DLA 插件：

① 支持英特尔® Arria 10 GX 或更高版本的设备；

② FPGA 上支持的基本层集，不支持的层可通过其他插件推理。

推理引擎是通过 C++ 启用的，如表 11-2 所示为帮助执行推理引擎任务的重要类。所有这些对象都在推理引擎名称空间中。它可以完成网络加载和推理等主要任务。

表 11-2　推理引擎类

类	详 细 信 息
InferencePlugin，InferenceEnginePluginPtr	主要插件接口
PluginDispatcher	为特定设备查找合适的插件
CNNNetReader	通过给定 IR 构建和解析网络
CNNNetwork	神经网络和二进制信息
Blob，TBlob，BlobMap	表示张量的容器对象
InputInfo，InputsDataMap	有关网络输入的信息

11.5.5.1 推理引擎 API 用法

介绍完推理引擎的基础知识后，接下来介绍 API 的用法，以便执行推理。

1．加载插件

深度学习部署工具包附带了各种插件。在这里的示例中，首先我们通过传递插件的目录来创建 PluginDispatcher，这将帮助我们找到合适的插件。我们创建的 PluginPtr 指向主插件对象。然后，我们使用 dispatcher 为设备加载插件，以找到适合 FPGA 的插件。

（1）FPGA 插件：libdliaPlugin.so。

（2）其他插件：libclDNNPlugin.so (GPU)，libMKLDNNPlugin.so (CPU)。

（3）插件目录：<OpenVINO install dir>/inference_engine/lib/<OS>/intel64。

```
InferenceEngine::PluginDispatcher dispatcher(<pluginDir>);
InferenceEngine::InferenceEnginePluginPtr enginePtr;
enginePtr = dispatcher.getSuitablePlugin(TargetDevice::eFPGA);
```

2．加载网络

我们从中间表示（IR）加载网络。为此，首先创建 CNNNetReader，然后使用 ReadNetwork 和 ReadWeights 函数来加载网络模型和权重。

```
InferenceEngine::CNNNetReader netBuilder;
netBuilder.ReadNetwork("<Model>.xml");
netBuilder.ReadWeights("<Model>.bin");
```

3．准备输入和输出

我们准备了输入和输出 blob。对于输入块，首先确定拓扑输入信息，然后遍历所有的输入块，用输入数据填充张量，如图像的每个像素。输入块的数量取决于输入的大小、使用的通道数量和批处理大小。我们还需要根据数据类型设置输入精度。对于输出 blob，只需要根据输出格式进行分配并设置精度即可。

（1）输入 Blob：

① 根据输入大小、通道数量和批次大小等进行分配；

② 设置输入精度；

③ 填充数据（如图像 RGB 值）。

（2）输出 Blob：

① 设置输出精度；

② 根据输入格式进行分配。

4．将模型加载至插件

此步骤即加载网络。使用 PluginEnginePtr，调用 load network，它将读入的模型加载到插件中。

```
        InferenceEngine::StatusCode
status=enginePtr->LoadNetwork(netBuilder.getNetwork(), &resp);
```

5. 执行推理

随着网络的加载，在本步骤中，我们能够在 inputBlob 和 outputBlob 中执行实际的推断。

```
        status= enginePtr->Infer(inputBlobs, outputBlobs, &resp);
```

6. 处理输出 blob

在推理之后，获取输出 blob 数据并检查结果。

```
        const TBlob<float>::Ptr fOutput =
        std::dynamic_pointer_cast<TBlob<float>>(outputBlobs.begin()->second);
```

如图 11-34 所示为使用推理引擎 API 的整个流程。图的顶部显示了过程，而底部是代码。在这里的第一步，我们创建了 netBuilder，它是一个 CNNNetReader 对象。使用 netBuilder，我们读取 IR 的 xml 和 bin 文件。第二步，为 FPGA 创建 InferenceEnginePluginPtr。使用 pluginptr，我们将网络加载到插件中。第三步，分配输出 blob。然后根据输入维度分配输入 blob。一切准备就绪后，使用 engineptr 执行推断调用的推断。

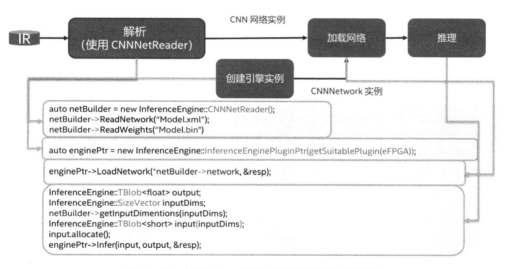

图 11-34　使用 OpenVINO 推理引擎 API 的流程

11.5.5.2　推理前的预处理

在执行网络时，理解输入的格式很重要。通常，图像格式都是相互交织的 RGB、BGR、BGRA 格式等，如图 11-35 所示，但是网络模型期望的通常是 RGB 平面图形格式，如图 11-36 所示。也就是你会先得到一个红色平面，然后是绿色平面，再然后是蓝色平面。因此，在执行推断之前，需要编写代码来对输入数据进行预处理。

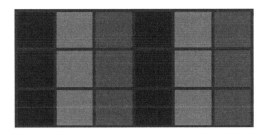

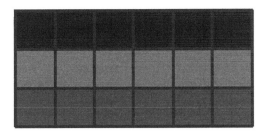

图 11-35　相互交织　　　　　　　　图 11-36　RGB 平面图形格式

为使推理引擎的性能达到最佳,需要增加 batch size 的大小。与此同时,也必须根据 batch size 大小来配置输入与输出对象。batch size 的设置方式如下。

```
netBuilder.getNetwork().setBatchSize(<size>);
```

11.5.5.3　推理引擎示例 1:classification_sample

OpenVINO tookit 附带了许多示例,这些示例支持在 FPGA 上执行。这里首先要介绍的示例是 classification_sample,它是一个简单的图像分类示例。其操作流程如下。

(1)首先,我们需要对 classification demo 进行编译。

① 输入指令: source /opt/init_openvino.sh,设置 OpenVINO 2019 R1.1 环境变量,init_openvino.sh 的内容如下:

```
source /opt/inteldevstack/init_env.sh
export CL_CONTEXT_COMPILER_MODE_ALTERA=3
export INTELFPGAOCLSDKROOT="/opt/intelFPGA_pro/18.1/hld"
export ALTERAOCLSDKROOT="$INTELFPGAOCLSDKROOT"
export AOCL_BOARD_PACKAGE_ROOT="$OPAE_PLATFORM_ROOT/opencl/opencl_bsp"
$AOCL_BOARD_PACKAGE_ROOT/linux64/libexec/setup_permissions.sh
source $INTELFPGAOCLSDKROOT/init_opencl.sh
export IE_INSTALL="/opt/intel/openvino_fpga_2019.1.144/deployment_tools"
source $IE_INSTALL/../bin/setupvars.sh
```

② 输入指令 cd /opt/intel/openvino_2019.1.144/deployment_tools/inference_samples/。

③ 输入指令 sudo ./build_samples.sh,进行 build demo,build 完成后如图 11-37 所示。

(2)编译完成后,输入指令: cd /root/inference_engine_samples_build/intel64/Release/,如图 11-38 所示。

① 输入指令配置 FPGA PAC 卡的 bitstream,命令如下:

```
aocl program acl0 /opt/intel/openvino_2019.1.144/bitstreams/a10_dcp_
bitstreams/2019R1_RC_FP11_ResNet_SqueezeNet_VGG.aocx ;
```

② 运行 demo,在/root/inference_engine_samples_build/intel64/Release/目录下,输入指令:

```
./classification_sample -i /opt/intel/openvino_2019.1.144/deployment_
```

```
tools/demo/car.png -m ~/openvino_models/ir/FP32/classification/squeezenet/
1.1/caffe/squeezenet1.1.xml -d HETERO:FPGA,CPU
```

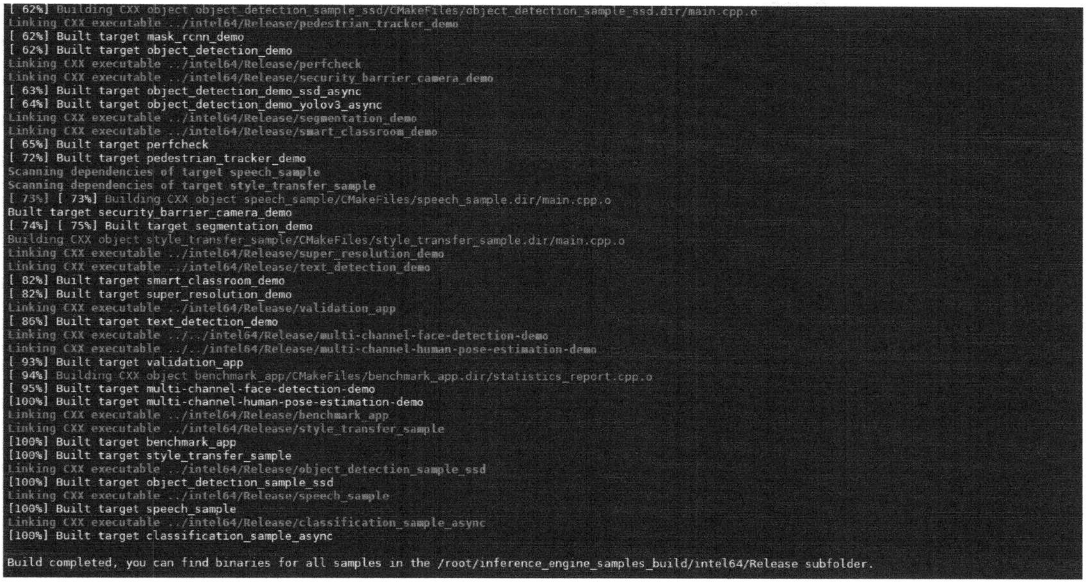

图 11-37　inference sample 编译

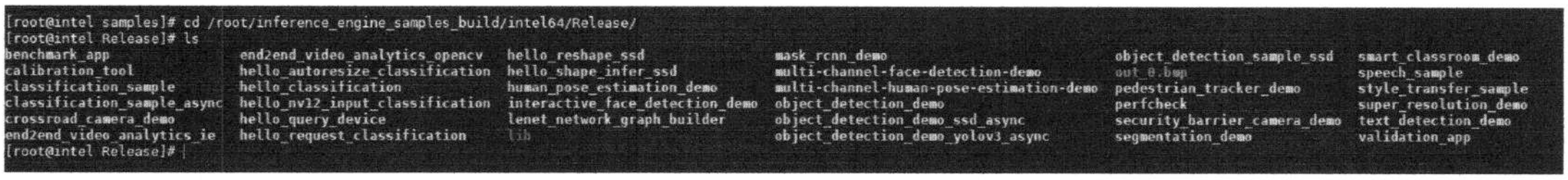

图 11-38　inference sample 编译完成

运行结果如图 11-39 所示。

③ 上一步的 Through put 性能为 67fps，如果需要更好的性能，输入指令：

　　./classification_sample `for i in {1..96};do echo -i "/opt/intel/openvino_
2019.1.144/deployment_ tools/demo/car.png";done` -m ~/openvino_models/ir/
FP32/classification/squeezenet/1.1/caffe/ squeezenet1.1.xml -d HETERO:FPGA,CPU

该指令调整 batchsize 为 96，输出结果 Throughput 为 850fps，如图 11-40 所示。

11.5.5.4　推理引擎示例 2：interactive_face_detection_demo

这里介绍的示例是 interactive_face_detection_demo，它是一个表情识别的网络，能够识别图像中人物的年龄、性别及表情。其操作流程如下。

```
[root@intel Release]# ./classification sample -i /opt/intel/openvino_2019.1.144/deployment_tools/demo/car.png -m ~/openvino_mod
[ INFO ] InferenceEngine:
         API version ............ 1.6
         Build .................. custom_releases/2019/R1.1_28dfbfdd28954c4dfd2f94403dd8dfc1f411038b
[ INFO ] Parsing input parameters
[ INFO ] Files were added: 1
[ INFO ]     /opt/intel/openvino_2019.1.144/deployment_tools/demo/car.png
[ INFO ] Loading plugin

         API version ............ 1.6
         Build .................. heteroPlugin
         Description ....... heteroPlugin
[ INFO ] Loading network files:
         /root/openvino_models/ir/FP32/classification/squeezenet/1.1/caffe/squeezenet1.1.xml
         /root/openvino_models/ir/FP32/classification/squeezenet/1.1/caffe/squeezenet1.1.bin
[ INFO ] Preparing input blobs
[ WARNING ] Image is resized from (787, 259) to (227, 227)
[ INFO ] Batch size is 1
[ INFO ] Preparing output blobs
[ INFO ] Loading model to the plugin
[ INFO ] Starting inference (1 iterations)
[ INFO ] Processing output blobs

Top 10 results:

Image /opt/intel/openvino_2019.1.144/deployment_tools/demo/car.png

classid probability label
------- ----------- -----
817     0.8933635   sports car, sport car
479     0.0444779   car wheel
511     0.0444779   convertible
436     0.0060194   beach wagon, station wagon, wagon, estate car, beach waggon, station waggon, waggon
751     0.0060194   racer, race car, racing car
656     0.0022144   minivan
864     0.0008146   tow truck, tow car, wrecker
717     0.0008146   pickup, pickup truck
586     0.0008146   half track
408     0.0002997   amphibian, amphibious vehicle


total inference time: 14.8963733
Average running time of one iteration: 14.8963733 ms

Throughput: 67.1304338 FPS

[ INFO ] Execution successful
[root@intel Release]#
```

图 11-39　运行结果

```
Image /opt/intel/openvino_2019.1.144/deployment_tools/demo/car.png

classid probability label
------- ----------- -----
817     0.8933635   sports car, sport car
479     0.0444779   car wheel
511     0.0444779   convertible
436     0.0060194   beach wagon, station wagon, wagon, estate car, beach waggon, station waggon, waggon
751     0.0060194   racer, race car, racing car
656     0.0022144   minivan
864     0.0008146   tow truck, tow car, wrecker
717     0.0008146   pickup, pickup truck
586     0.0008146   half track
408     0.0002997   amphibian, amphibious vehicle

Image /opt/intel/openvino_2019.1.144/deployment_tools/demo/car.png

classid probability label
------- ----------- -----
817     0.8933635   sports car, sport car
479     0.0444779   car wheel
511     0.0444779   convertible
436     0.0060194   beach wagon, station wagon, wagon, estate car, beach waggon, station waggon, waggon
751     0.0060194   racer, race car, racing car
656     0.0022144   minivan
864     0.0008146   tow truck, tow car, wrecker
717     0.0008146   pickup, pickup truck
586     0.0008146   half track
408     0.0002997   amphibian, amphibious vehicle


total inference time: 112.8548533
Average running time of one iteration: 112.8548533 ms

Throughput: 850.6501689 FPS

[ INFO ] Execution successful
[root@intel Release]#
```

图 11-40　推理结果

（1）我们需要对 interface 进行编译。

① 创建编译目录：

```
cd /opt/intel/openvino_2019.1.144/deployment_tools/inference_engine/samples
mkdir build
cd build
```

② cmake 预编译：

```
cmake -DCMAKE_BUILD_TYPE=Release /opt/intel/openvino_2019.1.144/
deployment_tools/inference_engine/samples
```

③ Make 编译指令：

```
make -f CMakeFiles/Makefile2 interactive_face_detection_demo
```

（2）在编译完成后，进行配置与执行。

① 进入编译符的目录：

```
cd /root/inference_engine_samples_build/intel64/Release/
```

② 下载 FPGA 的配置程序：

```
aocl program acl0 /opt/intel/openvino_2019.1.144/bitstreams/a10_dcp_
bitstreams/2019R1_RC_FP11_AlexNet_GoogleNet.aocx
```

③ 执行推理：

```
./interactive_face_detection_demo -m ～/openvino_models/models_bin/
face-detection-retail-0004/FP32/face-detection-retail-0004.xml -m_ag ～
/openvino_models/models_bin/age-gender-recognition-retail-0013/FP32/age-gend
er-recognition-retail-0013.xml -m_em ～
/openvino_models/models_bin/emotions-recognition-retail-0003/FP32/emotions-r
ecognition-retail-0003.xml -i /opt/obama.mp4 -d HETERO:FPGA,CPU -d_ag
HETERO:FPGA,CPU -d_em HETERO:FPGA,CPU -async
```

④ 可输入指令查看支持的参数：

```
./interactive_face_detection_demo -h
```

支持的参数如图 11-41 所示。

11.5.5.5　推理引擎示例 3：classification_sample_async

这里介绍的示例是 classification_sample_async，它也是一个图像分类的模型，可以识别动物种类。其操作流程如下。

（1）我们需要对 Benchmark Application C++进行编译。

① 创建编译目录：

```
cd /opt/intel/openvino_2019.1.144/deployment_tools/inference_engine/
samples
dir build
cd build
```

```
-h                          Print a usage message
-i "<path>"                 Required. Path to a video file (specify "cam" to work with camera).
-o "<path>"                 Optional. Path to an output video file.
-m "<path>"                 Required. Path to an .xml file with a trained Face Detection model.
-m_ag "<path>"              Optional. Path to an .xml file with a trained Age/Gender Recognition model.
-m_hp "<path>"              Optional. Path to an .xml file with a trained Head Pose Estimation model.
-m_em "<path>"              Optional. Path to an .xml file with a trained Emotions Recognition model.
-m_lm "<path>"              Optional. Path to an .xml file with a trained Facial Landmarks Estimation model.
   -l "<absolute_path>"     Required for CPU custom layers. Absolute path to a shared library with the kernels implementati
      Or
   -c "<absolute_path>"     Required for GPU custom kernels. Absolute path to an .xml file with the kernels description.
-d "<device>"               Optional. Target device for Face Detection network (CPU, GPU, FPGA, HDDL, or MYRIAD). The demo
-d_ag "<device>"            Optional. Target device for Age/Gender Recognition network (CPU, GPU, FPGA, HDDL, or MYRIAD). T
-d_hp "<device>"            Optional. Target device for Head Pose Estimation network (CPU, GPU, FPGA, HDDL, or MYRIAD). The
-d_em "<device>"            Optional. Target device for Emotions Recognition network (CPU, GPU, FPGA, HDDL, or MYRIAD). The
-d_lm "<device>"            Optional. Target device for Facial Landmarks Estimation network (CPU, GPU, FPGA, HDDL, or MYRIA
-n_ag "<num>"               Optional. Number of maximum simultaneously processed faces for Age/Gender Recognition network (
-n_hp "<num>"               Optional. Number of maximum simultaneously processed faces for Head Pose Estimation network (by
-n_em "<num>"               Optional. Number of maximum simultaneously processed faces for Emotions Recognition network (by
-n_lm "<num>"               Optional. Number of maximum simultaneously processed faces for Facial Landmarks Estimation netw
-dyn_ag                     Optional. Enable dynamic batch size for Age/Gender Recognition network
-dyn_hp                     Optional. Enable dynamic batch size for Head Pose Estimation network
-dyn_em                     Optional. Enable dynamic batch size for Emotions Recognition network
-dyn_lm                     Optional. Enable dynamic batch size for Facial Landmarks Estimation network
-async                      Optional. Enable asynchronous mode
-no_wait                    Optional. Do not wait for key press in the end.
-no_show                    Optional. Do not show processed video.
-pc                         Optional. Enable per-layer performance report
-r                          Optional. Output inference results as raw values
-t                          Optional. Probability threshold for detections
-bb_enlarge_coef            Optional. Coefficient to enlarge/reduce the size of the bounding box around the detected face
-dx_coef                    Optional. Coefficient to shift the bounding box around the detected face along the Ox axis
-dy_coef                    Optional. Coefficient to shift the bounding box around the detected face along the Oy axis
-fps                        Optional. Maximum FPS for playing video
-loop_video                 Optional. Enable playing video on a loop
-no_smooth                  Optional. Do not smooth person attributes
-no_show_emotion_bar        Optional. Do not show emotion bar
```

图 11-41　interactive_face_detection_demo 指令参数

② 预编译：

cmake -DCMAKE_BUILD_TYPE=Release
/opt/intel/openvino_2019.1.144/deployment_tools/inference_engine/samples

③ 编译：

make -f CMakeFiles/Makefile2 classification_sample_async

（2）在编译完成后配置 FPGA 并执行推理。

① 配置 FPGA：

cd /root/inference_engine_samples_build/intel64/Release/
aocl program acl0
/opt/intel/openvino_2019.1.144/bitstreams/a10_dcp_bitstreams/2019R1_RC_FP11_
ResNet_SqueezeNet_VGG.aocx

② 执行推理：

./classification_sample_async -i /opt/cat.jpg -m ~
/openvino_models/ir/FP32/classification/squeezenet/1.1/caffe/squeezenet1.1.x
ml -d HETERO:FPGA,CPU

输出 Throughput 为 390fps，推理结果如图 11-42 所示。

```
[ INFO ] Execution successful
[root@intel Release]# ./classification_sample_async -i /opt/cat.jpg -m ~/openvino_models/ir/FP32/cla
[ INFO ] InferenceEngine:
         API version ........... 1.6
         Build ................. custom_releases/2019/R1.1_28dfbfdd28954c4dfd2f94403dd8dfc1f411038b
[ INFO ] Parsing input parameters
[ INFO ] Parsing input parameters
[ INFO ] Files were added: 1
[ INFO ]        /opt/cat.jpg
[ INFO ] Loading plugin

         API version ........... 1.6
         Build ................. heteroPlugin
         Description ....... heteroPlugin
[ INFO ] Loading network files
[ INFO ] Preparing input blobs
[ WARNING ] Image is resized from (1365, 2048) to (227, 227)
[ INFO ] Batch size is 1
[ INFO ] Preparing output blobs
[ INFO ] Loading model to the plugin
[ INFO ] Start inference (1 iterations)
[ INFO ] Processing output blobs

Top 10 results:

Image /opt/cat.jpg

classid probability label
------- ----------- -----
285     0.9904084   Egyptian cat
287     0.0066733   lynx, catamount
281     0.0024550   tabby, tabby cat
282     0.0003322   tiger cat
289     0.0001222   snow leopard, ounce, Panthera uncia
292     0.0000061   tiger, Panthera tigris
286     0.0000022   cougar, puma, catamount, mountain lion, painter, panther, Felis concolor
279   . 0.0000001   Arctic fox, white fox, Alopex lagopus
269     0.0000001   timber wolf, grey wolf, gray wolf, Canis lupus
270     0.0000001   white wolf, Arctic wolf, Canis lupus tundrarum

total inference time: 2.5186960

Throughput: 397.0308426 FPS
```

图 11-42　classification_sample_async 推理结果

（3）如果需要提高 Throughput，需要输入指令：

```
    ./classification_sample_async `for i in {1..96};do echo -i "/opt/
cat.jpg";done` -m ~/openvino_models/ir/FP32/classification/squeezenet/1.1/
caffe/squeezenet1.1.xml -d HETERO:FPGA,CPU
```

指令中调整 batch size 为 96，输出结果 throughput 为 1350fps，如图 11-43 所示。

在相同的 batchsize 的情况下（如 batch 为 96），CPU 的 throughput 性能为 940fps 左右，且每次输出结果不稳定，如图 11-44 所示。

```
289    0.0001222    snow leopard, ounce, Panthera uncia
292    0.0000061    tiger, Panthera tigris
286    0.0000022    cougar, puma, catamount, mountain lion, painter, panther, Felis concolor
279    0.0000001    Arctic fox, white fox, Alopex lagopus
269    0.0000001    timber wolf, grey wolf, gray wolf, Canis lupus
270    0.0000001    white wolf, Arctic wolf, Canis lupus tundrarum

Image /opt/cat.jpg

classid probability label
------- ----------- -----
285    0.9904084    Egyptian cat
287    0.0066733    lynx, catamount
281    0.0024550    tabby, tabby cat
282    0.0003322    tiger cat
289    0.0001222    snow leopard, ounce, Panthera uncia
292    0.0000061    tiger, Panthera tigris
286    0.0000022    cougar, puma, catamount, mountain lion, painter, panther, Felis concolor
279    0.0000001    Arctic fox, white fox, Alopex lagopus
269    0.0000001    timber wolf, grey wolf, gray wolf, Canis lupus
270    0.0000001    white wolf, Arctic wolf, Canis lupus tundrarum


total inference time: 70.7542226

Throughput: 1356.8094809 FPS
```

图 11-43　classification_sample_async 推理结果

```
281    0.0026224    tabby, tabby cat
282    0.0003894    tiger cat
289    0.0002152    snow leopard, ounce, Panthera uncia
292    0.0000049    tiger, Panthera tigris
286    0.0000032    cougar, puma, catamount, mountain lion, painter, panther, Felis concolor
270    0.0000005    white wolf, Arctic wolf, Canis lupus tundrarum
269    0.0000003    timber wolf, grey wolf, gray wolf, Canis lupus
279    0.0000002    Arctic fox, white fox, Alopex lagopus

Image /opt/cat.jpg

classid probability label
------- ----------- -----
285    0.9831890    Egyptian cat
287    0.0135740    lynx, catamount
281    0.0026224    tabby, tabby cat
282    0.0003894    tiger cat
289    0.0002152    snow leopard, ounce, Panthera uncia
292    0.0000049    tiger, Panthera tigris
286    0.0000032    cougar, puma, catamount, mountain lion, painter, panther, Felis concolor
270    0.0000005    white wolf, Arctic wolf, Canis lupus tundrarum
269    0.0000003    timber wolf, grey wolf, gray wolf, Canis lupus
279    0.0000002    Arctic fox, white fox, Alopex lagopus


total inference time: 99.5227396

Throughput: 964.6036709 FPS

[ INFO ] Execution successful
```

图 11-44　调整 barchsize 后的推理结果

后　　记

2020 年初，一场意想不到的新冠疫情突然爆发，并随之席卷全球，迅速影响人们的日常生活。我们开始习惯在家工作，习惯视频会议，习惯不总是忙碌在路上，有更多的时间回顾和总结。本书即诞生于这个背景下。

毫无疑问，这个时代是科技创新最好的时代，人类也进入了一个全面科技创新的征程。5G、人工智能、自动驾驶都从专业术语变成大家经常讨论的热门话题，甚至连光刻机、半导体制程工艺也成了街边闲谈的一部分，一时间，"芯片"成了一个火热的名词。

2015 年，英特尔公司斥资 167 亿美金收购全球 FPGA 领域双巨头之一的 Altera，并把 FPGA 变成英特尔重要的产品板块之一。至今为止，这笔收购还是英特尔历史上最大的收购。正在笔者写此文之际，AMD 半导体正在以超过 300 亿美金的价格要约收购另一家 FPGA 巨头 Xilinx，并在谈判的最后阶段。那么，为什么 FPGA 变得这么重要？

先不谈云计算、人工智能，只看我们平时日常接触比较多的手机 App。各种视频和直播类软件，占据着人们大量的时间，同时也越来越受欢迎。类似这种 App 一是数据量很大，二是需要低延迟，也就是快。其实这些考验的都是后台的数据中心。而现在整个数据中心或者互联网的数据不仅体现在量的爆炸式增长上，更体现在数据形态和格式的革命性变化中。而这些增长和变化给数据的处理，包括传输、计算和存储，带来了非常大的挑战。在这样的背景下，异构计算愈发重要和必须。而 FPGA 因其"灵活，可编程，低延迟"的特点，可以更好地适应各种应用场景及其独特的数据处理需求，成为异构计算中非常重要的一环。不仅在数据中心，包括 5G、人工智能、机器视觉、自动驾驶等领域中，FPGA 也正发挥着越来越重要的作用。

本书可作为 FPGA 开发者的入门指导教材。循序渐进，从核心理论基础到实际开发案例，希望对广大读者有所帮助。最后，感谢一直支持我的父母，我的太太文文和我的孩子夏夏。非常庆幸有你们的陪伴，希望生活可以一直这样下去。

2020 年秋

读者调查表

尊敬的读者：

　　自电子工业出版社工业技术分社开展读者调查活动以来，收到来自全国各地众多读者的积极反馈，他们除了褒奖我们所出版图书的优点外，也很客观地指出需要改进的地方。读者对我们工作的支持与关爱，将促进我们为您提供更优秀的图书。您可以填写下表寄给我们（北京市丰台区金家村 288#华信大厦电子工业出版社工业技术分社　邮编：100036），也可以给我们电话，反馈您的建议。我们将从中评出热心读者若干名，赠送我们出版的图书。谢谢您对我们工作的支持！

姓名：_____　　　　性别：□男　□女　　年龄：_____　　　　职业：_____

电话（手机）：_____　　E-mail：_____

传真：_____　　通信地址：_____　　邮编：_____

1. 影响您购买同类图书因素（可多选）：

□封面封底　　　□价格　　　　□内容提要、前言和目录　　□书评广告　　□出版社名声

□作者名声　　　□正文内容　　□其他_____

2. 您对本图书的满意度：

从技术角度	□很满意	□比较满意	□一般	□较不满意	□不满意
从文字角度	□很满意	□比较满意	□一般	□较不满意	□不满意
从排版、封面设计角度	□很满意	□比较满意	□一般	□较不满意	□不满意

3. 您选购了我们哪些图书？主要用途？_____

4. 您最喜欢我们出版的哪本图书？请说明理由。

_____

5. 目前教学您使用的是哪本教材？（请说明书名、作者、出版年、定价、出版社），有何优缺点？

_____

6. 您的相关专业领域中所涉及的新专业、新技术包括：

_____

7. 您感兴趣或希望增加的图书选题有：

_____

8. 您所教课程主要参考书？请说明书名、作者、出版年、定价、出版社。

_____

邮寄地址：北京市丰台区金家村 288#华信大厦电子工业出版社工业技术分社

邮编：100036　　电话：18614084788　　E-mail：lzhmails@phei.com.cn

微信 ID：lzhairs/ 18614084788　　联系人：刘志红

电子工业出版社编著书籍推荐表

姓名		性别		出生年月		职称/职务	
单位							
专业				E-mail			
通信地址							
联系电话				研究方向及教学科目			

个人简历（毕业院校、专业、从事过的以及正在从事的项目、发表过的论文）

您近期的写作计划：

您推荐的国外原版图书：

您认为目前市场上最缺乏的图书及类型：

邮寄地址：北京市丰台区金家村 288#华信大厦电子工业出版社工业技术分社

邮编：100036　电话：18614084788　E-mail：lzhmails@phei.com.cn

微信 ID：lzhairs/18614084788　联系人：刘志红

反侵权盗版声明

电子工业出版社依法对本作品享有专有出版权。任何未经权利人书面许可，复制、销售或通过信息网络传播本作品的行为；歪曲、篡改、剽窃本作品的行为，均违反《中华人民共和国著作权法》，其行为人应承担相应的民事责任和行政责任，构成犯罪的，将被依法追究刑事责任。

为了维护市场秩序，保护权利人的合法权益，我社将依法查处和打击侵权盗版的单位和个人。欢迎社会各界人士积极举报侵权盗版行为，本社将奖励举报有功人员，并保证举报人的信息不被泄露。

举报电话：（010）88254396；（010）88258888

传　　真：（010）88254397

E-mail：　dbqq@phei.com.cn

通信地址：北京市万寿路 173 信箱

　　　　　电子工业出版社总编办公室

邮　　编：100036